U0391256

Pro/ENGINEER 中文野火版 5.0 工程应用精解丛书

Pro/ENGINEER 中文野火版 5.0 快速入门教程（增值版）

北京兆迪科技有限公司　编著

机 械 工 业 出 版 社

本书是学习 Pro/ENGINEER 中文野火版 5.0 的快速入门与提高指南，内容包括 Pro/ENGINEER 功能模块和特性概述、软件安装、系统配置与环境设置方法、二维草图的创建、零件设计、曲面设计、装配设计和工程图的制作、钣金设计和运动仿真等。

在内容安排上，为了使读者更快地掌握该软件的基本功能，书中结合大量的范例对 Pro/ENGINEER 软件中一些抽象的概念、命令和功能进行讲解；另外，书中以范例的形式讲述了一些实际产品的设计过程，能使读者较快地进入设计状态，这些范例都是实际工程设计中具有代表性的例子，是根据北京兆迪科技有限公司给国内外一些著名公司（含国外独资和合资公司）编写的培训案例整理而成的，具有很强的实用性；在主要章节中还安排了习题，便于读者进一步巩固所学的知识。在写作方式上，本书紧贴软件的实际操作界面，采用软件中真实的对话框、操控板和按钮等进行讲解，使初学者能够直观、准确地操作软件进行学习，从而尽快地上手，提高学习效率。

本书内容全面，条理清晰，实例丰富，讲解详细，可作为工程技术人员自学 Pro/ENGINEER 中文野火版 5.0 的入门教程和参考书籍，也可作为大中专院校学生和各类培训学校学员的 Pro/ENGINEER 课程上课或上机练习教材。

本书附视频学习光盘一张，制作了全程同步的视频讲解文件，另外还包含了本书所有的素材文件、教案文件、练习文件、实例文件和 Pro/ENGINEER 中文野火版 5.0 的配置文件。

特别说明的是，本书随书光盘中增加了大量产品设计案例的讲解，使本书的附加值大大提高。

图书在版编目（CIP）数据

Pro/ENGINEER 中文野火版 5.0 快速入门教程：增值版 /
北京兆迪科技有限公司编著. —4 版. —北京：机械工业出版社，2017.1（2021.7重印）
(Pro/ENGINEER 中文野火版 5.0 工程应用精解丛书)
ISBN 978-7-111-55887-3

Ⅰ. ①P... Ⅱ. ①北... Ⅲ. ①机械设计—计算机辅助设计—
应用软件—教材 Ⅳ. ①TH122

中国版本图书馆 CIP 数据核字（2016）第 326766 号

机械工业出版社（北京市百万庄大街 22 号　邮政编码：100037）
策划编辑：丁　锋　责任编辑：丁　锋
责任校对：肖　琳　封面设计：张　静
责任印制：常天培
固安县铭成印刷有限公司印刷
2021 年 7 月第 4 版第 6 次印刷
184mm×260 mm · 26.5 印张 · 480 千字
7001—7500 册
标准书号：ISBN 978-7-111-55887-3
　　　　　 ISBN 978-7-89386-107-9（光盘）
定价：68.00 元（含多媒体 DVD 光盘 1 张）

凡购本书，如有缺页、倒页、脱页，由本社发行部调换
电话服务　　　　　　　　　网络服务
服务咨询热线：010-88361066　　机工官网：www.cmpbook.com
读者购书热线：010-68326294　　机工官博：weibo.com/cmp1952
　　　　　　　010-88379203　　金 书 网：www.golden-book.com
封面无防伪标均为盗版　　　　教育服务网：www.cmpedu.com

前　　言

Pro/ENGINEER（简称 Pro/E）是由美国 PTC 公司推出的一套博大精深的三维 CAD/CAM 参数化软件系统，其内容涵盖了产品从概念设计、工业造型设计、三维模型设计、分析计算、动态模拟与仿真、工程图输出，到生产加工成产品的全过程，其中还包含了大量的电缆及管道布线、模具设计与分析等实用模块，应用范围涉及航空航天、汽车、机械、数控（NC）加工以及电子等诸多领域。

本次增值版优化了原来各章的结构、进一步加强了本书的实用性，并且增加了钣金设计、机构模块与运动仿真章节内容，使本书的体系更加完善。本书特色如下。

- 内容全面，涵盖了产品的零件创建（含钣金）、产品装配、工程图设计和运动仿真全过程。
- 范例丰富，对软件中的主要命令和功能，先结合简单的范例进行讲解，然后安排一些较复杂的综合范例，帮助读者深入理解和灵活应用。
- 讲解详细，条理清晰，保证自学的读者能迅速独立学习和运用 Pro/ENGINEER 野火版 5.0 软件。
- 写法独特，采用 Pro/ENGINEER 野火版 5.0 真实的对话框、操控板和按钮等进行讲解，使初学者能够直观、准确地操作软件，从而大大提高学习效率。
- 附加值高，本书附带 1 张多媒体 DVD 学习光盘，制作了教学视频并进行了详细的语音讲解，可以帮助读者轻松、高效地学习。

本书由北京兆迪科技有限公司编著，参加编写的人员有詹友刚、王焕田、刘静、雷保珍、刘海起、魏俊岭、任慧华、詹路、冯元超、刘江波、周涛、段进敏、赵枫、邵为龙、侯俊飞、龙宇、施志杰、詹棋、高政、孙润、李倩倩、黄红霞、尹泉、李行、詹超、尹佩文、赵磊、王晓萍、陈淑童、周攀、吴伟、王海波、高策、冯华超、周思思、黄光辉、党辉、冯峰、詹聪、平迪、管璇、王平、李友荣。本书难免存在疏漏之处，恳请广大读者予以指正。

电子邮箱：zhanygjames@163.com。　　咨询电话：010-82176248，010-82176249。

编　者

读者购书回馈活动

活动一：本书"随书光盘"中含有本书"读者意见反馈卡"的电子文档，请认真填写本反馈卡，并 E-mail 给我们。E-mail：兆迪科技 zhanygjames@163.com，丁锋 fengfener@qq.com。

活动二：扫一扫右侧二维码，关注兆迪科技官方公众微信（或搜索公众号 zhaodikeji），参与互动，也可进行答疑。

凡参加以上活动，即可获得兆迪科技免费奉送的价值 48 元的在线课程一门，同时有机会获得价值 780 元的精品在线课程。在线课程网址见本书"随书光盘"中的"读者意见反馈卡"的电子文档。

本 书 导 读

为了能更好地学习本书的知识，请您先仔细阅读下面的内容。

读者对象

本书可作为工程技术人员学习 Pro/ENGINEER 快速入门与提高的教材和参考书，也可作为大中专院校的学生和各类培训学校学员的 Pro/ENGINEER 课程上课或上机练习教材。

写作环境

本书使用的操作系统为 Windows XP，对于 Windows 7、Windows 8、Windows 10 操作系统，本书内容和范例也同样适用。

本书采用的写作蓝本是 Pro/ENGINEER 中文野火版 5.0，对 Pro/ENGINEER 英文野火版5.0 版本同样适用。

学习方法

- 按书中要求设置 Windows 操作系统，操作方法参见书中 2.3 节。
- 按书中要求设置 Pro/ENGINEER 软件的配置文件 config.pro 和 config.win，操作方法参见书中第 3 章的相关内容。
- 为能获得更好的学习效果，建议打开随书光盘中指定的文件进行练习，打开文件前需按要求设置正确的 Pro/ENGINEER 工作目录。

光盘使用

为方便读者练习，特将本书所有素材文件、已完成的范例文件、配置文件和视频语音讲解文件等放入随书附带的光盘中，读者在学习过程中可以打开相应的素材文件进行操作和练习。

本书附赠多媒体 DVD 光盘，建议读者在学习本书前，先将 DVD 光盘中的所有文件复制到计算机硬盘的 D 盘中，在 D 盘上 proewf5.1 目录下共有 3 个子目录。

（1）proewf5_system_file 子目录：包含一些系统文件。

（2）work 子目录：包含本书讲解中所用到的文件。

（3）video 子目录：包含本书讲解中的视频录像文件（含语音讲解）。读者学习时，可在该子目录中按顺序查找所需的视频文件。

光盘中带有"ok"扩展名的文件或文件夹表示已完成的实例。

本书约定

- 本书中有关鼠标操作的简略表述说明如下。
  - ☑ 单击：将鼠标指针移至某位置处，然后按一下鼠标的左键。

☑ 双击：将鼠标指针移至某位置处，然后连续快速地按两次鼠标的左键。

☑ 右击：将鼠标指针移至某位置处，然后按一下鼠标的右键。

☑ 单击中键：将鼠标指针移至某位置处，然后按一下鼠标的中键。

☑ 滚动中键：只是滚动鼠标的中键，而不能按中键。

☑ 选择（选取）某对象：将鼠标指针移至某对象上，单击以选取该对象。

☑ 拖动某对象：将鼠标指针移至某对象上，然后按下鼠标的左键不放，同时移动鼠标，将该对象移动到指定的位置后再松开鼠标的左键。

● 本书中的操作步骤分为 Task、Stage 和 Step 三个级别，说明如下。

☑ 对于一般的软件操作，每个操作步骤以 Step 字符开始。例如，下面是绘制样条曲线操作步骤的表述：

Step1. 单击样条曲线按钮∿。

Step2. 选取一系列点，可观察到一条"橡皮筋"样条附着在鼠标指针上。

☑ 每个 Step 操作视其复杂程度，其下面可含有多级子操作，例如 Step1 下可能包含（1）、（2）、（3）等子操作、（1）子操作下可能包含①、②、③等子操作，①子操作下可能包含 a）、b）、c）等子操作。

☑ 如果操作较复杂，需要几个大的操作步骤才能完成，则每个大的操作冠以 Stage1、Stage2、Stage3 等，Stage 级别的操作下再分 Step1、Step2、Step3 等操作。

☑ 对于多个任务的操作，每个任务冠以 Task1、Task2、Task3 等，每个 Task 操作下则可包含 Stage 和 Step 级别的操作。

技术支持

本书是根据北京兆迪科技有限公司给国内外一些著名公司（含国外独资和合资公司）编写的培训案例整理而成的，具有很强的实用性。该公司专门从事 CAD/CAM/CAE 技术的研究、开发、咨询及产品设计与制造服务，并提供 Pro/ENGINEER、Ansys、Adams 等软件的专业培训及技术咨询，读者在学习本书的过程中如果遇到问题，可通过访问该公司的网站 http://www.zalldy.com 来获得技术支持。咨询电话：010-82176248，010-82176249。

目　录

第 1 章 Pro/ENGINEER 功能概述

本章提要　随着计算机辅助设计（Computer Aided Design，CAD）技术的飞速发展和普及，越来越多的工程设计人员开始利用计算机进行产品的设计和开发，Pro/ENGINEER 作为一种当前最流行的高端三维 CAD 软件，越来越受到我国工程技术人员的青睐。本章内容主要包括：

- 用 CAD 工具进行产品设计的一般过程。
- Pro/ENGINEER 主要功能模块简介。
- Pro/ENGINEER 软件的特点。

1.1 CAD 产品设计的一般过程

应用计算机辅助设计（CAD）技术进行产品设计的一般流程如图 1.1.1 所示。

具体说明如下。

- CAD 产品设计的过程一般是从概念设计、零部件三维建模到二维工程图。有的产品，特别是民用产品，对外观要求比较高（如汽车和家用电器），在概念设计以后，往往还需进行工业外观造型设计。
- 在进行零部件三维建模时或三维建模完成以后，根据产品的特点和要求，要进行大量的分析和其他工作，以满足产品结构强度、运动、生产制造与装配等方面的需求。这些分析工作包括应力分析、结构强度分析、疲劳分析、塑料流动分析、热分析、公差分析与优化、NC 仿真及优化、动态仿真等。
- 产品的设计方法一般可分为两种：自底向上（Down-Top）和自顶向下（Top-Down），这两种方法也可同时进行。
    - ☑ 自底向上：这是一种从零件开始，然后到子装配、总装配、整体外观的设计过程。
    - ☑ 自顶向下：与自底向上相反，它是从整体外观（或总装配）开始，然后到子装配、零件的设计方式。

随着信息技术的发展，同时面对日益激烈的市场竞争，企业采用并行、协同设计势在必行。只有这样，企业才能适应迅速变化的市场需求，提高产品竞争力，解决所谓的 TQCS 难题，即以最快的上市速度（T——Time to Market）、最好的质量（Q——Quality）、最低的成本（C——Cost）以及最优的服务（S——Service）来满足市场的需求。

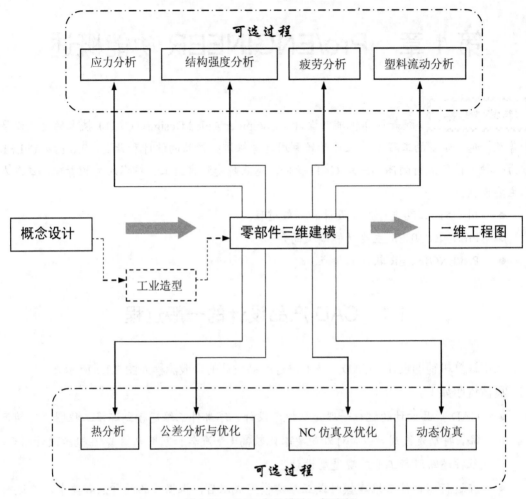

图 1.1.1　CAD 产品设计一般流程

1.2　Pro/ENGINEER 功能模块简介

美国 PTC 公司（Parametric Technology Corporation，参数技术公司）于 1985 年在美国波士顿成立。自 1989 年上市伊始，就引起机械 CAD/CAE/CAM 界的极大震动，销售额及净利润连续 50 个季度递增，每年以翻倍的速度增长。其 Pro/ENGINEER 软件产品的总体设计思想体现了机械 CAD 软件的发展趋势，在国际机械 CAD 软件市场上处于领先地位。

PTC 提出的单一数据库、参数化、基于特征、全相关及工程数据再利用等概念改变了机械 CAD 的传统观念，这种全新的概念已成为当今世界机械 CAD 领域的新标准。利用此概念设计的第三代机械 CAD 产品——Pro/ENGINEER（也简称为 Pro/E）软件，能将产品从设计至生产的过程集成在一起，让所有的用户同时进行同一产品的设计制造工作，即所谓的并行工程。Pro/ENGINEER 目前共有 80 多个专用模块，涉及工业设计、机械设计、功能仿真和加工制造等方面，为用户提供全套解决方案。

下面简要介绍 Pro/ENGINEER 中的部分模块和功能，某些模块和功能的使用将在本书中进行详细讲解。

1．Pro/ENGINEER 的基本模块

基本模块（Foundation）包括下列功能：

- 基于特征的参数化零件设计。
- 基本装配功能。
- 钣金设计。
- 工程图设计及二维图绘制。
- 自动生成相关图样明细表（中文）。
- 照片及效果图生成。
- 焊接模型建立及文本生成。
- Web 超文本链接及 VRML/HTML 格式输出。
- 标准件库。

优点：

- 具有功能强大的建模能力。
- 开放，柔性。
- 独立用户易于快速实施。

2．复杂零件的曲面设计模块

复杂零件的曲面设计模块（Advanced Surface Extension）包括下列功能：

- 参数化曲面建立。
- 逆向工程工具（三坐标测量机）。
- 直接的曲面建立工具。
- 强大的曲线曲面分析功能。

优点：

- 内装的曲面实体集成。
- 进行复杂形状设计及自由曲面设计。
- 利用扫描云点进行设计。

3．复杂产品的装配设计模块

复杂产品的装配设计模块（Advanced Assembly Extension）包括下列功能：

- 将设计数据及任务传递给不同功能模块设计队伍的强大工具。
- 大装配的操作及可视化能力。
- 装配流程的生成。
- 定义及文本生成。

优点：
- 由上层管理装配设计。
- 对大型、复杂装配设计进行快速检查及信息交流。
- 捕捉并发布装配流程信息。

4. 运动仿真模块

运动仿真模块（Motion Simulation Option）包括下列功能：
- Pro/MECHANICA 机构运动性能的仿真。
- 运动学及动力学分析。
- 凸轮、滑槽、摩擦、弹簧、冲击分析与模拟。
- 干涉及冲突检查。
- 载荷与反作用力。
- 参数化优化结果研究。
- 全相关 H 单元 FEA 解算器。

优点：
- 尽早对设计进行深入分析与改进。
- 供设计人员与专业分析人员使用。
- 减少实物样机成本。
- 可不断升级的企业解决方案。

5. 结构强度分析模块

结构强度仿真分析模块（Structural Simulation Option）包括下列功能：
- Pro/MECHANICA 对设计产品的结构强度进行分析仿真。
- 静态、模态及动态响应。
- 线性及非线性分析。
- 自动控制分析结果的质量。
- 精确模型再现。
- 参数化优化结果研究。
- 全相关 H 单元 FEA 解算器。
- 为其他 CAD 系统提供接口。

- 可将运动分析结果传送到结构分析。

优点：

- 尽早对设计进行深入分析与改进。
- 供设计人员与专业分析人员使用。
- 减少实物样机成本。
- 可不断升级的企业解决方案。

6．疲劳分析模块

疲劳分析模块（Fatigue Advisor）包括下列功能：

- 利用结构分析结果。
- 包括载荷及材料库。
- 预估破坏及循环次数。
- 可靠性分析。
- 参数化优化结果研究。
- 为专业产品提供接口。

优点：

- 预估疲劳寿命并提供改进。
- 利用 nCode 成熟技术。
- 减少实物样机成本。

7．塑料流动分析模块

塑料流动分析模块（Plastic Advisor）包括下列功能：

- 注射模具过程仿真。
- 仿真过程与 Pro/ENGINEER 集成。
- 直接对实体模型进行操作。
- 注射时间、熔接痕、填充强度分析。
- 质量及浇口预估。
- 对设计提供改进意见。

优点：

- 供塑料件设计人员使用。
- 尽早研究并改进。
- 易学易用。
- 减少模具样机成本。

8．热分析模块

热分析模块（Thermal Simulation Option）包括下列功能：

- Pro/MECHANICA 产品设计的热性能分析。
- 稳态及瞬态性能分析。
- 结构强度分析。
- 自动控制分析结果的质量。
- 精确模型再现。
- 参数化优化结果研究。
- 全相关 H 单元 FEA 解算器。
- 为 CAD 系统提供接口。

优点：

- 尽早对设计进行深入分析与改进。
- 供设计人员与专业分析人员使用。
- 减少实物样机成本。
- 可不断升级的企业解决方案。

9．公差分析及优化模块

公差分析及优化模块（CE/TOL Option）包括下列功能：

- 考虑所有装配中的零件及装配过程，经统计确定装配质量。
- 确定临界质量区。
- 确定每个变量对装配质量的影响程度。
- 优化零件及装配的工艺性。
- 精确到特征层的变量。
- 利用真实的 Cp、Cpk 数据进行分析。
- 加速装配的实施。

10．数控编程模块

基本数控编程模块（Production Machining Option）包括下列功能：

- 2 轴半的数控编程。
- 多曲面 3 轴数控编程。
- 4 轴数控车床及 4 轴电加工编程。
- 刀具库。
- 提供机床低级控制指令。
- 支持高速机床。

- 精确材料切削仿真。
- 智能化生成工艺流程及工艺卡片。
- 所有机床后处理。

优点：

- 优化加工刀轨流程。
- 鼓励并行编程。
- 灵活地根据机床进行改变。
- 实时退刀控制。
- 无需数据转换。
- 零件族编程重复利用。
- 高级轨道控制。

11．通用数控后处理模块

通用数控后处理模块（Pro/NC-GPOST）包括下列功能：

- Pro/ENGINEER 数控编程的通用后处理。
- 在 Web 上提供丰富的机床类型。
- 支持所有数控加工中心机床。

优点：

- 制造业专用界面。
- 易于用户使用。
- 可通过 FIL 宏指令客户化。
- 优化加工及机床命令。

12．数控钣金加工编程模块

数控（NC）钣金加工编程模块（NC Sheetmetal Option）包括下列功能：

- NC 编程支持冲床、激光切割等各种钣金加工类型机床。
- 使用标准的冲头和冲压成形。
- 自动展平并计算展开系数。
- 自动选择冲头。
- 自动套料。
- 精确材料切削仿真。
- 所有机床后处理。

优点：

- 优化加工路径。

- 支持并行工程。
- 支持柔性加工环境。
- 界面友好，符合车间用语。

13. 数控仿真及优化模块

数控（NC）仿真及优化模块（VERICUT for Pro/ENGINEER Options）包括下列功能：

- NC 仿真功能与 Pro/NC 是一个整体。
- 在 Pro/NC 和 VERICUT 之间自动传输零件毛坯和刀具信息。

它包括三个应用包：

- NC 仿真。
- NC 优化。
- NC 机床仿真。

优点：

- 避免过切。
- 避免机床碰撞。
- 减少加工时间至少 50%。
- 减少机床和刀具的磨损。
- 提高加工效率。

14. 模具设计模块

模具设计模块（Tool Design Option）包括下列功能：

- 由设计模型直接拆分模具型腔。
- 标准模架导柱导套。
- 与注射分析集成。
- BOM（材料清单）及图样自动生成。

优点：

- 快速模具设计。
- 增加产量。
- 减少报废品。
- 没有数据转换问题。
- 对设计进行修改不会延迟模具周期。

15. 二次开发工具包

该模块包括下列功能：

- 开发与 Pro/ENGINEER 集成使用的应用模块。
- 用 C 语言编写的功能程序库（API）。
- 客户化菜单结构。
- 建立实体、基准及加工特征。
- 获取装配的信息。
- 自动出图。
- 高级存取实体模型。

优点：

- 将自动化、客户化设计应用到加工流程。
- 方便地获取设计知识及成功经验。
- 将专家系统及知识库结合进 Pro/ENGINEER。

注意：以上有关 Pro/ENGINEER 功能模块的介绍仅供参考，如有变动应以 PTC 公司的最新相关正式资料为准，特此说明。

1.3　Pro/ENGINEER 软件的特点

Pro/ENGINEER 软件是基于特征的全参数化软件，该软件创建的三维模型是一种全参数化的三维模型。"全参数化"有三个层面的含义，即特征截面几何的全参数化、零件模型的全参数化，以及装配体模型的全参数化。

零件模型、装配模型、制造模型和工程图之间是全相关的，也就是说，工程图的尺寸被更改以后，其父零件模型的尺寸也会相应更改；反之，零件、装配或制造模型中的任何改变，也可以在其相应的工程图中反映出来。

1.4　瓶塞开启器简介

图 1.4.1 所示为瓶塞开启器的立体图。本书中许多章节的内容和元件的设计都与该瓶塞开启器有关。

欲查看瓶塞开启器模型，可打开随书光盘文件\proewf5.1\work\ch01\cork_driver.asm。

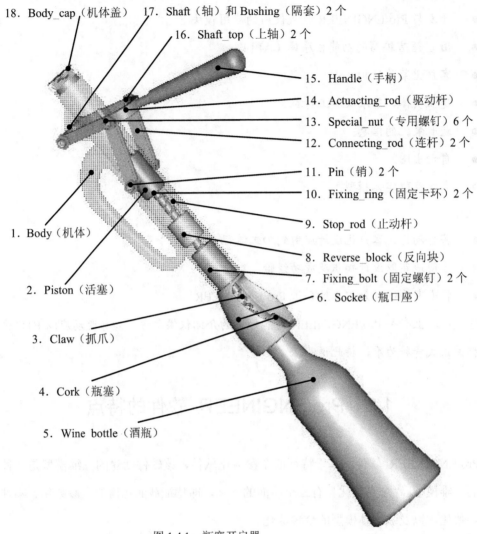

18. Body_cap（机体盖）   17. Shaft（轴）和 Bushing（隔套）2 个

16. Shaft_top（上轴）2 个

15. Handle（手柄）

14. Actuacting_rod（驱动杆）

13. Special_nut（专用螺钉）6 个

12. Connecting_rod（连杆）2 个

11. Pin（销）2 个

10. Fixing_ring（固定卡环）2 个

9. Stop_rod（止动杆）

8. Reverse_block（反向块）

7. Fixing_bolt（固定螺钉）2 个

6. Socket（瓶口座）

1. Body（机体）

2. Piston（活塞）

3. Claw（抓爪）

4. Cork（瓶塞）

5. Wine bottle（酒瓶）

图 1.4.1 瓶塞开启器

第 2 章　Pro/ENGINEER 软件的安装

本章提要　本章将介绍 Pro/ENGINEER 中文野火版 5.0 安装的基本过程和相关要求。本章内容主要包括：

- 使用 Pro/ENGINEER 野火版 5.0 的硬件要求。
- 使用 Pro/ENGINEER 野火版 5.0 的操作系统要求。
- 安装 Pro/ENGINEER 野火版 5.0 软件前 Windows 操作系统的设置。
- Pro/ENGINEER 野火版 5.0 安装的一般过程。

2.1　Pro/ENGINEER 野火版 5.0 安装的硬件要求

Pro/ENGINEER 野火版 5.0 软件系统可在工作站（Work station）或个人计算机（PC）上运行。如果在个人计算机上安装，为了保证软件安全和正常使用，计算机硬件要求如下。

- CPU 芯片：一般要求主频 650MHz 以上，推荐使用 Intel 公司生产的 Pentium4/1.3GHz以上的芯片。
- 内存：一般要求 512MB 以上。如果要装配大型部件或产品，进行结构、运动仿真分析或产生数控加工程序，则建议使用 1024MB 以上的内存。
- 显卡：一般要求显存 32MB 以上，推荐使用 Geforce 4 以上的显卡。如果显卡性能太低，打开软件后，会自动退出。
- 网卡：使用 Pro/ENGINEER 软件，必须安装网卡。
- 硬盘：安装 Pro/ENGINEER 野火版 5.0 软件系统的基本模块，需要 4.6GB 左右的硬盘空间，考虑到软件启动后虚拟内存及获取联机帮助的需要，建议在硬盘上准备 5.0GB 以上的空间。
- 鼠标：强烈建议使用三键（带滚轮）鼠标，如果使用二键鼠标或不带滚轮的三键鼠标，会极大地影响工作效率。
- 显示器：一般要求使用 15in 以上显示器。
- 键盘：标准键盘。

2.2　Pro/ENGINEER 野火版 5.0 安装的操作系统要求

如果在工作站上运行 Pro/ENGINEER 野火版 5.0 软件，操作系统可以为 UNIX 或

Windows NT；如果在个人计算机上运行，操作系统可以为 Windows XP、Windows 7、Windows 8 或 Windows 10。

2.3　安装前的计算机设置

为了更好地使用 Pro/ENGINEER，在软件安装前应对计算机系统进行设置，主要包括操作系统的环境变量设置和虚拟内存设置。设置环境变量的目的是使软件的安装和使用能够在中文状态下进行，这将有利于中文用户的使用；设置虚拟内存的目的是为软件系统进行几何运算预留临时存储数据的空间。各类操作系统的设置方法基本相同，下面以 Windows XP Professional 操作系统为例说明设置过程。

1. 环境变量设置

下面的操作是创建 Windows 环境变量 lang，并将该变量的值设为 chs，这样可保证在安装 Pro/ENGINEER 中文野火版 5.0 时，其安装界面是中文的。

Step1. 选择 Windows 的 开始 ➡ 设置(S) ➡ 控制面板(C) 命令，如图 2.3.1 所示。

Step2. 在图 2.3.2 所示的控制面板中，双击图标 系统 弹出图 2.3.3 所示的"系统属性"对话框。

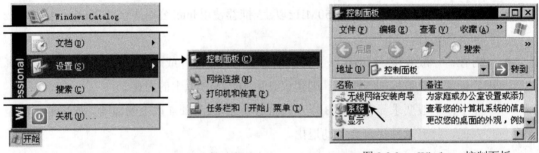

图 2.3.1　Windows "开始" 菜单　　　　　　　图 2.3.2　Windows 控制面板

Step3. 在"系统属性"对话框中单击 高级 选项卡，在 启动和故障恢复 区域中单击 环境变量(N) 按钮，弹出图 2.3.4 所示的"环境变量"对话框。

Step4. 在"环境变量"对话框中，单击 新建(W) 按钮，系统弹出图 2.3.5 所示的"新建系统变量"对话框。

Step5. 在"新建系统变量"对话框中，创建 变量名(N): 为 lang、变量值(V): 为 chs 的系统变量。

图 2.3.3　"系统属性"对话框　　　　　　　图 2.3.4　"环境变量"对话框

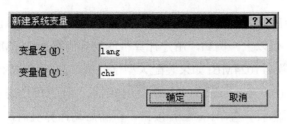

图 2.3.5　"新建系统变量"对话框

Step6. 依次单击 确定 ➡ 确定 ➡ 确定 按钮。

说明：

（1）使用 Pro/ENGINEER 中文野火版 5.0 时，系统可自动显示中文界面，因而可以不用设置环境变量 lang。

（2）如果在"系统特性"对话框的 高级 选项卡中创建环境变量 lang，并将其值设为 eng，则 Pro/ENGINEER 中文野火版 5.0 的软件界面将变成英文的。

2. 虚拟内存设置

Step1. 同环境变量设置的 Step1。

Step2. 同环境变量设置的 Step2。

Step3. 在"系统属性"对话框中单击 高级 选项卡，在 性能 区域中单击 设置(S) 按钮。

Step4. 在图 2.3.6 所示的"性能选项"对话框中单击 高级 选项卡，在 虚拟内存 区域中单击 更改(C) 按钮。

Step5. 系统弹出图 2.3.7 所示的"虚拟内存"对话框，可在 初始大小(MB)(I)： 文本框中输入虚拟内存的最小值，在 最大值(MB)(X)： 文本框中输入虚拟内存的最大值。虚拟内存的大小

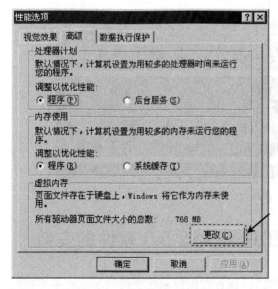

图 2.3.6　"性能选项"对话框

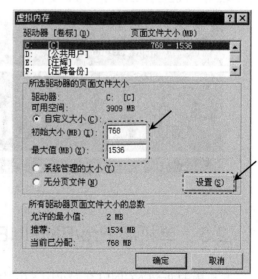

图 2.3.7　"虚拟内存"对话框

可根据计算机硬盘空间的大小进行设置，但初始大小至少要达到物理内存的 2 倍，最大值可达到物理内存的 4 倍以上。例如，用户计算机的物理内存为 256MB，初始值一般设置为 512MB，最大值可设置为 1024MB；如果装配大型部件或产品，建议将初始值设置为 1024MB，最大值设置为 2048MB。单击 设置(S) 和 确定 按钮后，计算机会提示用户在重新启动计算机后设置才能生效，然后一直单击 确定 按钮。重新启动计算机后，完成设置。

2.4　查找计算机（服务器）的网卡号

在安装 Pro/ENGINEER 系统前，必须合法地获得 PTC 公司的软件使用许可证，这是一个文本文件，该文件是根据用户计算机（或服务器，也称为主机）上的网卡号赋予的，具有惟一性。下面以 Windows XP Professional 操作系统为例，说明如何查找计算机的网卡号。

Step1. 选择 Windows 的 开始 ➡ 程序(P) ➡ 附件 ▶ ➡ 命令提示符 命令，如图 2.4.1 所示。

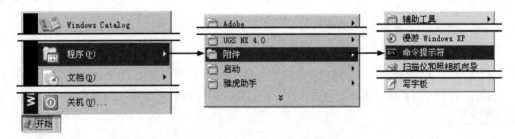

图 2.4.1　Windows 菜单

Step2. 在 C:\> 提示符下，输入 ipconfig /all 命令并按 Enter 键，即可获得计算机网卡号。图 2.4.2 中的 02-24-1D-52-27-78 即为网卡号。

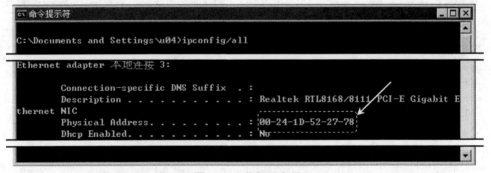

图 2.4.2　获得网卡号

2.5　单机版 Pro/ENGINEER 野火版 5.0 软件的安装

单机版的 Pro/ENGINEER 野火版 5.0（中文版）在各种操作系统下的安装过程基本相同，下面仅以 Windows XP Professional 为例，说明其安装过程。

Step1. 首先将合法获得的 Pro/ENGINEER 的许可证文件 license.dat 复制到计算机中的某个位置，如 C:\Program Files\proewildfire5_license\license.dat。

Step2. Pro/ENGINEER 野火版 5.0 软件有一张安装光盘，先将安装光盘放入光驱内（如果已将系统安装文件复制到硬盘上，可双击系统安装目录下的 setup.exe 文件），等待片刻后，会出现图 2.5.1 所示的系统安装提示。

图 2.5.1　系统安装提示

Step3. 数秒钟后，系统弹出图 2.5.2 所示的对话框，在该对话框中单击 下一步> 按钮。

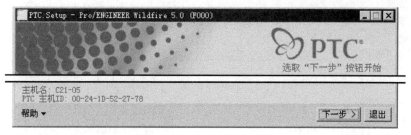

图 2.5.2　"安装"对话框

Step4. 系统弹出图 2.5.3 所示的对话框，在该对话框中进行下列操作。

（1）选中 ☑ 我接受(A) 复选框。

（2）单击 下一步> 按钮。

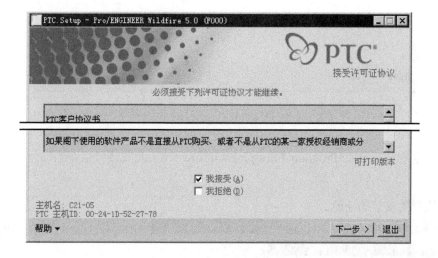

图 2.5.3　接受许可证协议

Step5. 在图 2.5.4 所示的对话框中，单击图中的"Pro/ENGINEER"项。

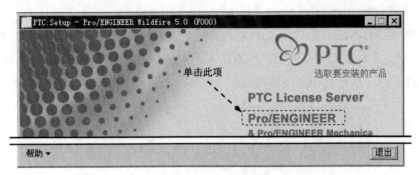

图 2.5.4　选择安装模块

Step6. 系统弹出图 2.5.5 所示的对话框，在该对话框中进行下列操作。

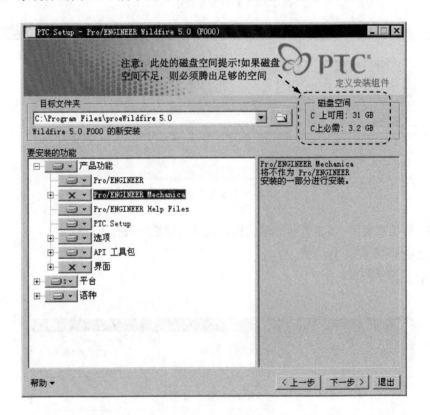

图 2.5.5　定义安装组件

（1）确定安装目录 C:\Program Files\proeWildfire 5.0（此安装目录在当前目录中必须不存在）。

（2）选择要安装的功能。

① 在 要安装的功能 区域中单击 X ∨ Pro/ENGINEER Mechanica 中的 ∨ 按钮，然后在弹出的下拉菜单中选择 ▭：安装所有子功能(A) 命令。

② 在 要安装的功能 区域中单击 X 界面 中的 按钮，然后在弹出的下拉菜单中选择
安装所有子功能(A) 命令。

③ 其余选项采用系统默认设置。

（3）单击 下一步> 按钮。

Step7. 此时系统弹出图 2.5.6 所示的对话框，在该对话框中进行下列操作。

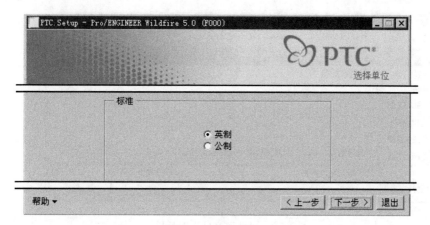

图 2.5.6　选择单位

（1）在该对话框中的 标准 区域中选择 公制 单选项。

（2）单击 下一步> 按钮。

Step8. 此时系统弹出图 2.5.7 所示的对话框，单击 添加 按钮，系统弹出图
2.5.8 所示的"指定许可证服务器"对话框，在该对话框中进行下列操作。

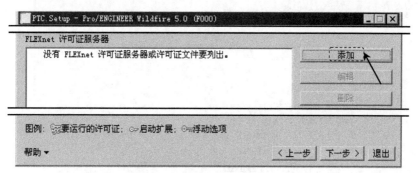

图 2.5.7　指定许可证服务器

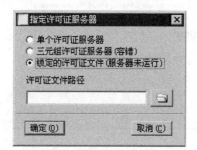

图 2.5.8　"指定许可证服务器"对话框

（1）选择 锁定的许可证文件（服务器未运行） 选项。

（2）单击 按钮，系统弹出图 2.5.9 所示的"选取文件"对话框，按照路径 C:\Program Files\proewildfire5_license 检索许可证文件 license.dat，然后单击 打开 ➡ 确定（0） 按钮。

（3）单击 下一步＞ 按钮。

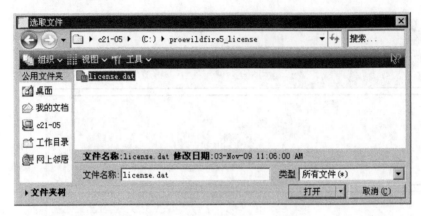

图 2.5.9   "选取文件"对话框

Step9. 系统弹出图 2.5.10 所示的对话框，在该对话框中可以配置 Windows 各选项。

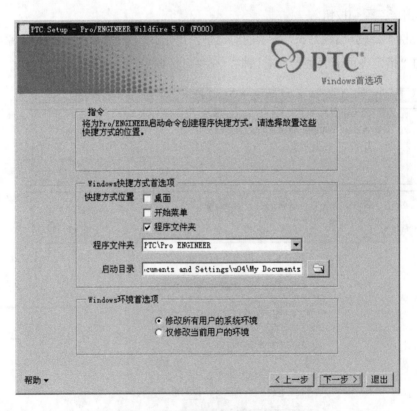

图 2.5.10   Windows 环境首选项

（1）在 Windows快捷方式首选项 区域中选中 ☑桌面 、 ☑开始菜单 和 ☑程序文件夹 复选框，下面的 程序文件夹 、 启动目录 选项采用默认设置。

（2）在 Windows环境首选项 区域中，确保选中 ◉修改所有用户的系统环境 单选项。

（3）单击 下一步 > 按钮。

Step10. 系统弹出图 2.5.11 所示的对话框，提示用户选择 Pro/ENGINEER 软件的可选配置项目，建议选中 ☑OLE设置 复选框，然后单击 下一步 > 按钮。

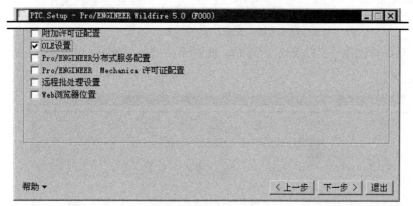

图 2.5.11　可选配置步骤

Step11. 系统弹出图 2.5.12 所示的对话框，在该对话框中可以配置 OLE 服务器的相关信息，建议在 语言 下拉列表中选择 简体中文 选项，然后单击 下一步 > 按钮。

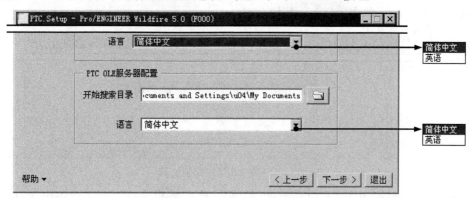

图 2.5.12　PTC　OLE 配置

Step12. 系统弹出图 2.5.13 所示的对话框，单击 下一步 > 按钮。

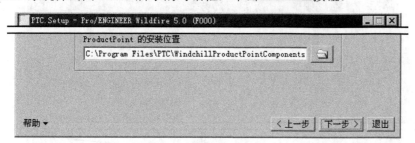

图 2.5.13　安装位置（一）

Step13. 系统弹出图 2.5.14 所示的对话框，单击 安装 按钮。

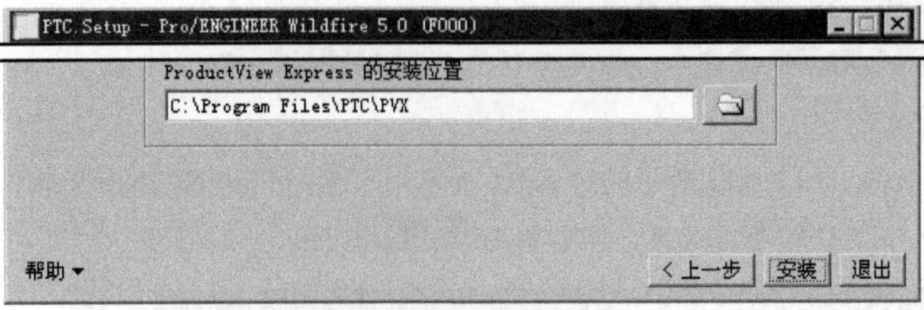

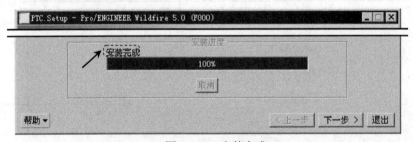

图 2.5.14   安装位置（二）

Step14. 系统弹出图 2.5.15 所示的界面，此时系统开始安装 Pro/ENGINEER 软件主体，并显示安装进度。

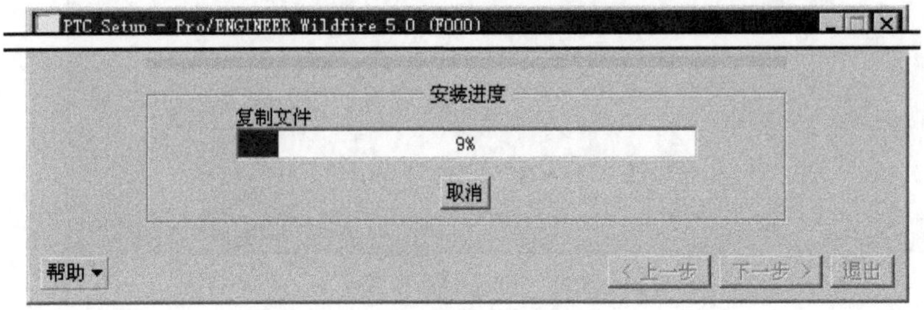

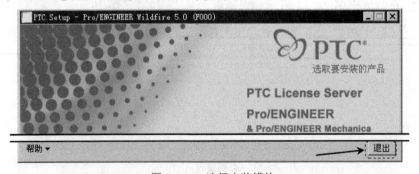

图 2.5.15   安装进度

Step15. 经过 15min 左右，Pro/ENGINEER 软件主体安装完成，系统提示"安装完成"信息（图 2.5.16），单击 下一步 > 按钮。

图 2.5.16   安装完成

Step16. 系统弹出图 2.5.17 所示的对话框，单击 退出 按钮，再在"退出 PTC.setup"对话框中单击 是(Y) 按钮，退出安装程序，完成安装。

图 2.5.17   选择安装模块

第 3 章　软件的工作界面与基本设置

本章提要　为了正常、高效地使用 Pro/ENGINEER 软件，同时也为了方便教学，在学习和使用 Pro/ENGINEER 软件前，需要先进行一些必要的设置。本章内容主要包括：
- 创建 Pro/ENGINEER 用户文件目录。
- Pro/ENGINEER 的系统配置文件 config.pro。
- Pro/ENGINEER 软件的启动。
- Pro/ENGINEER 野火版 5.0 工作界面简介与工作界面的定制。
- Pro/ENGINEER 当前环境的设置。
- Pro/ENGINEER 工作目录的设置。

3.1　创建用户文件目录

使用 Pro/ENGINEER 软件时，应该注意文件的目录管理。如果文件管理混乱，会造成系统找不到正确的相关文件，从而严重影响 Pro/ENGINEER 软件的全相关性，同时也会使文件的保存、删除等操作产生混乱，因此应按照操作者的姓名、产品名称（或型号）建立用户文件目录，如本书要求在 D 盘上创建一个名为 proe-course 的文件目录。

3.2　设置系统配置文件 config.pro

用户可以利用一个名为 config.pro 的系统配置文件预设 Pro/ENGINEER 软件的工作环境和进行全局设置，如 Pro/ENGINEER 软件的界面是中文还是英文（或者中英文双语）由 menu_translation 选项来控制，这个选项有三个可选的值 yes、no 和 both，它们分别可以使软件界面为中文、英文和中英文双语。

本书附赠光盘的 config.pro 文件中对一些基本的选项进行了设置，强烈建议读者进行如下操作，使该 config.pro 文件中的设置有效，这样可以保证后面学习中的软件配置与本书相同，从而提高学习效率。

将 D:\proewf5.1\proewf5_system_file\下的 config.pro 复制至 Pro/ENGINEER Wildfire 5.0 安装目录的\text 目录下。假设 Pro/ENGINEER Wildfire 5.0 的安装目录为 C:\Program

Files\Proe Wildfire 5.0，则应将上述文件复制到 C:\Program Files\Proe Wildfire 5.0\text 目录下。退出 Pro/ENGINEER，然后再重新启动 Pro/ENGINEER，config.pro 文件中的设置有效。

3.3　设置工作界面配置文件 config.win

用户可以利用一个名为 config.win 的系统配置文件预设 Pro/ENGINEER 软件工作环境的工作界面（包括工具栏中按钮的位置）。

本书附赠光盘中的 config.win 对软件界面进行了一定设置，建议读者进行如下操作，使 config.win 文件中的设置有效，这样可以保证后面学习中的软件界面与本书相同，从而提高学习效率。

Step1. 复制系统文件。将目录 D:\proewf5.1\ proewf5_system_file\下的文件 config.win 复制到 Pro/ENGINEER Wildfire 5.0 安装目录的\text 目录下。例如，Pro/ENGINEER Wildfire 5.0 的安装目录为 C:\Program Files\Proe Wildfire 5.0，则应将上述文件复制到 C:\Program Files\Proe Wildfire 5.0\text 目录下。

Step2. 退出 Pro/ENGINEER，重新启动 Pro/ENGINEER，config.win 文件中的设置有效。

说明：如果 Pro/ENGINEER 的启动目录中存在 config.win 文件，应将其删除。

3.4　启动 Pro/ENGINEER 中文野火版 5.0 软件

一般来说，有两种方法可启动并进入 Pro/ENGINEER 软件环境。

方法一：双击 Windows 桌面上的 Pro/ENGINEER 软件快捷图标。

说明：只要是正常安装，Windows 桌面上会显示 Pro/ENGINEER 软件快捷图标。对于快捷图标的名称，可根据需要进行修改。

方法二：从 Windows 系统的"开始"菜单进入 Pro/ENGINEER，操作方法如下。

Step1. 单击 Windows 桌面左下角的 开始 按钮。

Step2. 如图 3.4.1 所示，选择 程序(P) ➡ PTC ➡ Pro ENGINEER ➡ Pro ENGINEER 命令，系统便进入 Pro/ENGINEER 软件环境。

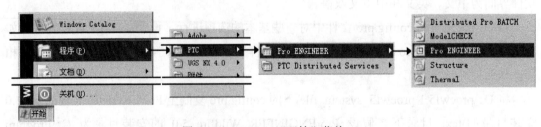

图 3.4.1　Windows "开始" 菜单

3.5 Pro/ENGINEER 中文野火版 5.0 工作界面

3.5.1 工作界面简介

在学习本节时，请先打开目录 D:\proewf5.1\work\ch03.05 下的 socket.prt 文件。

Pro/ENGINEER 中文野火版 5.0 用户界面包括下拉菜单区、菜单管理器区、顶部工具栏按钮区、右工具栏按钮区、消息区、图形区及导航选项卡区，如图 3.5.1 所示。

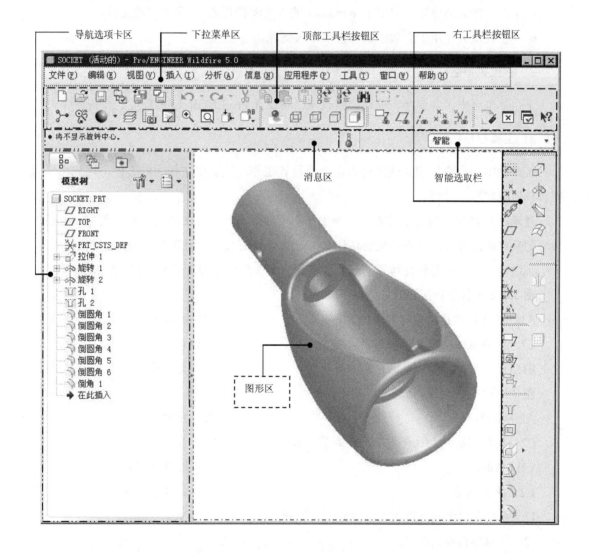

图 3.5.1　Pro/ENGINEER 中文野火版 5.0 界面

1. 导航选项卡区

导航选项卡包括三个页面选项："模型树或层树""文件夹浏览器"和"收藏夹"。

- "模型树"中列出了活动文件中的所有零件及特征，并以树的形式显示模型结构，根对象（活动零件或组件）显示在模型树的顶部，其从属对象（零件或特征）位于根对象之下。例如，在活动装配文件中，"模型树"列表的顶部是组件，组件下方是每个元件零件的名称；在活动零件文件中，"模型树"列表的顶部是零件，零件下方是每个特征的名称。若打开多个 Pro/ENGINEER 模型，则"模型树"只反映活动模型的内容。
- "层树"可以有效组织和管理模型中的层。
- "文件夹浏览器"类似于 Windows 的"资源管理器"，用于浏览文件。
- "收藏夹"用于有效组织和管理个人资源。

2．下拉菜单区

下拉菜单区中包含创建、保存、修改模型和设置 Pro/ENGINEER 环境的一些命令。

3．工具栏按钮区

工具栏中的命令按钮为快速进入命令及设置工作环境提供了极大的方便，用户可以根据具体情况定制工具栏。

注意：用户会看到有些菜单命令和按钮处于非激活状态（呈灰色，即暗色），这是因为它们目前还没有处在发挥功能的环境中，一旦它们进入有关的环境，便会自动激活。

下面是工具栏中各快捷按钮的含义和作用（图 3.5.2～图 3.5.12），请务必将其记牢。

图 3.5.2 中各命令按钮的说明如下。

A1：创建新对象（创建新文件）。　　　　　B1：打开文件。

C1：保存激活对象（保存当前文件）。　　　D1：设置工作目录。

E1：保存一个活动对象的副本（另存为）。　F1：更改对象名称。

图 3.5.3 中各命令按钮的说明如下。

A2：撤销。　　　　　　　　　　　　　　　B2：重做。

C2：将绘制图元、注释或表剪切到剪贴板。　D2：复制。

E2：粘贴。　　　　　　　　　　　　　　　F2：选择性粘贴。

G2：再生模型。　　　　　　　　　　　　　H2：再生管理器。

I2：在模型树中按规则搜索、过滤及选择项目。

J2：选取框内部的项目。

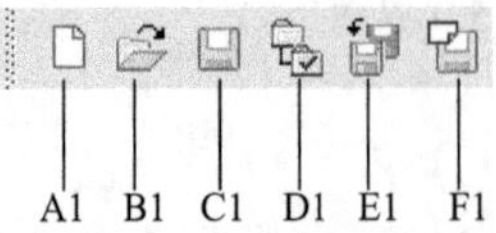

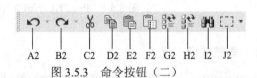

A1 B1 C1 D1 E1 F1　　　　　　　A2 B2 C2 D2 E2 F2 G2 H2 I2 J2

图 3.5.2　命令按钮（一）　　　　　图 3.5.3　命令按钮（二）

图 3.5.4 中各命令按钮的说明如下。

A3：旋转中心显示开/关。　　　　　　　B3：定向模式开/关。

C3：外观库。　　　　　　　　　　　　D3：设置层、层项目和显示状态。

E3：启动视图管理器。　　　　　　　　F3：重画当前视图。

G3：放大模型或草图区。　　　　　　　H3：重新调整对象，使其完全显示在屏幕上。

I3：重定位视图方向。　　　　　　　　J3：已保存的模型视图列表。

图 3.5.5 中各命令按钮的说明如下。

A4：增强的真实感开/关。　　　　　　　　　　B4：模型以线框方式显示。

C4：模型以隐藏线方式显示。　　　　　　　　D4：模型以无隐藏线方式显示。

E4：模型以着色方式显示。

图 3.5.6 中各命令按钮的说明如下。

A5：打开或关闭 3D 注释及注释元素。　　　　B5：基准平面显示开/关。

C5：基准轴显示开/关。　　　　　　　　　　D5：基准点显示开/关。

E5：坐标系显示开/关。

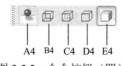

A3　B3　C3　D3　E3　F3　G3　H3　I3　J3　　　A4　B4　C4　D4　E4　　　A5　B5　C5　D5　E5

图 3.5.4　命令按钮（三）　　　　图 3.5.5　命令按钮（四）　　图 3.5.6　命令按钮（五）

图 3.5.7 中各命令按钮的说明如下。

A6：从会话中移除所有不在窗口中的对象。　　B6：关闭窗口并保持对象在会话中。

C6：激活窗口。　　　　　　　　　　　　　D6：上下文相关帮助。

图 3.5.8 中各命令按钮的说明如下。

A7：模型树。　　　　　　　　　　　　　　B7：文件夹浏览器。

C7：收藏夹。

图 3.5.9 中各命令按钮的说明如下。

A8：草绘基准曲线工具。　　　　　　　　　B8：基准点工具。

C8：创建一个参照特征。　　　　　　　　　D8：基准平面工具。

E8：基准轴工具。　　　　　　　　　　　　F8：创建基准曲线。

G8：基准坐标系工具。　　　　　　　　　　H8：创建一个分析特征。

图 3.5.10 中各命令按钮的说明如下。

A9：插入注释特征。　　　　　　　　　　　B9：创建基准目标注释特征以定义基准框。

C9：插入注释元素传播特征。　　　　　　　D9：孔工具。

E9：抽壳工具。　　　　　　　　　　　　　F9：筋（肋）工具。

G9：拔模工具。　　　　　　　　　　　　　H9：倒圆角工具。

I9: 倒角工具。

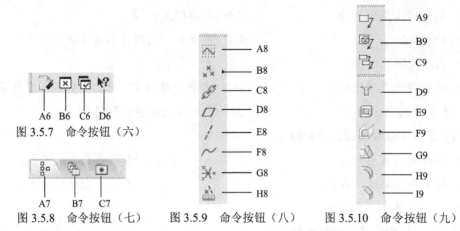

图 3.5.7　命令按钮（六）

图 3.5.8　命令按钮（七）　　图 3.5.9　命令按钮（八）　　图 3.5.10　命令按钮（九）

图 3.5.11 中各命令按钮的说明如下。

A10: 拉伸工具。　　　　　　　　　　　B10: 旋转工具。

C10: 可变剖面扫描工具。　　　　　　　D10: 边界混合工具。

E10: 造型工具。

图 3.5.12 中各命令按钮的说明如下。

A11: 镜像工具。　　　　　　　　　　　B11: 合并工具。

C11: 修剪工具。　　　　　　　　　　　D11: 阵列工具。

图 3.5.11　命令按钮（十）　　　　图 3.5.12　命令按钮（十一）

4．消息区

在用户操作软件的过程中，消息区会实时地显示与当前操作相关的提示信息等，以引导用户的操作。消息区有一个可见的边线，将其与图形区分开，若要增加或减少可见消息行的数量，可将鼠标指针置于边线上，按住鼠标左键，将鼠标指针移动到所期望的位置。

消息分五类，分别以不同的图标提醒：

5．图形区

Pro/ENGINEER 各种模型图像的显示区。

6．智能选取栏

智能选取栏也称过滤器，主要用于快速选取某种所需要的要素（如几何、基准等）。

7．菜单管理器区

菜单管理器区位于屏幕的右侧，在进行某些操作时，系统会弹出此菜单，如创建混合特征时，系统会弹出"混合选项"菜单管理器（图 3.5.13）。可通过一个文件 menu_def.pro 定制菜单管理器。

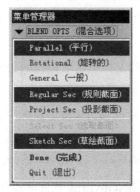

图 3.5.13 "混合选项"菜单管理器

3.5.2　工作界面的定制

工作界面的定制步骤如下。

Step1. 进入定制工作对话框。选择下拉菜单区的 工具(T) ➡ 定制屏幕(C)... 命令，即可进入屏幕"定制"对话框，如图 3.5.14 所示。

Step2. 定制工具栏布局。在图 3.5.14 所示的"定制"对话框中单击 工具栏(B) 选项卡，即可打开工具栏定制选项卡。通过此选项卡可改变工具栏的布局，可以将各类工具栏按钮放在屏幕的顶部、左侧或右侧。

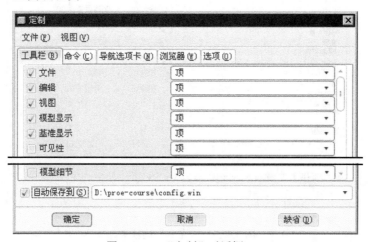

图 3.5.14　"定制"对话框

下面以图 3.5.14 中的 □ 文件 选项（这是控制文件类工具按钮的选项）为例，说明定制过程。

（1）单击 □ 文件 中的 □，出现 √ 号，此时可看到文件类的命令按钮出现在屏幕左侧。

（2）单击 左 ▼ 中的 ▼ 按钮，然后在弹出的下拉列表中选择"顶"。

（3）单击 ✓ 自动保存到(S) D:\proe-course\config.win ▼ 中的 □，出现 √ 号，表示此项定制将存入配置文件，以便下次进入 Pro/ENGINEER 系统不用重新配置此项。

（4）单击 确定 按钮，结束配置。

Step3. 在工具栏中添加新按钮。通过"定制"对话框的 命令(C) 选项卡，可以在工具栏中添加新按钮。下面以图 3.5.15 中的按钮 ✐ （这是从进程中删除不在当前窗口中所有对象的命令）为例，说明定制过程。

（1）先在图 3.5.15 中的 目录(G) 列表框中选取按钮的类别"文件"，此时在 命令(D) 列表框中显示出所有该类的命令按钮。

（2）单击 ✐拭除(E) ▶ 不显示(D)... 选项，并按住鼠标左键不放，将鼠标指针拖到屏幕的工具栏中。

（3）单击 ✓ 自动保存到(S) D:\proe-course\config.win ▼ 中的 □，出现 √ 号，表示此项定制将存入配置文件，以便下次进入 Pro/ENGINEER 软件时不用重新配置此项。

（4）单击 确定 按钮，结束配置。

下面请读者按相同的方法，建立图 3.5.2～图 3.5.12 中工具栏区的所有按钮，这些按钮在以后的操作中会被频繁使用。

图 3.5.15　"命令"选项卡

Step4. 其他配置。

（1）在"定制"对话框中单击 导航选项卡 (N) 选项卡，可以对导航选项卡放置的位置、导航窗口的宽度以及"模型树"的放置进行设置，如图 3.5.16 所示。

（2）在"定制"对话框中单击 浏览器 (W) 选项卡，对浏览器窗口宽度和启动状态等进行设置，如图 3.5.17 所示。

（3）在"定制"对话框中单击 选项 (O) 选项卡，可以对用户界面进行其他配置，如消息区域的位置控制、次窗口的打开方式、图标显示控制的设置，如图 3.5.18 所示。

图 3.5.16 "导航选项卡"选项卡   图 3.5.17 "浏览器"选项卡

（4）在完成前面的定制后，都要进行如下操作。

① 单击 ✓ 自动保存到 (S) D:\proe-course\config.win ▼ 中的 □，出现 √ 号，表示此项定制将存入配置文件，以便下次进入 Pro/ENGINEER 软件时不用重新配置此项。

② 单击 确定 按钮，结束配置。

图 3.5.18 "选项"选项卡

3.6　Pro/ENGINEER 软件的环境设置

选择下拉菜单 工具(T) ➡ 🔮 环境(E) 命令，系统弹出图 3.6.1 所示的"环境"对话框，通过设置该对话框的各选项，可以控制 Pro/ENGINEER 当前运行环境的许多方面。

注意：在"环境"对话框中改变设置，仅对当前进程产生影响。当再次启动 Pro/ENGINEER 时，如果存在配置文件 config.pro，则由该配置文件定义环境设置；否则由系统默认配置定义。

图 3.6.1 所示的"环境"对话框中各选项的说明如下。

A：显示/关闭模型尺寸公差。

B：显示/关闭基准平面及其名称。

C：显示/关闭基准轴及其名称。

D：显示/关闭基准点及其名称。

E：显示/关闭坐标系及其名称。

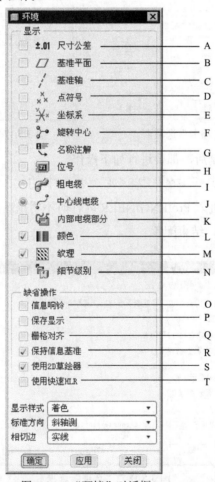

图 3.6.1　"环境"对话框

F: 显示/关闭模型的旋转中心。

G: 显示/关闭注释名称而非注释文本。

H: 显示电缆、ECAD 和管道元件的位号。

I: 显示/关闭电缆的三维厚度，它可以着色。

J: 显示/关闭电缆中心线，且定位点呈绿色。

K: 显示/关闭视图中隐藏在其他几何体后的线缆部分。

L: 显示/关闭模型上的颜色。

M: 在模型上显示/关闭纹理。

N: 在动态定向（平移等）过程中，使用着色模型中可用的细节级别。

O: 在提示或系统信息后出现响铃声。

P: 保存对象并带有它们最近的屏幕显示信息。

Q: 使在屏幕上选择的点对齐到网格。

R: 控制系统如何处理在"信息"功能中即时创建的基准（平面、点、轴和坐标系）。如果选定，系统将它们作为特征包含在模型中；如果清除，系统会在退出"信息"功能时删除它们。

S: 在草绘器模式中控制草绘平面的初始定向。如果选择，在进入"草绘器"时，草绘平面平行屏幕；如果清除，进入"草绘器"时的草绘平面定向不改变。

T: 旋转时显示 HLR，减少计算 HLR 的时间。

3.7　设置 Pro/ENGINEER 软件的工作目录

由于 Pro/ENGINEER 软件在运行过程中将大量的文件保存在当前目录中，并且也常常从当前目录中自动打开文件，为了更好地管理 Pro/ENGINEER 软件的大量有关联的文件，应特别注意，在进入 Pro/ENGINEER 后，开始工作前最要紧的事情是"设置工作目录"。其操作过程如下。

Step1. 选择下拉菜单 文件(F) ➡ 设置工作目录(W)... 命令。

Step2. 在弹出的图 3.7.1 所示的"选取工作目录"对话框中选择"D:"。

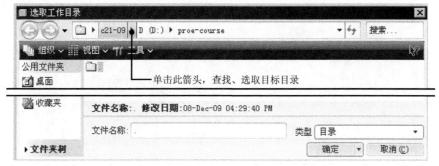

图 3.7.1　"选取工作目录"对话框

Step3. 查找并选取目录 proe-course。

Step4. 单击对话框中的 確定 ▼ 按钮。

完成操作后，目录 D:\proe-course 即变成工作目录，而且目录 D:\proe-course 也变成当前目录，将来文件的创建、保存、自动打开、删除等操作都将在该目录中进行。

在本书中，如果未加说明，所指的"工作目录"均为 D:\proe-course 目录。

说明： 进行下列操作后，双击桌面上的 Pro ENGINEER 图标进入 Pro/ENGINEER 软件系统，即可自动切换到指定的工作目录。

（1）右击桌面上的 Pro ENGINEER 图标，在弹出的快捷菜单中选择 属性(R) 命令。

（2）图 3.7.2 所示的"Pro ENGINEER 5.0 属性"对话框被打开，单击该对话框的 快捷方式 选项卡，然后在 起始位置(S): 文本框中输入 D:\proe-course，并单击 確定 按钮。

图 3.7.2 "Pro ENGINEER 5.0 属性"对话框

注意： 设置好启动目录后，每次启动 Pro/ENGINEER 软件，系统自动在启动目录中生成一个名为"trail.txt"的文件。该文件是一个后台记录文件，它记录了用户从打开软件到关闭期间的所有操作记录。读者应注意保护好当前启动目录的文件夹，如果启动目录文件夹丢失，系统会将生成的后台记录文件放在桌面上。

第4章 二维截面的草绘

本章提要 截面草图的绘制是创建许多特征的基础，如创建拉伸、旋转、扫描、混合等特征时，往往需要先草绘特征的截面（剖面）形状，其中扫描特征还需要绘制草图以定义扫描轨迹，另外基准曲线、草绘孔、X截面等也需要定义草图。本章内容包括：

- 截面草绘环境的设置。
- 基本草绘图元（如点、直线、圆等）的绘制。
- 截面草绘图的编辑修改。
- 截面草绘图的标注。
- 截面草绘图中约束的创建。

4.1 草绘环境中的关键术语

下面列出了 Pro/ENGINEER 软件草绘中经常使用的术语。

图元：指截面几何的任意元素（如直线、中心线、圆弧、圆、椭圆、样条曲线、点或坐标系等）。

参照图元：指创建特征截面或轨迹时，所参照的图元。

尺寸：图元大小、图元间位置的量度。

约束：定义图元间的位置关系。约束定义后，其约束符号会出现在被约束的图元旁边。例如，可以约束两条直线垂直，完成约束后，垂直的直线旁边会出现一个垂直约束符号。约束符号显示为橙色。

参数：草绘中的辅助元素。

关系：关联尺寸和/或参数的等式。例如，可使用一个关系将一条直线的长度设置为另一条直线的两倍。

"弱"尺寸：是指由系统自动建立的尺寸。在用户增加新的尺寸时，系统可以在没有用户确认的情况下自动删除多余的"弱"尺寸。在默认情况下，"弱"尺寸在屏幕中显示为灰色。

"强"尺寸：是指软件系统不能自动删除的尺寸。由用户创建的尺寸总是"强"尺寸，软件系统不能自动将其删除。如果几个"强"尺寸发生冲突，则系统会要求删除其中一个。"强"尺寸显示为橙色。

冲突：两个或多个"强"尺寸和约束可能会产生矛盾或多余条件。出现这种情况，必须删除一个不需要的约束或尺寸。

4.2 进入草绘环境

进入模型截面草绘环境的操作方法如下。

Step1. 单击"新建文件"按钮 。

Step2. 系统弹出图 4.2.1 所示的"新建"对话框，在该对话框中选中 ⊙ 草绘 单选项；在 名称 后的文本框中输入草图名（如 s1）；单击 确定 按钮，即进入草绘环境。

注意： 还有一种进入草绘环境的途径，就是在创建某些特征（如拉伸、旋转、扫描等）时，以这些特征命令为入口，进入草绘环境，详见第 5 章的有关内容。

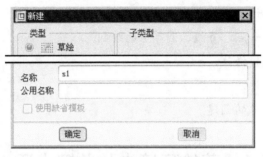

图 4.2.1 "新建"对话框

4.3 草绘工具按钮简介

进入草绘环境后，屏幕上会出现草绘时所需要的各种工具按钮，其中常用工具按钮及其功能注释如图 4.3.1、图 4.3.2 和图 4.3.3 所示。

图 4.3.1 中各工具按钮的说明如下。

A: 一次选取一个项目，按住 Ctrl 键可一次选取多个项目。

B1: 创建两点直线。

B2: 创建与两个图元相切的直线。

B3: 创建 2 点中心线。

B4: 创建 2 点几何中心线。

C1: 创建矩形。

C2: 创建斜矩形。

C3: 创建平行四边形。

D1: 通过确定圆心和圆上一点来创建圆。

D2: 创建同心圆。

D3: 通过确定圆上三个点来创建圆。

D4: 创建与三个图元相切的圆。

D5: 根据椭圆长轴端点创建椭圆。

D6:　根据椭圆中心和长轴端点创建椭圆。

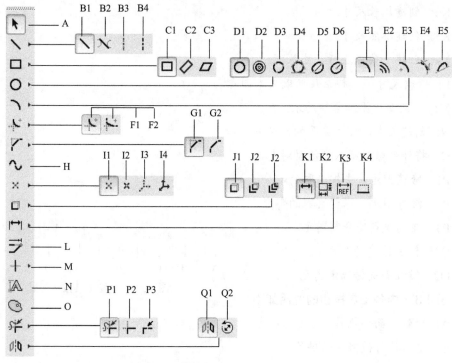

图 4.3.1　草绘工具按钮（一）

E1:　由三个点创建一个圆弧或创建一个在其端点相切于图元的圆弧。

E2:　创建同心圆弧。

E3:　通过选取圆弧中心点和端点来创建圆弧。

E4:　创建与三个图元相切的圆弧。

E5:　创建一个锥形弧。

F1:　在两个图元间创建一个圆形圆角。

F2:　在两个图元间创建一个椭圆圆角。

G1:　在两个图元间创建倒角并创建构造线延伸。

G2:　在两个图元间创建一个倒角。

H:　通过若干点创建样条曲线。

I1:　创建点。

I2:　创建几何点。

I3:　创建坐标系。

I4:　创建几何坐标系。

J1:　利用其他特征的边来创建草图。

J2:　对其他特征的边进行偏移来创建草图。

J3:　对其他特征的边进行两侧偏移来创建草图。

K1：创建定义尺寸。

K2：创建周长尺寸。

K3：创建参照尺寸。

K4：创建一条纵坐标尺寸基线。

L：修改尺寸值、样条几何或文本图元。

M：在截面中添加草绘约束。

N：创建文本，作为截面的一部分。

O：将外部数据插入到活动对象。

P1：修剪图元，去掉选取的部分。

P2：修剪图元，保留选取的部分。

P3：在选取点处分割图元。

Q1：镜像选定的图元。

图 4.3.2　草绘工具按钮（二）

Q2：缩放并旋转选定图元。

图 4.3.2 中各工具按钮的说明如下。

A：撤销前面的操作。

B：重新执行被撤销的操作。

C：将绘制图元、注释或表剪切到剪贴板。

D：复制。

E：粘贴。

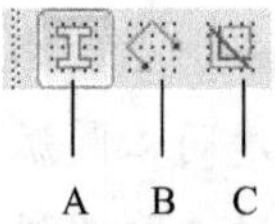

图 4.3.3　草绘工具按钮（三）

F：选择性（高级）粘贴。

G：在模型树中按规则搜索、过滤及选取项目。

H：选取框内部的项目。

I：定向草绘平面，使其与显示器屏幕平行。

J：控制草绘尺寸的显示/关闭。

K：控制约束符号的显示/关闭。

L：控制草绘网格的显示/关闭。

M：控制草绘截面顶点的显示/关闭。

图 4.3.3 中各工具按钮的说明。

A：对草绘图元的封闭链内部着色。

B：加亮不为多个图元共有的草绘图元的顶点。

C：加亮重叠几何图元的显示。

4.4　草绘环境中的下拉菜单

1. 草绘(S) 下拉菜单

这是草绘环境中的主要菜单（如图 4.4.1 所示），它的功能主要包括草图的绘制、标注、添加约束等。

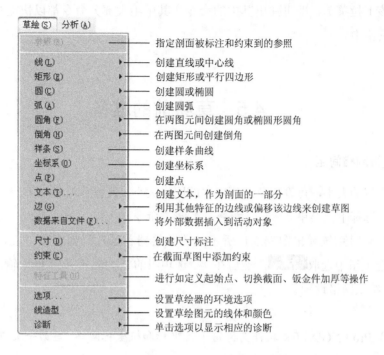

图 4.4.1　"草绘"下拉菜单

2.　编辑(E) 下拉菜单

这是草绘环境中对草图进行编辑的菜单，如图 4.4.2 所示。

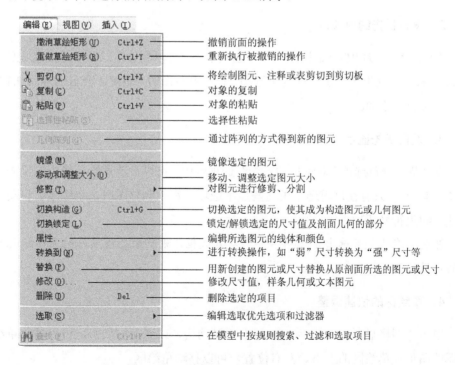

图 4.4.2　"编辑"下拉菜单

单击该下拉菜单，即可弹出其中的命令，其中绝大部分命令都以快捷按钮方式出现在屏幕的工具栏中。

4.5　草绘前的准备

1．设置网格间距

根据模型的大小，可设置草绘环境中的网格大小，其操作流程如下。

Step1. 选择下拉菜单 草绘(S) ➡ 选项... 命令。

Step2. 此时系统弹出图 4.5.1 所示的"草绘器首选项"对话框，在 参数(P) 选项卡的 栅格间距 选项组中选取 手动，然后在 值 选项组的 X 和 Y 文本框中输入间距值；单击 ✔ 按钮，结束网格设置。

说明：

（1）Pro/ENGINEER 软件支持笛卡儿坐标和极坐标网格。当第一次进入草绘环境时，系统显示笛卡儿坐标网格。

（2）通过"草绘器首选项"对话框，可以修改网格间距和角度。其中，X 间距仅设置 X 方向的间距，Y 间距仅设置 Y 方向的间距，角度设置相对于 X 轴的网格线的角度。当刚开始草绘时（创建任何几何形状之前），使用网格可以控制截面的近似尺寸。

2．设置优先约束项目

在"草绘器首选项"对话框的 约束(C) 选项卡中，可以设置草绘环境中的优先约束项目（图 4.5.2）。只有在这里选中了一些约束选项，在绘制草图时，系统才会自动地添加相应的约束，否则不会自动添加。

3．设置优先显示

在"草绘器首选项"对话框的 其它(M) 选项卡中，可以设置草绘环境中的优先显示项目等（图 4.5.3）。 只有在这里选中了这些显示选项，在绘制草图时，系统才会自动显示草图的尺寸、约束符号和顶点等项目。

注意：在此如果选中了 捕捉到栅格(S) 复选框，则前面已设置好的网格就会起到捕捉定位的作用。

4．草绘区的快速调整

单击"网格显示"按钮，如果看不到网格，或者网格太密，可以缩放草绘区；如果想调整图形在草绘区的上下、左右位置，可以移动草绘区。

鼠标操作方法说明。

- 中键滚轮（缩放草绘区）：滚动鼠标中键滚轮，向前滚可看到图形在缩小，向后滚可看到图形在变大。
- 中键（移动草绘区）：按住鼠标中键，移动鼠标，可看到图形跟着鼠标移动。

注意：草绘区这样的调整不会改变图形的实际大小和实际空间位置，它的作用是便于用户查看和操作图形。

图 4.5.1　"参数"选项卡

图 4.5.2　"约束"选项卡

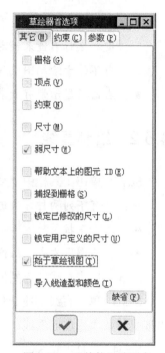
图 4.5.3　"其他"选项卡

4.6　草图的绘制

4.6.1　草图绘制概述

要进行草绘，应先从草绘环境的工具栏按钮区或 草绘(S) 下拉菜单中选取一个绘图命令（由于工具栏的命令按钮简明而快捷，推荐优先使用），然后可通过在屏幕图形区中单击选择位置来创建图元。

在绘制图元的过程中，当移动鼠标指针时，Pro/ENGINEER 系统会自动确定可添加的约束并将其显示。当同时出现多个约束时，系统以红色显示活动约束。

草绘图元后，用户还可通过"约束"工具栏继续添加约束。

在绘制截面草图的过程中，Pro/ENGINEER 系统会自动标注几何，这样产生的尺寸称为"弱"尺寸，系统可以自动地删除或改变它们。用户可以把有用的"弱"尺寸转换为"强"尺寸。

说明：草绘环境中鼠标的使用。

- 草绘时，可单击鼠标左键在绘图区选择位置，单击鼠标中键可中止当前操作或退出当前命令。
- 草绘时，可以通过单击鼠标右键来禁用当前约束（显示为红色），也可以按 Shift 键和鼠标右键来锁定约束。
- 当不处于绘制图元状态时，按 Ctrl 键并单击，可选取多个项目。
- 右击将显示带有最常用草绘命令的快捷菜单（当不处于绘制模式时）。

4.6.2 绘制直线

Step1. 单击工具栏中"直线"命令按钮 ＼＼ 中的 ·，再单击按钮 ＼。

注：还有下列两种方法进入直线绘制命令。

- 选择下拉菜单 草绘(S) ➡ 线(L) ▶ ➡ 线(L) 命令。
- 在绘图区右击，从弹出的快捷菜单中选择 线(L) 命令。

Step2. 单击直线的起始位置点，此时可看到一条"橡皮筋"线附着在鼠标指针上。

Step3. 单击直线的终止位置点，系统便在两点间创建一条直线，并且在直线的终点处出现另一条"橡皮筋"线。

Step4. 重复步骤 Step3，可创建一系列连续的线段。

Step5. 单击鼠标中键，结束直线的创建。

说明：

- 在草绘环境中，单击"撤销"按钮 ↺ 可撤销上一个操作，单击"重做"按钮 ↻ 可重新执行被撤销的操作。这两个按钮在草绘环境中十分有用。
- Pro/ENGINEER 具有尺寸驱动功能，即图形的大小随着图形尺寸的改变而改变。
- 用 Pro/ENGINEER 进行设计，一般是先绘制大致的草图，然后再修改其尺寸，在修改尺寸时输入准确的尺寸值，即可获得最终所需要大小的图形。

4.6.3 绘制相切直线

Step1. 单击"直线"按钮 ＼ 中的 ·，再单击按钮 ＼。

注：也可以选择下拉菜单 草绘(S) ➡ 线(L) ▶ ➡ 直线相切(T) 命令。

Step2. 在第一个圆或弧上单击一点，此时可观察到一条始终与该圆或弧相切的"橡皮筋"线附着在鼠标指针上。

Step3. 在第二个圆或弧上单击与直线相切的位置点，此时便产生一条与两个圆（弧）相切的直线段。

Step4. 单击鼠标中键，结束相切直线的创建。

4.6.4　绘制中心线

Pro/ENGINEER5.0 提供两种中心线的创建方法，分别是创建 2 点中心线和创建 2 点几何中心线。一般 2 点中心线是作为作图辅助线中心线使用的；2 点几何中心线是作为一个旋转特征的中心轴，或作为截面内的对称中心线来使用的。下面介绍创建方法。

方法一：创建 2 点中心线。

Step1. 单击"直线"按钮 `\ ▾` 中的 ` ┊ `。

说明：或者选择下拉菜单 草绘(S) ➡ 线(L) ▸ ➡ 中心线(C) 命令；或者在绘图区右击，从弹出的快捷菜单中选择 中心线(C) 命令。

Step2. 在绘图区的某位置单击，一条中心线附着在鼠标指针上。

Step3. 在另一位置点单击，系统即绘制一条通过此两点的"中心线"。

方法二：创建 2 点几何中心线。

说明：创建 2 点几何中心线的方法和创建 2 点中心线的方法完全一样，此处不再介绍。

4.6.5　绘制矩形

矩形对于绘制截面十分有用，可省去绘制四条线的麻烦。

Step1. 单击"矩形"命令按钮 `▢`。

注：还有两种方法可进入矩形绘制命令。

● 选择下拉菜单 草绘(S) ➡ 矩形(E) ▸ ➡ 矩形(E) 命令。

● 在绘图区右击，从弹出的快捷菜单中选择 矩形(E) 命令。

Step2. 在绘图区的某位置单击，放置矩形的一个角点，然后将该矩形拖至所需大小。

Step3. 再次单击，放置矩形的另一个角点。此时，系统即在两个角点间绘制一个矩形。

4.6.6　绘制斜矩形

Step1. 单击"斜矩形"命令按钮 `◇`。

注：还有一种方法可进入斜矩形绘制命令。

● 选择下拉菜单 草绘(S) ➡ 矩形(E) ▸ ➡ 斜矩形(S) 命令。

Step2. 在绘图区的某位置单击，放置斜矩形的一个角点，然后拖动鼠标确定斜矩形的倾斜角度，并单击左键定义斜矩形的长度，最后拖动鼠标并单击左键定义斜矩形的高度。

Step3. 此时，完成斜矩形的创建。

4.6.7　绘制平行四边形

下面介绍平行四边形的创建方法。

Step1. 单击"平行四边形"命令按钮 ▱。

注：还有一种方法可进入平行四边形绘制命令。

● 　选择下拉菜单 草绘(S) ➡ 矩形(E) ▸ ➡ 平行四边形(P) 命令。

Step2. 在绘图区的某位置单击，放置平行四边形的一个角点，然后拖动鼠标确定平行四边形的长度并单击左键确认，最后拖动鼠标定义平行四边形的高度。

Step3. 此时，完成平行四边形的创建。

4.6.8　绘制圆

方法一：中心/点——通过选取中心点和圆上一点来创建圆。

Step1. 单击"圆"命令按钮 ⊙▾ 中的 ⊙。

Step2. 在某位置单击，放置圆的中心点，然后将该圆拖至所需大小并单击左键，完成该圆的创建。

方法二：同心圆。

Step1. 单击"圆"命令按钮 ⊙▾ 中的 ◎。

Step2. 选取一个参照圆或一条圆弧边来定义圆心。

Step3. 移动鼠标指针，将圆拖至所需大小并单击左键，然后单击中键。

方法三：三点圆。

Step1. 单击"圆"命令按钮 ⊙▾ 中的 ⊙。

Step2. 在绘图区任意位置点击三个点，然后单击鼠标中键，完成该圆的创建。

4.6.9　绘制椭圆

Pro/ENGINEER5.0 提供两种创建椭圆的方法，并且可以创建斜椭圆。下面介绍椭圆的两种创建方法。

方法一：根据椭圆长轴端点来创建椭圆。

Step1. 单击"圆"命令按钮 ⊙▾ 中的 ⊘。

Step2. 在绘图区的某位置单击，放置椭圆的长轴起始端点，移动鼠标指针，在绘图区的某位置单击，放置椭圆的长轴结束端点。

Step3. 移动鼠标指针，将椭圆拉至所需形状并单击左键，完成椭圆的创建。

方法二： 根据椭圆中心和长轴端点来创建椭圆。

Step1. 单击"圆"命令按钮 中的 。

Step2. 在绘图区的某位置单击，放置椭圆的圆心，移动鼠标指针，在绘图区的某位置单击，放置椭圆的长轴端点。

Step3. 移动鼠标指针，将椭圆拉至所需形状并单击左键，完成椭圆的创建。

说明： 椭圆有如下特性。

- 椭圆的中心点相当于圆心，可以作为尺寸和约束的参照。
- 椭圆由两个半径定义：X 半径和 Y 半径。从椭圆中心到椭圆的水平半轴长度称为 X 半径，竖直半轴长度称为 Y 半径。
- 当指定椭圆的中心和椭圆半径时，可用的约束有"相切""图元上的点""相等半径"等。

4.6.10　绘制圆弧

共有四种绘制圆弧的方法。

方法一： 点/终点圆弧——确定圆弧的两个端点和弧上的一个附加点来创建一个三点圆弧。

Step1. 单击"圆弧"命令按钮 中的 。

Step2. 在绘图区某位置单击，放置圆弧一个端点；在另一位置单击，放置另一端点。

Step3. 此时移动鼠标指针，圆弧呈"橡皮筋"样变化，单击确定圆弧上的一点。

方法二： 同心圆弧。

Step1. 单击"圆弧"命令按钮 中的 。

Step2. 选取一个参照圆或一条圆弧边来定义圆心。

Step3. 将圆拉至所需大小，然后在圆上单击两点以确定圆弧的两个端点。

方法三： 圆心/端点圆弧。

Step1. 单击"圆弧"命令按钮 中的 。

Step2. 在某位置单击，确定圆弧中心点，然后将圆拉至所需大小，并在圆上单击两点以确定圆弧的两个端点。

方法四： 创建与三个图元相切的圆弧。

Step1. 单击"圆弧"命令按钮 中的 。

Step2. 分别选取三个图元，系统便自动创建与这三个图元相切的圆弧。

注意： 在第三个图元上选取不同的位置点，则可创建不同的相切圆弧。

4.6.11　绘制圆锥弧

Step1. 单击"圆弧"命令按钮 ⌐ 中的 ⌐ 。

Step2. 在绘图区单击两点，作为圆锥弧的两个端点。

Step3. 此时移动鼠标指针，圆锥弧呈"橡皮筋"样变化，单击确定弧的"尖点"的位置。

4.6.12　绘制圆角

Step1. 单击"圆角"命令按钮 ⌐ 。

Step2. 分别选取两个图元（两条边），系统便在这两个图元间创建圆角，并将两个图元裁剪至交点。

注意：倒圆角对象中有圆弧时，系统不会自动裁剪图元。

4.6.13　绘制椭圆形圆角

Step1. 单击"圆角"命令按钮 ⌐ 中的 ⌐ 。

Step2. 分别选取两个图元（两条边），系统便在这两个图元间创建椭圆形圆角，并将两个图元裁剪至交点。

注意：倒椭圆形圆角对象中有圆弧时，系统不会自动裁剪图元。

4.6.14　绘制倒角

Pro/ENGINEER 5.0 新增了绘制倒角的命令，并提供了两种创建方法。下面介绍倒角的创建方法。

方法一：在两个图元间创建倒角并创建构造线延伸。

方法二：在两个图元间创建一个倒角。

Step1. 单击"倒角"命令按钮 ⌐ 中的 ⌐ 。

Step2. 分别选取两个图元（两条边），系统便在这两个图元间创建倒角，并创建延伸构造线。

说明：

- 创建倒角的第二种方法是单击"倒角"命令按钮 ⌐ 中的 ⌐ ，倒角的操作步骤和方法一完全一样，不同是创建完倒角后系统不会创建延伸构造线。
- 倒角的对象可以是直线，也可以是圆弧，还可以是样条曲线。

4.6.15　绘制样条曲线

样条曲线是通过任意多个中间点的平滑曲线。

Step1. 单击"样条曲线"按钮 ⍨。

Step2. 单击一系列点，可观察到一条"橡皮筋"样条附着在鼠标指针上。

Step3. 单击鼠标中键，结束样条线的绘制。

4.6.16　在草绘环境中创建坐标系

Step1. 选择下拉菜单 草绘(S) ➡ 坐标系(O) 命令。

Step2. 在某位置单击以放置该坐标系原点。

说明：

● 可以将坐标系与下列对象一起使用。
  ☑ 样条：可以用坐标系标注样条曲线，这样即可通过坐标系指定 X、Y、Z 轴的坐标值来修改样条点。
  ☑ 参照：可以把坐标系增加到截面中作为草绘参照。
  ☑ 混合特征截面：可以用坐标系为每个用于混合的截面建立相对原点。
● 坐标系和几何坐标系的区别：坐标系是指用于草图环境中的参考坐标系；几何坐标系是基准坐标系。

4.6.17　创建点

在设计管路和电缆布线时，创建点对工作十分有帮助。

Step1. 选择下拉菜单 草绘(S) ➡ 点(P) 命令。

Step2. 在绘图区的某位置单击以放置该点。

说明：点和几何点的区别：点是指用于草图环境中的参考点；几何点是基准点。

4.6.18　将一般图元变成构建图元

Pro/ENGINEER 中构建图元（构建线）的作用是作为辅助线（参考线），构建图元以虚线显示。草绘中的直线、圆弧和样条线等图元都可以转化为构建图元。下面以图 4.6.1 为例，说明其创建方法。

Step1. 选择下拉菜单 文件(F) ➡ 设置工作目录(W)... 命令，将工作目录设置至 D:\proewf5.1\work\ch04.06。

Step2. 选择下拉菜单 文件(F) ➡ 打开(O)... 命令，打开文件 construct.sec。

Step3. 按住 Ctrl 键不放，依次选取图 4.6.1a 中的直线、圆弧和圆。

Step4. 右击，在弹出的图 4.6.2 所示的快捷菜单中选择 构建 命令，被选取的图元就转换成构建图元。结果如图 4.6.1b 所示。

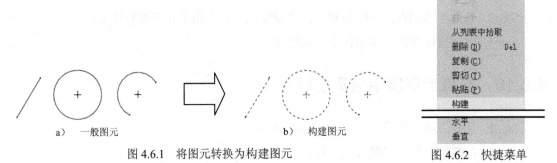

图 4.6.1　将图元转换为构建图元　　　　图 4.6.2　快捷菜单

4.6.19　在草绘环境中创建文本

Step1. 单击按钮 ⒜ 或选择下拉菜单 草绘(S) ➡ 文本(T)... 命令。

Step2. 在系统 ➡ 选择行的起点，确定文本高度和方向 的提示下，单击一点作为起始点。

Step3. 在系统 ➡ 选取行的第二点，确定文本高度和方向 的提示下，单击另一点。此时在两点之间会显示一条构建线，该线的长度决定文本的高度，该线的角度决定文本的方向。

Step4. 系统弹出图 4.6.3 所示的"文本"对话框，在 文本行 文本框中输入文本（一般应少于 79 个字符）。

Step5. 可设置下列文本选项（图 4.6.3）。

- 字体 下拉列表：从系统提供的字体和 TrueType 字体列表中选取一类。
- 位置：下拉列表
  - ☑ 水平：水平方向上，起始点可位于文本行的左边、中心或右边。
  - ☑ 垂直：垂直方向上，起始点可位于文本行的底部、中间或顶部。
- 长宽比 文本框：拖动滑动条增大或减小文本的长宽比。
- 斜角 文本框：拖动滑动条增大或减小文本的倾斜角度。
- ☐ 沿曲线放置 复选框：选中此复选框，可沿着一条曲线放置文本。然后，需选择希望在其上放置文本的弧或圆（图 4.6.4）。
- ☐ 字符间距处理：启用文本字符串的字符间距处理。这样可控制某些字符之间的空格，改善文本字符串的外观。 字符间距处理属于特定字体的特征。或者可设置 sketcher_default_font_kerning 配置选项，以自动为创建的新文本字符串启用字符间距处理。

Step6. 单击 确定 按钮，完成文本创建。

说明：在绘图区中，可以拖动图 4.6.4 所示的操纵手柄来调整文本的位置和角度。

图 4.6.3　"文本"对话框

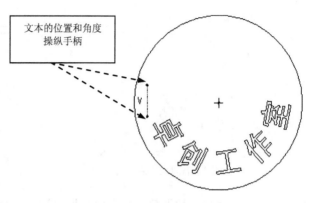

图 4.6.4　文本操纵手柄

4.6.20　使用以前保存过的图形创建当前草图

利用前面介绍的基本绘图功能，用户可以从头绘制各种要求的截面；另外，还可以继承和使用以前在 Pro/ENGINEER 软件或别的软件（如 AutoCAD）中保存过的截面图形。

1．保存 Pro/ENGINEER 草图的操作方法

选择草绘环境中的下拉菜单 文件(F) ➡ 🖫 保存 (S)（或 保存副本 (A) ...）命令。

2．使用以前保存过的草图的操作方法

Step1. 选择草绘环境中的下拉菜单 草绘(S) ➡ 数据来自文件(F)... ▶ ➡
文件系统... 命令，此时系统弹出"打开"对话框（图 4.6.5）。

Step2. 单击"类型"下拉列表的 ▼ 按钮后，可看到图 4.6.6 所示的下拉列表，从中选择要打开文件的类型（Pro/ENGINEER 的模型截面草绘格式是.sec）。

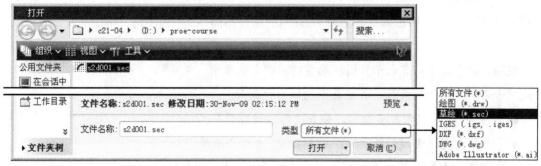

图 4.6.5　"打开"对话框　　　　　　　　　　　　图 4.6.6　"类型"选项

Step3. 选取要打开的文件（s2d0001.sec）并单击 打开 ▼ 按钮，在绘图区单击一点以确定草图放置的位置，该截面便显示在图形区中（图 4.6.7），同时系统弹出"移动和调整大小"对话框（图 4.6.8）。

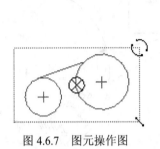

图 4.6.7　图元操作图

图 4.6.8　"移动和调整大小"对话框

Step4. 在"移动和调整大小"对话框内输入一个缩放值和一个旋转角度值。

Step5. 在"移动和调整大小"对话框中单击 ✔ 按钮，系统关闭该对话框并添加此新几何图形。

4.6.21　调色板的使用

草绘器调色板相当于一个预定义形状的定制库，用户可以将调色板中所存储的草图轮廓方便地调用到当前的草绘图形中，也可以将自定义的轮廓草图保存到调色板中备用。

1．调用调色板中的草图轮廓

在正确安装 Pro/ENGINEER 野火版 5.0 后，草绘器调色板中就已存储了一些常用的草图轮廓，下面以实例讲解调用调色板中草图轮廓的方法。

Step1. 单击"新建文件"按钮 ▢ 。

Step2. 系统弹出"新建"对话框，在该对话框中选中 ◉ ▨▨ 草绘 单选项；在 名称 后的文本框中接受系统默认的草图名称 s2d0001；单击 确定 按钮，即进入草绘环境。

Step3. 选择命令。选择下拉菜单 草绘(S) ➡ 数据来自文件(F)... ▶ ➡ 调色板... 命令（或在工具栏中单击"调色板" ◎ 按钮），系统自动弹出图 4.6.9 所示的"草绘器调色板"对话框。

说明：调色板中具有表示草图轮廓类别的四个选项卡： 多边形 、 轮廓 、 形状 和 星形 。每个选项卡都具有惟一的名称，并且至少包括一种截面。

- 多边形 ：包括常规多边形，如五边形、六边形等。
- 轮廓 ：包括常规的轮廓，如 C 形轮廓、I 形轮廓等。
- 形状 ：包括其他的常见形状，如弧形跑道、十字形等。

- 星形：包括常规的星形形状，如五角星、六角星。

Step4. 选择选项卡。在"草绘器调色板"对话框中选取 多边形 选项卡（在列表框中出现与选定的选项卡中的形状相应的缩略图和标签），在列表框中选取 ⬡ 六边形 选项，此时在预览区域中会出现与选定形状相应的截面。

Step5. 将选定的选项拖到图形区。选中 ⬡ 六边形 选项后，按住鼠标左键不放，把光标移到图形区中，然后松开鼠标，选定的图形就自动出现在图形区中，图形区中的图形如图 4.6.10 所示。此时系统弹出图 4.6.11 所示的"移动和调整大小"对话框。

图 4.6.9　"草绘器调色板"对话框

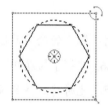

图 4.6.10　六边形

说明：选中 ⬡ 六边形 选项后，双击 ⬡ 六边形 选项，把光标移到图形区中合适的位置，单击鼠标左键，选定的图形也会自动出现在图形区中。

Step6. 在"移动和调整大小"对话框的 缩放 文本框中输入值 4.0。

注意：输入的尺寸和约束被创建为强尺寸和约束。

Step7. 单击 ✔ 按钮，完成图 4.6.12 所示的"六边形"的调用。

图 4.6.11　"移动和调整大小"对话框

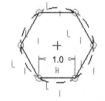

图 4.6.12　定义后的"六边形"

2. 将草图轮廓存储到调色板中

当调色板中的草图轮廓不能满足绘图的需要时，用户可以把自定义的草图轮廓添加到调色板中。下面以范例讲解将自定义草图轮廓添加到调色板中的方法。

Step1. 选择下拉菜单 文件(F) ➡ 设置工作目录(W)... 命令，将工作目录设置至
Pro/ENGINEER 野火版 5.0 的安装目录\text\sketcher_palette\polygons。

Step2. 单击"新建文件"按钮 □ 。

Step3. 系统弹出"新建"对话框，在该对话框中选中 ⊙ ▒ 草绘 单选项；在 名称 后的文
本框中输入草图名称 lozenge，单击 确定 按钮，即进入草绘环境。

Step4. 编辑轮廓草图，绘制图 4.6.13 所示的平行
四边形。

Step5. 将轮廓草图保存至工作目录下，即调色板
存储库中。选择草绘环境中的下拉菜单
文件(F) ➡ 保存(S) 命令，系统弹出图 4.6.14 所示

图 4.6.13　轮廓草图

的"保存对象"对话框，文件名出现在 模型名称 文本框中；单击 确定 按钮，完成轮廓草图
的创建。

说明：保存的轮廓草图文件必须是扩展名为.sec 的文件。

Step6. 选择下拉菜单 文件(F) ➡ 设置工作目录(W)... 命令，将工作目录设置至 D 盘。

说明：此时将工作目录设置至其他位置后，调色板选项卡就不会发生变化。

Step7. 在调色板中查看保存后的轮廓。选择下拉菜单 草绘(S) ➡ 数据来自文件(F)... ▶
➡ 调色板... 命令（或在工具栏中单击"调色板" ⑤ 按钮），系统自动弹出图 4.6.15 所
示的"草绘器调色板"对话框；在"草绘器调色板"对话框中选取 polygons 选项卡，此时在
列表框中就能找到图 4.6.15 所示的 ▱ Lozenge 选项。

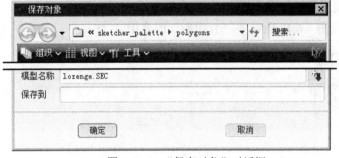

图 4.6.14　"保存对象"对话框

图 4.6.15　"草绘器调色板"对话框

4.7　草图的编辑

4.7.1　删除图元

Step1. 在绘图区单击或框选（框选时要框住整个图元）要删除的图元（可看到被选中

的图元变红）。

　　Step2. 按一下键盘上的 Delete 键，所选图元即被删除。也可采用下面两种方法删除图元。

● 　　右击，在弹出的快捷菜单中选择 删除(D) 命令。

● 　　在 编辑(E) 下拉菜单中选择 删除(D) 命令。

4.7.2　直线的操纵

　　Pro/ENGINEER 提供了图元操纵功能，可方便地旋转、拉伸和移动图元。

　　操纵 1 的操作流程：在绘图区，把鼠标指针 移到直线上，按下左键不放，同时移动鼠标（此时鼠标指针变为 ），此时直线以远离鼠标指针的那个端点为圆心转动（图 4.7.1）。达到绘制意图后，松开鼠标左键。

　　操纵 2 的操作流程：在绘图区，把鼠标指针 移到直线的某个端点上，按下左键不放，同时移动鼠标，此时会看到直线以另一端点为固定点伸缩或转动（图 4.7.2）。达到绘制意图后，松开鼠标左键。

4.7.3　圆的操纵

　　操纵 1 的操作流程：把鼠标指针 移到圆的边线上，按下左键不放，同时移动鼠标，此时会看到圆在变大或缩小（图 4.7.3）。达到绘制意图后，松开鼠标左键。

　　操纵 2 的操作流程：把鼠标指针 移到圆心上，按下左键不放，同时移动鼠标，此时会看到圆随着指针一起移动（图 4.7.4）。达到绘制意图后，松开鼠标左键。

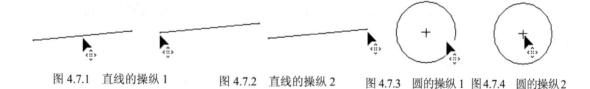

图 4.7.1　直线的操纵 1　　　　图 4.7.2　直线的操纵 2　　　图 4.7.3　圆的操纵 1　图 4.7.4　圆的操纵 2

4.7.4　圆弧的操纵

　　操纵 1 的操作流程：把鼠标指针 移到圆弧上，按下左键不放，同时移动鼠标，此时会看到圆弧半径变大或变小（图 4.7.5）。达到绘制意图后，松开鼠标左键。

　　操纵 2 的操作流程：把鼠标指针 移到圆弧的某个端点上，按下左键不放，同时移动鼠标，此时会看到圆弧以另一端点为固定点旋转，并且圆弧的包角也在变化（图 4.7.6）。达到绘制意图后，松开鼠标左键。

　　操纵 3 的操作流程：把鼠标指针 移到圆弧的圆心点上，按下左键不放，同时移动鼠标，此时圆弧以某一端点为固定点旋转，并且圆弧的包角及半径也在变化（图 4.7.7）。达到绘制意图后，松开鼠标左键。

操纵 4 的操作流程：单击圆心，然后把鼠标指针 移到圆心上，按下左键不放，同时移动鼠标，此时圆弧随着指针一起移动（图 4.7.7）。达到绘制意图后，松开鼠标左键。

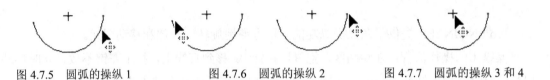

图 4.7.5　圆弧的操纵 1　　　　图 4.7.6　圆弧的操纵 2　　　　图 4.7.7　圆弧的操纵 3 和 4

说明：

● 点和坐标系的操纵很简单，读者不妨自己试一试。

● 同心圆弧的操纵与圆弧基本相似。

4.7.5　样条曲线的操纵与编辑

1．样条曲线的操纵

操纵 1 的操作流程（图 4.7.8）：把鼠标指针 移到样条曲线的某个端点上，按下左键不放，同时移动鼠标，此时样条线以另一端点为固定点旋转，同时大小也在变化。达到绘制意图后，松开鼠标左键。

操纵 2 的操作流程（图 4.7.9）：把鼠标指针 移到样条曲线的中间点上，按下左键不放，同时移动鼠标，此时样条曲线的拓扑形状（曲率）不断变化。达到绘制意图后，松开鼠标左键。

图 4.7.8　样条曲线的操纵 1　　　　　　图 4.7.9　样条曲线的操纵 2

2．样条曲线的高级编辑

样条曲线的高级编辑包括增加插入点、创建控制多边形、显示曲线曲率、创建关联坐标系和修改各点坐标值等。下面说明其操作步骤。

Step1. 选择下拉菜单 编辑(E) ➡ 修改(D)... 命令。

Step2. 系统弹出"选取"对话框（图 4.7.10），选取图 4.7.11 所示的样条曲线，此时在屏幕下方出现图 4.7.12 所示的"样条修改"操控板。修改方法有以下几种。

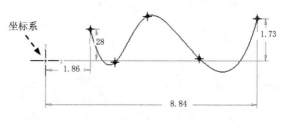

图 4.7.10　"选取"对话框　　　　　　图 4.7.11　样条曲线

- 在"样条修改"操控板中按下 点 按钮，然后单击样条曲线上的相应点，可以显示并修改该点的坐标值（相对坐标或绝对坐标），如图 4.7.12 所示。

- 在操控板中按下 拟合 按钮，可以对样条曲线的拟合情况进行设置，如图 4.7.12 所示。

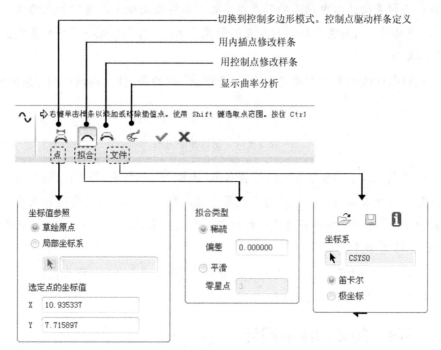

图 4.7.12　"样条修改"操控板

- 在操控板中按下 文件 按钮，并选取相关联的坐标系（图 4.7.11 所示的坐标系），就可形成相对于此坐标系的该样条曲线上所有点的坐标数据文件。

- 在操控板中按下 按钮，可创建控制多边形，如图 4.7.13 所示。如果已经创建了控制多边形，单击此按钮则可删除创建的控制多边形。

- 在操控板中按下 或 ，用于显示内插点（图 4.7.11）或控制点（图 4.7.13）。

- 在操控板中按下 按钮，可显示样条曲线的曲率分析图（图 4.7.14），同时操控板上会出现图 4.7.15 所示的调整曲率界面，通过滚动 比例 滚轮可调整曲率线的长度，通过滚动 密度 滚轮可调整曲率线的数量。

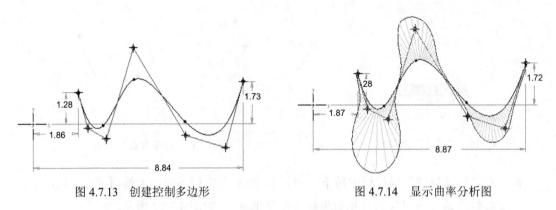

图 4.7.13　创建控制多边形　　　　　　　　图 4.7.14　显示曲率分析图

● 在样条曲线上需要增加点的位置右击，选择 添加点 命令，便可在该位置增加一个点。

注意：当样条曲线以内插点的形式显示时，在样条曲线上需要增加点的位置右击，才能弹出 添加点 命令；当样条曲线以控制点的形式显示时，需在控制点连成的直线上右击才能弹出 添加点 命令。

● 在样条曲线上右击需要删除的点，选择 删除点 命令，便可将该点在样条曲线中删除。

图 4.7.15　调整曲率界面

● 在样条曲线上需要增加点的位置右击，选择 添加点 命令，便可在该位置增加一个点。

注意：当样条曲线以内插点的形式显示时，在样条曲线上需要增加点的位置右击，才能弹出 添加点 命令；当样条曲线以控制点的形式显示时，需在控制点连成的直线上右击才能弹出 添加点 命令。

● 在样条曲线上右击需要删除的点，选择 删除点 命令，便可将该点在样条曲线中删除。

Step3. 单击 ✔ 按钮，完成编辑。

4.7.6　平移、旋转和缩放图元

Step1. 在绘图区单击或框选（框选时要框住整个图元）要比例缩放的图元（可看到选中的图元变红）。

Step2. 单击工具栏按钮 中的 ，或选择下拉菜单 编辑(E) ➡ 移动和调整大小(0) 命令，图形区出现图 4.7.16 所示的图元操作图和图 4.7.17 所示的"移动和调整大小"对话框。

（1）单击选取不同的操纵手柄，可以进行移动、缩放和旋转操纵（为了精确，也可以在图 4.7.17 所示的文本框内输入相应的缩放比例和旋转角度值）。

（2）单击"移动和调整大小"对话框中的 ✔ 按钮，确认变化并退出。

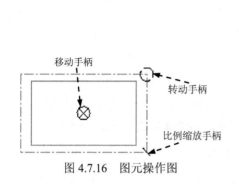

图 4.7.16　图元操作图　　　　　图 4.7.17　"移动和调整大小"对话框

4.7.7　复制图元

Step1. 在绘图区单击或框选（框选时要框住整个图元）要复制的图元，如图 4.7.18 所示（可看到选中的图元变红）。

Step2. 先选择下拉菜单 编辑(E) ➡ 复制(C) 命令，然后选择下拉菜单 编辑(E) ➡ 粘贴(P) 命令；再在绘图区单击一点以确定草图放置的位置，图形区出现图 4.7.19 所示的图元操作图和图 4.7.20 所示的"移动和调整大小"对话框。Pro/ENGINEER 在复制截面的同时，还可对其进行比例缩放和旋转。

Step3. 单击按钮 ✔ ，确认变化并退出。

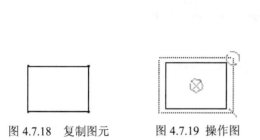

图 4.7.18　复制图元　　　　图 4.7.19　操作图　　　　图 4.7.20　"移动和调整大小"对话框

4.7.8　镜像图元

Step1. 在绘图区单击或框选要镜像的图元。

Step2. 单击工具栏按钮 中的 ，或选择下拉菜单 编辑(E) ➡ 镜像(M) 命令。

Step3. 系统提示选取一个镜像中心线，选择图 4.7.21 所示的中心线（如果没有可用的中心线，可用绘制中心线的命令绘制一条中心线。这里要特别注意：基准面的投影线看上去像中心线，

图 4.7.21　图元的镜像

但它并不是中心线）。

4.7.9　裁剪图元

方法一：去掉方式。

Step1. 在工具栏中单击按钮 ⊬ 。

Step2. 分别单击各相交图元上要去掉的部分，如图 4.7.22 所示。

方法二：保留（延伸）方式。

Step1. 在工具栏中单击按钮 ⊬▾ 中的 ┼ 。

Step2. 依次单击两个相交图元上要保留的一侧，如图 4.7.23 所示。

说明：如果所选两图元不相交，则系统将对其延伸，并将线段修剪至交点。

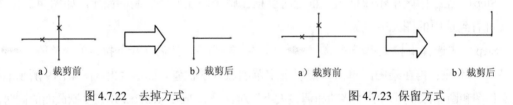

a）裁剪前　　　　　　b）裁剪后　　　　　a）裁剪前　　　　　　b）裁剪后

图 4.7.22　去掉方式　　　　　　　　　　图 4.7.23　保留方式

方法三：图元分割。

Step1. 单击按钮 ⊬▾ 中的 ┍ 。

Step2. 单击一个要分割的图元，如图 4.7.24 所示。系统在单击处断开了图元。

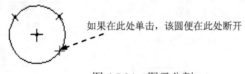

如果在此处单击，该圆便在此处断开

图 4.7.24　图元分割

4.7.10　设置线造型

"线造型"选项可用来设置二维草图的线体，包括线型和颜色。

下面以绘制图 4.7.25 所示的直线为例，说明线造型设置的方法。

Step1. 选择命令。选择下拉菜单 草绘(S) ➡ 线造型 ▶ ➡ 设置线造型... 命令，系统弹出图 4.7.26 所示的"线造型"对话框。

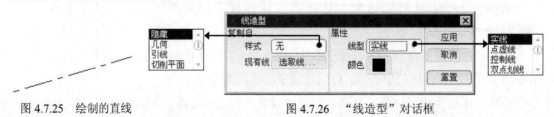

图 4.7.25　绘制的直线　　　　　　图 4.7.26　"线造型"对话框

图 4.7.26 所示的"线造型"对话框中各选项的说明如下。

- 复制自区域

  - ☑ 样式 下拉列表：可以选取任意一个线型来设置线型名称。
  - ☑ 选取线... 按钮：单击此按钮可以在草绘图形区中复制现有的线型。

- 属性区域

  - ☑ 线型下拉列表：可以选取一种线型来设置线型。
  - ☑ 颜色按钮：单击此按钮可以在弹出的"颜色"对话框中设置所选线的颜色。

Step2. 在复制自区域的 样式 下拉列表中选取中心线选项，此时属性区域的线型下拉列表中自动选取控制线选项。

Step3. 设置颜色。

（1）在属性区域的颜色选项中单击█按钮，系统弹出图 4.7.27 所示的"颜色"对话框。

图 4.7.27 所示的"颜色"对话框中各选项的说明如下。

- 系统颜色区域：选取任意一个线型按钮来设置线型颜色。
- 用户定义的区域：选取一种颜色来设置线型颜色。
- 新建... 按钮：单击此按钮，可以从图 4.7.28 所示的"颜色编辑器"对话框中设置一种颜色来定义线型颜色。

（2）在用户定义的区域的下拉列表中选取"蓝色"按钮来设置线型颜色。

（3）单击 确定 按钮，完成"颜色"的设置。此时在"线造型"对话框中属性区域的颜色选项的颜色按钮变成蓝色，而且复制自区域的 样式 下拉列表自动选取无选项。

Step4. 在"线造型"对话框中单击 应用 按钮，然后再单击 关闭 按钮，完成"线造型"的设置。

Step5. 单击工具栏"直线"命令按钮╲·中的·，再单击按钮╲，绘制出图 4.7.25 所示的直线，该直线的线型为中心线，并且其颜色为蓝色。

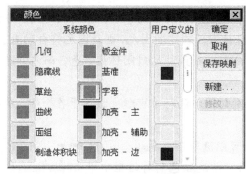

图 4.7.27　"颜色"对话框

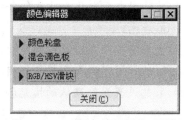

图 4.7.28　　"颜色编辑器"对话框

说明：

- 如果设置的"线造型"不符合要求，可以在"线造型"对话框中单击 重置 按钮

重新进行设置，或通过下拉菜单 草绘(S) ➡ 线造型 ▶ ➡ 清除线造型 命令清除
已经设置的"线造型"后再重新设置。

● 设置完"线造型"后，无论在工具栏中选取什么绘图按钮，绘出的图形都将以设置的线型和颜色输出，并且设置一次"线造型"只能使用一种线型和颜色。涉及更改线型和颜色时，必须重新设置"线造型"。

4.8 草图的诊断

Pro/ENGINEER 野火版 5.0 提供了诊断草图的功能，包括诊断图元的封闭区域、开放区域、重叠区域及诊断图元是否满足相应的特征要求。

4.8.1 着色的封闭环

"着色的封闭环"命令用预定义的颜色将图元中封闭的区域进行填充，非封闭的区域图元无变化。

下面举例说明"着色的封闭环"命令的使用方法。

Step1. 将工作目录设置至 D:\proewf5.1\work\ch04.08，打开文件 sketch_diagnose.sec。

Step2. 选择命令。选择下拉菜单 草绘(S) ➡ 诊断 ▶ ➡ 着色封闭环 命令（或在工具栏中单击"着色封闭环" ⊞ 按钮），系统自动在图 4.8.1 所示的圆内侧填充颜色。

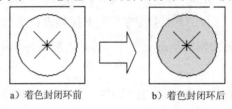

a）着色封闭环前　　　　　b）着色封闭环后

图 4.8.1　着色的封闭环

说明：

● 当绘制的图形不封闭时，草图将无任何变化；若草图中有多个封闭环时，系统将在所有封闭的图形中填充颜色；如果用封闭环创建新图元，则新图元将自动着色显示；如果草图中存在几个彼此包含的封闭环，则最外的封闭环被着色，而内部的封闭环将不着色。

● 对于具有多个草绘器组的草绘，识别封闭环的标准可独立适用于各个组。所有草绘器组的封闭环的着色颜色都相同。

● 如果想设置系统默认的填充颜色，可以选取下拉菜单 视图(V) ➡ 显示设置(Y) ▶ ➡ 系统颜色(S)... 后，在弹出的"系统颜色"对话框中单击 草绘器 选项卡，在 ⊠ 着色封闭环 选项的 ⊠ 按钮上单击，就可以在弹出的列表中选取各种系统设置的颜色。

Step3. 单击工具栏中的"着色的封闭环" ⊞ 按钮，使其处于弹起状态，退出对封闭环的着色。

4.8.2 加亮开放端点

"加亮开放端点"命令用于检查图元中所有开放的端点，并将其加亮。

下面举例说明"加亮开放端点"命令的使用方法。

Step1. 将工作目录设置至 D:\proewf5.1\work\ch04.08，打开文件 sketch_diagnose.sec。

Step2. 选 择 命 令 。 选 择 下 拉 菜 单

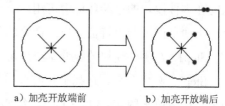

草绘(S) ➡ 诊断 ▶ ➡ 加亮开放端点 命令(或在工具栏中单击"加亮开放端点" 按钮)，系统自动加亮图 4.8.2 所示的各个开放端点。

a) 加亮开放端前   b) 加亮开放端后

图 4.8.2 加亮开放端

说明：

● 构造几何的开放端不会被加亮。

● 在"加亮开放端点"诊断模式中，所有现有的开放端均加亮显示。

● 如果用开放端创建新图元，则新图元的开放端自动着色显示。

Step3. 单击工具栏中的"加亮开放端点" 按钮，使其处于弹起状态，退出对开放端点的加亮。

4.8.3 重叠几何

"重叠几何"命令用于检查图元中所有相互重叠的几何（端点重合除外），并将其加亮。

下面举例说明"重叠几何"命令的使用方法。

Step1. 将工作目录设置至 D:\proewf5.1\work\ch04.08，打开文件 sketch_diagnose.sec。

Step2. 选择命令。选择下拉菜单 草绘(S) ➡ 诊断 ▶ ➡ 重叠几何 命令（或在工具栏中单击"重叠几何" 按钮），系统自动加亮图 4.8.3 所示的重叠的图元。

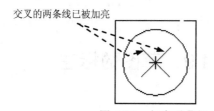

交叉的两条线已被加亮

图 4.8.3 加亮重叠部分

说明：

● 加亮重叠几何 按钮不保持活动状态。

● 若系统默认的填充颜色不符合要求，可以选取下拉菜单 视图(V) ➡ 显示设置(Y) ▶

➡ 系统颜色(S)... 后，在弹出的"系统颜色"对话框中单击 图形 选项卡，在

加亮 - 边 选项的 按钮上单击，就可以在弹出的列表中选取各种系统设置的颜色。

Step3. 单击工具栏中的"重叠几何" ▨ 按钮，使其处于弹起状态，退出对重叠几何的加亮。

4.8.4　特征要求

"特征要求"命令用于检查图元是否满足当前特征的设计要求。需要注意的是，该命令只能在零件模块的草绘环境中可用。

下面举例说明"特征要求"命令的使用方法。

Step1. 在零件模块的拉伸草绘环境中绘制图 4.8.4 所示的图形组。

Step2. 选择命令。选择下拉菜单 草绘(S) ➡ 诊断 ▶ ➡ 特征要求... 命令（或在工具栏中单击图 4.8.5 所示的"特征要求" 🔲 按钮），系统弹出图 4.8.6 所示的"特征要求"对话框。

图 4.8.6 所示的"特征要求"对话框的"状态"列中各符号的说明如下。

✔——表示满足零件设计要求；

❶——表示不满足零件设计要求；

△——表示满足零件设计要求，但是对草绘进行简单的改动就有可能不满足零件设计要求。

Step3. 单击 关闭 按钮，把"特征要求"对话框状态列表中带 ❶ 和 △ 的选项进行修改。由于在零件模块中才涉及修改，这里就不详细叙述，具体修改步骤请参照第 5 章中关于零件模块的内容。

图 4.8.4　绘制的图形组

图 4.8.5　草绘工具按钮

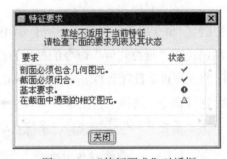

图 4.8.6　"特征要求"对话框

4.9　草图的标注

4.9.1　草图标注概述

在绘制截面的几何图元时，系统会及时自动地产生尺寸，这些尺寸被称为"弱"尺寸，系统在创建和删除它们时并不给予警告，但用户不能手动删除，"弱"尺寸显示为灰色。用户还可以按设计意图增加尺寸以创建所需的标注布置，这些尺寸称为"强"尺寸。增加"强"尺寸时，系统自动删除多余的"弱"尺寸和约束，以保证截面的完全约束。在退出草绘环境之前，把截面中的"弱"尺寸变成"强"尺寸是一个很好的习惯，这样可确保系统在没有得到用户的确认前不会删除这些尺寸。

4.9.2　标注线段长度

Step1. 单击"标注"命令按钮 [⟷▾] 中的 [⟷]。

说明：也可选择下拉菜单 草绘(S) ➡ 尺寸(D) ▸ ➡ 法向(N) 中的子命令；或者在绘图区右击，从弹出的快捷菜单中选择 尺寸 命令。

Step2. 选取要标注的图元：单击位置 1 以选择直线（图 4.9.1）

Step3. 确定尺寸的放置位置：在位置 2 单击鼠标中键。

4.9.3　标注两条平行线间的距离

Step1. 单击"标注"命令按钮 [⟷▾] 中的 [⟷]。

Step2. 分别单击位置 1 和位置 2 以选择两条平行线，中键单击位置 3 以放置尺寸（图4.9.2）。

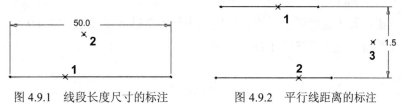

图 4.9.1　线段长度尺寸的标注　　　　图 4.9.2　平行线距离的标注

4.9.4　标注一点和一条直线之间的距离

Step1. 单击"标注"命令按钮 [⟷▾] 中的 [⟷]。

Step2. 单击位置 1 以选择一点，单击位置 2 以选择直线；中键单击位置 3 以放置尺寸（图 4.9.3）。

4.9.5　标注两点间的距离

Step1. 单击"标注"命令按钮 [⟷▾] 中的 [⟷]。

Step2. 分别单击位置 1 和位置 2 以选择两点，中键单击位置 3 以放置尺寸（图 4.9.4）。

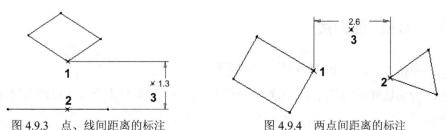

图 4.9.3　点、线间距离的标注　　　　图 4.9.4　两点间距离的标注

4.9.6　标注直径

Step1. 单击"标注"命令按钮 ⟦↦⟧· 中的 ⟦↦⟧。

Step2. 分别单击位置 1 和位置 2 以选择圆上两点，中键单击位置 3 放置尺寸（图 4.9.5）。或者双击圆上的某一点，如位置 1 或位置 2，然后中键单击位置 3 以放置尺寸。

注意：在草绘环境下不显示直径 Φ 符号。

4.9.7　标注对称尺寸

Step1. 单击"标注"命令按钮 ⟦↦⟧· 中的 ⟦↦⟧。

Step2. 选择点 1，再选择对称中心线上的任意一点 2，再次选择点 1；中键单击位置 3 以放置尺寸（图 4.9.6）。

4.9.8　标注半径

Step1. 单击"标注"命令按钮 ⟦↦⟧· 中的 ⟦↦⟧。

Step2. 单击位置 1 选择圆上一点，中键单击位置 2 以放置尺寸（图 4.9.7）。

注意：在草绘环境下不显示半径 R 符号。

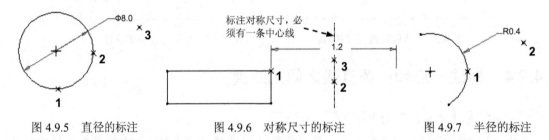

图 4.9.5　直径的标注　　　　图 4.9.6　对称尺寸的标注　　　　图 4.9.7　半径的标注

4.9.9　标注两条直线间的角度

Step1. 单击"标注"命令按钮 ⟦↦⟧· 中的 ⟦↦⟧。

Step2. 分别在两条直线上选择点 1 和点 2；中键单击位置 3 以放置尺寸（锐角，如图 4.9.8 所示），或中键单击位置 4 以放置尺寸（钝角，如图 4.9.9 所示）。

4.9.10　标注圆弧角度

Step1. 单击"标注"命令按钮 ⟦↦⟧· 中的 ⟦↦⟧。

Step2. 分别选择弧的端点 1、端点 2 及弧上一点 3；中键单击位置 4 以放置尺寸，如图 4.9.10 所示。

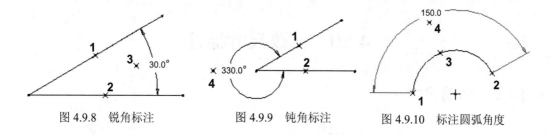

<table>
<tr><td>图 4.9.8　锐角标注</td><td>图 4.9.9　钝角标注</td><td>图 4.9.10　标注圆弧角度</td></tr>
</table>

4.9.11　标注周长

下面以圆和矩形为例，介绍标注周长的一般方法。

（1）标注圆的周长。

Step1. 单击"标注"命令按钮 ⌐↔⌐ 中的 🔲 。

Step2. 此时系统弹出"选取"对话框，选择图 4.9.11a 所示的轮廓，单击"选取"对话框中的 确定 按钮；再选择图 4.9.11a 所示的尺寸，此时系统在图形中显示出周长尺寸。结果如图 4.9.11b 所示。

说明：当添加上周长尺寸，系统将直径尺寸转变为一个变量尺寸，此时的变量尺寸是不能进行修改的。

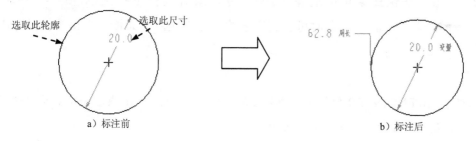

图 4.9.11　圆周长标注

（2）标注矩形的周长。

Step1. 单击"标注"命令按钮 ⌐↔⌐ 中的 🔲 。

Step2. 此时系统弹出"选取"对话框，选择图 4.9.12a 所示的轮廓，单击"选取"对话框中的 确定 按钮；再选择图 4.9.12a 所示的尺寸，此时系统在图形中显示出周长尺寸。结果如图 4.9.12b 所示。

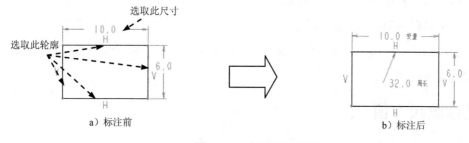

图 4.9.12　矩形周长标注

4.10　修改尺寸标注

4.10.1　移动尺寸

Step1. 在工具栏中单击"选择"按钮 ⬉。

Step2. 单击要移动的尺寸文本。选中后，可看到尺寸变红。

Step3. 按下左键并移动鼠标，将尺寸文本拖至所需位置。

4.10.2　将"弱"尺寸转换为"强"尺寸

退出草绘环境之前，将截面中的"弱"尺寸加强是一个很好的习惯，那么如何将"弱"尺寸变成"强"尺寸呢？

操作方法如下。

Step1. 在绘图区选取要加强的"弱"尺寸（呈灰色）。

Step2. 右击，在快捷菜单中选择 强(S) 命令（或者选择下拉菜单 编辑(E) ➡ 转换到(N) ▶ ➡ 强(S) 命令），此时可看到所选的尺寸由灰色变为橙色，说明已经完成转换。

注意：

- 在整个 Pro/ENGINEER 软件中，每当修改一个"弱"尺寸值，或在一个关系中使用它时，该尺寸就自动变为"强"尺寸。
- 加强一个尺寸时，系统按四舍五入原则对其取整到系统设置的小数位数。

4.10.3　控制尺寸的显示

可以用下列方法之一打开或关闭尺寸显示：

- 选择下拉菜单 草绘(S) ➡ 选项... 命令，然后选中或取消选中 ☐尺寸(M) 和 ☐弱尺寸(N) 复选框，从而打开或关闭尺寸和弱尺寸的显示。
- 单击工具栏中的"尺寸显示"按钮 ⊞。
- 要禁用默认尺寸显示，需将配置文件 config.pro 中的变量 sketcher_disp_dimensions 设置为 no。

4.10.4　修改尺寸值

有两种方法可修改标注的尺寸值。

方法一

Step1. 单击中键，退出当前正在使用的草绘或标注命令。

Step2. 在要修改的尺寸文本上双击，此时出现图 4.10.1b 所示的尺寸修正框 2.22 。

Step3. 在尺寸修正框 2.22 中输入新的尺寸值（如 1.80）后，按 Enter 键完成修改，如图 4.10.1c 所示。

Step4. 重复步骤 Step2 和 Step3，修改其他尺寸值。

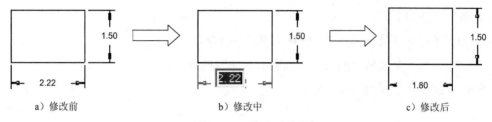

图 4.10.1　修改尺寸值

方法二

Step1. 在工具栏中单击"选择"按钮 。

Step2. 单击要修改的尺寸文本，此时尺寸颜色变红（按下 Ctrl 键可选取多个尺寸目标）。

Step3. 单击"尺寸修改"按钮 （或选择下拉菜单 编辑(E) ➡ 修改(O)... 命令；或右击，选择 修改(O)... 命令）。此时出现图 4.10.2 所示的"修改尺寸"对话框，所选取的每一个目标尺寸值和尺寸参数（如 sd1、sd2 等 sd# 系列的尺寸参数）出现在"尺寸"列表中。

Step4. 在尺寸列表中输入新的尺寸值。

图 4.10.2　"修改尺寸"对话框

注意：也可以单击并拖移尺寸值旁边的旋转轮盘。要增加尺寸值，向右拖移；要减少尺寸值，则向左拖移。在拖移该轮盘时，系统会自动更新图形。

Step5. 修改完毕后，单击 按钮。系统再生截面并关闭对话框。

4.10.5　输入负尺寸

在修改线性尺寸时，可以输入一个负尺寸值，它会使几何改变方向。在草绘环境中，负号总是出现在尺寸旁边，但在"零件"模式中，尺寸值总以正值出现。

可以使用"草绘器首选项"对话框来指定尺寸值的默认小数位数。

Step1. 选择下拉菜单 草绘(S) ➡ 选项... 命令。

Step2. 在 参数(P) 选项卡中的 小数位数 微调框输入一个新值，或单击 小数位数 微调框中的上、下三角按钮 来增加或减少小数位数；单击 按钮，系统接受该变化并关闭对话框。

　　注意：增加尺寸时，系统将数值四舍五入到指定的小数位数。

4.10.6　替换尺寸

　　可以用新的尺寸替换草绘环境中现有的尺寸，以便使新尺寸保持原始的尺寸参数（sd#）。当要保留与原始尺寸相关的其他数据时（例如：在"草图"模式中添加了几何公差符号或额外文本），替换尺寸非常有用。

　　其操作方法如下。

　　Step1. 选择下拉菜单 编辑(E) ➡ 替换(P) 命令。

　　Step2. 单击一个要替换的尺寸，选取的尺寸即被删除。

　　Step3. 创建一个新的相应尺寸。

4.11　草图中的几何约束

　　按照工程技术人员的设计习惯，在草绘时或草绘后，希望对绘制的草图增加一些平行、相切、相等和共线等约束来帮助定位几何，Pro/ENGINEER 系统可以很容易地做到这一点。下面对约束进行详细的介绍。

4.11.1　约束的显示

1. 约束的屏幕显示控制

　　在工具栏中单击按钮 ，即可控制约束符号在屏幕中的显示/关闭。

2. 约束符号颜色含义

- 约束：显示为橙色。
- 鼠标指针所在的约束：显示为天蓝色。
- 选定的约束（或活动约束）：显示为红色。
- 锁定约束：放在一个圆中。
- 禁用约束：用一条直线穿过约束符号。

3. 各种约束符号列表

　　各种约束的显示符号见表 4.11.1。

4.11.2　约束的禁用、锁定与切换

　　在绘制图元过程中，系统经常会自动进行约束并显示约束符号。例如，在绘制直线时，

在定义直线的起点时，如果将鼠标指针移至一个圆弧附近，系统自动将直线的起点与圆弧线对齐，并显示对齐约束符号（小圆圈）。此时，如果：

- 右击，对齐约束符号（小圆圈）上被画上斜线（图 4.11.1），表示对齐约束被"禁用"，即对齐约束不起作用。如果再次右击，"禁用"则被取消。
- 按住 Shift 键的同时按下鼠标右键，对齐约束符号（小圆圈）外显示一个大一点的圆圈（图 4.11.2），这表示该对齐约束被"锁定"，此时无论将鼠标指针移至何处，系统总是将直线的起点"锁定"在圆弧（或圆弧的延长线）上。再次按住 Shift 键，同时按下鼠标右键，"锁定"将被取消。

表 4.11.1　约束符号列表

约 束 名 称	约束显示符号
中点	✳
相同点	○
水平图元	H
竖直图元	V
图元上的点	─○─ ─ ─
相切图元	T
垂直图元	⊥
平行线	∥₁
相等半径	在半径相等的图元旁，显示一个下标的 R（如 R1、R2 等）
具有相等长度的线段	在等长的线段旁，显示一个下标的 L（如 L1、L2 等）
对称	→⊦←
图元水平或竖直排列	─ ─ |
共线	═
"使用边" / "偏移使用边"	∿

在绘制图元过程中，当出现多个约束时，只有一个约束处于活动状态，其约束符号以亮颜色（红颜色）显示；其余约束为非活动状态，其约束符号以灰颜色显示。只有活动的约束可以被"禁用"或"锁定"。用户可以使用 Tab 键，轮流将非活动约束"切换"为活动约束，这样用户就可以将多约束中的任意一个约束设置为"禁用"或"锁定"。例如，在绘制图 4.11.3 中的直线 1 时，当直线 1 的起点定义在圆弧上后，在定义直线 1 的终点时，当其终点位于直线 2 上的某处，系统会同时显示三个约束：第一个约束是直线 1 的终点与直线 2 的对齐约束，第二个约束是直线 1 与直线 3 的平行约束，第三个约束是直线 1 与圆

弧的相切约束。由于图 4.11.3 中当前显示平行约束符号为亮颜色（红颜色），表示该约束为活动约束，可以将该平行约束设置为"禁用"或"锁定"。如果按键盘上的 Tab 键，可以轮流将其余两个约束"切换"为活动约束，然后将其设置为"禁用"或"锁定"。

      图 4.11.1 约束的"禁用"   图 4.11.2 约束的"锁定"   图 4.11.3 约束的"切换"

4.11.3 Pro/ENGINEER 软件所支持的约束种类

Pro/ENGINEER 所支持的约束种类见表 4.11.2。

表 4.11.2 Pro/ENGINEER 所支持的约束种类

按　钮	约　束
$+$	使直线或两点竖直
$+$	使直线或两点水平
$\perp$	使两直线图元垂直
φ	使两图元（圆与圆、直线与圆等）相切
$\diagdown$	把一点放在线的中间
$\odot$	使两点重合，或使一个点落在直线或圆等图元上
$+\mid+$	使两点或顶点对称于中心线
$=$	创建相等长度、相等半径或相等曲率
$\mathbin{/\mkern-3mu/}$	使两直线平行

4.11.4 创建约束

下面以图 4.11.4 所示的相切约束为例，说明创建约束的步骤。

Step1. 单击工具栏按钮 $+$ 中的 ▸（或选择下拉菜单 草绘(S) ➞ 约束(C) ▸ ➞ φ 相切 命令），系统弹出图 4.11.5 所示的"约束"工具栏。

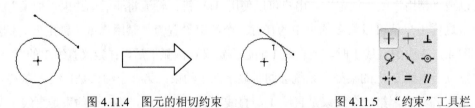

        图 4.11.4 图元的相切约束   图 4.11.5 "约束"工具栏

Step2. 在"约束"工具栏中选择一个约束，如单击对话框中的按钮 。

Step3. 系统在信息区提示 选取两图元使它们相切 ，分别选取直线和圆。此时系统按创建的约束更新截面，并显示约束符号"T"。如果不显示约束符号，可单击"约束显示"命令按钮 。

Step4. 重复步骤 Step2 和 Step3，可创建其他的约束。

4.11.5　删除约束

Step1. 单击要删除的约束的显示符号（如上例中的"T"），选中后，约束符号的颜色变红。

Step2. 右击，在快捷菜单中选择 删除(D) 命令（或按下 Delete 键），系统删除所选的约束。

注：删除约束后，系统会自动增加一个约束或尺寸，来使截面图形保持全约束状态。

4.11.6　解决约束冲突

当增加的约束或尺寸与现有的约束或"强"尺寸相互冲突或多余时，例如，在图 4.11.6 所示的草绘截面中添加尺寸 3.8 时（图 4.11.7），系统就会加亮冲突尺寸或约束，并告诉用户删除加亮的尺寸或约束之一；同时系统弹出图 4.11.8 所示的"解决草绘"对话框，利用此对话框可以解决冲突。其中各选项说明如下。

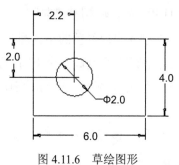

图 4.11.6　草绘图形

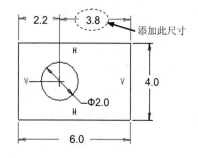

图 4.11.7　添加尺寸

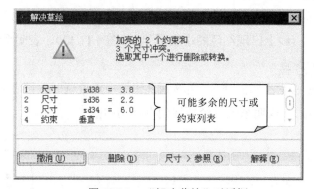

图 4.11.8　"解决草绘"对话框

- ● 撤消(U) 按钮：撤销刚刚导致截面的尺寸或约束冲突的操作。

- 删除⑴ 按钮：从列表框中选择某个多余的尺寸或约束，将其删除。
- 尺寸 > 参照⑧ 按钮：选取一个多余的尺寸，将其转换为一个参照尺寸。
- 解释⑧ 按钮：选择一个约束，获取约束说明。

4.11.7　操作技巧：使用约束捕捉设计意图

一般用户的习惯是在绘制完毕后，手动创建大量所需的约束，其实在绘制过程中，大量的约束可以由系统自动创建。下面举例说明这个操作技巧：如图 4.11.9 所示，要在圆 A 和直线 B 之间创建一个圆弧。

Step1. 按下 按钮，打开约束显示。

Step2. 单击"绘制圆弧"按钮 ，系统提示选取欲绘制圆弧的起点（有时需将信息区拖宽，才会在信息区看到这一提示）。

Step3. 当把鼠标指针移到圆 A 上时，可看到圆上出现红色的圆圈状 （图 4.11.10），表明系统已经捕捉到圆上一点作为圆弧的起点。

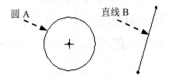

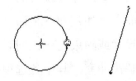

图 4.11.9　创建一个圆弧　　　　　图 4.11.10　将鼠标指针移到弧线上

Step4.（本步为可选操作，读者不妨也练习一下。）在刚才出现红色的小圆圈 时，也可以进行约束锁定操作，即按住 Shift 键，同时右击，此时小圆圈 变成 2 个小同心圆圈 （图 4.11.11）。在图形区任意移动鼠标，会发现同心圆圈 始终在圆 A 上转动，表明只能在该圆上确定一点，这就是"锁定约束"的概念。

Step5. 单击，接受"点在圆上"这一约束，此时系统便将该点作为圆弧的起点，同时提示选取欲绘制圆弧的终点。

Step6. 移动鼠标指针寻找圆弧的终点（设计意图是想把终点放在直线 B 上），当鼠标指针移到直线 B 上时，直线上出现红色的小圆圈 （图 4.11.12），表明系统已经捕捉到直线上的一点作为圆弧的终点。

Step7. 沿直线 B 移动小圆圈 ，当移到直线的中点位置时，可看到小圆圈 变成红色的 （图 4.11.13），表明系统已经捕捉到直线的中点。

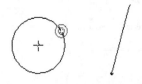

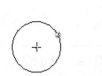

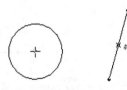

图 4.11.11　进行约束锁定操作　　　图 4.11.12　锁定操作的过程　　　图 4.11.13　移到直线中点

Step8. 当小圆圈 🔘 在直线上移至某一点处，该点与刚才确定的圆弧的起点大约在同一水平线上，此时可看到小圆圈 🔘 变成红色的 🔗 　　 🔗 符号（图 4.11.14），表明系统已捕捉到与起点在同一水平线的直线 B 上的某一点。

Step9. 继续移动鼠标指针，当鼠标指针移到直线的某一端点处时，可看到端点处出现红色的 📍 符号（图 4.11.15），表明系统已捕捉到该端点。

Step10. 此时再将鼠标指针移至端点之外的直线的延长线上，可看到鼠标指针变成红色的 ✗ 符号（图 4.11.16），表明系统已捕捉到直线的延长线。

注意：以上步骤讲的是与直线有关的几种 Pro/ENGINEER 系统自动捕捉约束形式，下面以其中的一种形式——圆弧的终点在直线 B 下部的端点上为例，说明系统如何进一步帮助用户捕捉设计意图。

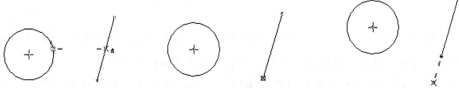

图 4.11.14　捕捉水平线　　　图 4.11.15　移到直线端点　　　图 4.11.16　移到直线端点之外

Step11. 当鼠标指针再次移到直线 B 的下部端点处，端点处出现红色的 📍 符号时，单击，接受"终点与直线 B 的端点重合"这一约束，此时系统提示选取欲绘制圆弧的中点。

Step12. 随着鼠标指针的不断移动，系统继续自动捕捉许多约束或约束组合。下面说明其中几种情况。

- 如图 4.11.17 所示，红色的 R1 表示圆弧与圆 A 同半径。
- 如图 4.11.18 所示，红色的 ⊥ 表示圆弧与直线垂直。
- 如图 4.11.19 所示，红色的 T 表示圆弧与直线相切。
- 如图 4.11.20 所示，红色的 R1 表示圆弧与圆 A 同半径，T 表示圆弧与直线相切。

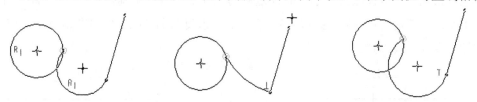

图 4.11.17　圆弧与圆 A 同半径　　图 4.11.18　圆弧与直线垂直　　图 4.11.19　圆弧与直线相切

- 如图 4.11.21 所示，红色的 — 表示圆弧的中心与圆 A 的中心在同一水平线上。
- 如图 4.11.22 所示，红色的 T 表示圆弧与圆 A 相切。

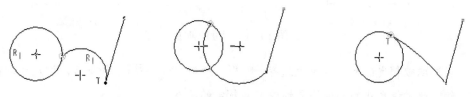

图 4.11.20 同半径且相切　　　图 4.11.21　中心在同一水平线　　图 4.11.22　圆弧与圆 A 相切

Step13. 当以上某种约束（组合）符合用户的设计要求时，单击，接受显示的约束，完成圆弧的创建。

4.12 修改整个截面和锁定尺寸

4.12.1 缩放和旋转一个截面

在草绘环境中，选择下拉菜单 编辑(E) ➡ 移动和调整大小(D) 命令，可缩放或旋转整个截面，其操作步骤如下。

Step1. 选择下拉菜单 编辑(E) ➡ 选取(S) ▸ ➡ 全部(A) 命令，系统将选取整个草绘截面。

Step2. 选择下拉菜单 编辑(E) ➡ 移动和调整大小(D) 命令，系统弹出"移动和调整大小"对话框，同时"缩放""旋转""平移"手柄出现在截面图上。

Step3. 在"移动和调整大小"对话框内输入一个缩放值和一个旋转值，或者分别操纵手柄 ↖、↻、⊗ 进行缩放、旋转、移动操作（参见 4.7.6 节内容）。

Step4. 单击"缩放和旋转"对话框中的 ✔ 按钮。

4.12.2 锁定或解锁截面尺寸

在草绘截面中选择一个尺寸（例如，在图 4.12.1 所示的草绘截面中，单击尺寸 2.2），再选择下拉菜单 编辑(E) ➡ 切换锁定(L) 命令，可以将尺寸锁定。注意：被锁定的尺寸将以橘黄色显示。当编辑、修改草绘截面时（包括增加、修改截面尺寸），非锁定的尺寸有可能被系统自动删除或修改其大小，而锁定后的尺寸则不会被系统自动删除或修改（但用户可以手动修改锁定的尺寸）。这种功能在创建和修改复杂的草绘截面时非常有用，作为一个操作技巧会经常被用到。

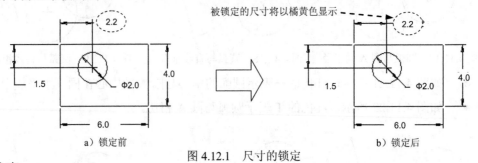

a）锁定前   b）锁定后

图 4.12.1 尺寸的锁定

注意：

● 当选取被锁定的尺寸并再次选择 编辑(E) ➡ 切换锁定(L) 命令后，该尺寸即被解锁，此时该尺寸的颜色恢复到以前未锁定的状态。

● 通过设置草绘器首选项，可以控制尺寸的锁定。操作方法是：选择下拉菜单 草绘(S) ➡ 选项... 命令，系统弹出"草绘器首选项"对话框，在 其它(M) 选项卡中，选中 ☐锁定已修改的尺寸(L) 或 ☐锁定用户定义的尺寸(U) 复选框。

☐锁定已修改的尺寸(L) 和 ☐锁定用户定义的尺寸(U) 两者之间的区别说明如下。

☑　☐锁定已修改的尺寸(L)：锁定已修改的尺寸。

☑　☐锁定用户定义的尺寸(U)：锁定用户定义的尺寸（即用户自己标注的尺寸）。

4.13　草绘范例 1

与其他二维软件（如 AutoCAD）相比，Pro/ENGINEER 二维截面草图的绘制有自己的方法、规律和技巧。用 AutoCAD 绘制二维图形，通过一步一步地输入准确的尺寸，可以直接得到最终需要的图形。而用 Pro/ENGINEER 绘制二维图形，一般开始不需要给出准确的尺寸，而是先绘制草图，勾勒出图形的大概形状，然后对草图创建符合工程需要的尺寸布局，最后修改草图的尺寸，在修改时输入各尺寸的准确值（正确值）。由于 Pro/ENGINEER 具有尺寸驱动功能，草图在修改尺寸后，图形的大小会随着尺寸而变化。这样绘制图形的方法虽然繁琐，但在实际的产品设计中，它比较符合设计师的思维方式和设计过程。例如，某个设计师现需要对产品中的一个零件进行全新设计，在设计刚开始时，设计师的脑海里只会有这个零件的大概轮廓和形状，所以他会先以草图的形式把它勾勒出来，草图完成后，设计师接着会考虑图形（零件）的尺寸布局和基准定位等，最后设计师根据诸多因素（如零件的功能、零件的强度要求、零件与产品中其他零件的装配关系等），确定零件每个尺寸的最终准确值，而完成零件的设计。由此看来，Pro/ENGINEER 的这种"先绘草图、再改尺寸"的绘图方法是有一定道理的。

范例概述

本范例从新建一个草图开始，详细介绍了草图的绘制、编辑和标注的过程，要重点掌握的是绘图前的设置、约束的处理以及尺寸的处理技巧。图形如图 4.13.1 所示，其绘制过程如下。

Stage1.　新建一个草绘文件

Step1. 单击"新建文件"按钮 ☐。

Step2. 系统弹出"新建"对话框，在该对话框中选中 ◉ ▦ 草绘 单选项；在 名称 后的文本框中输入草图名称 spsk1；单击 确定 按钮，即进入草绘环境。

Stage2.　绘图前的必要设置

Step1. 设置栅格。

（1）选择下拉菜单 草绘(S) ➡ 选项... 命令。

（2）单击 参数(P) 标签，在"参数"选项卡的 栅格间距 选项组中选取 手动 ，然后在 X 和 Y 文本框中输入间距值 10.0；单击按钮 ✔ ，完成设置。

Step2. 此时，绘图区中的每一个栅格表示 10 个单位。为了便于查看和操作图形，可以滚动鼠标中键滚轮，调整栅格到合适的大小（图 4.13.2）。单击"网格显示"按钮 ，将栅格的显示关闭。

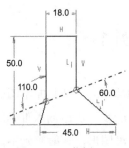

图 4.13.1　范例 1　　　　　　　　　图 4.13.2　调整栅格到合适的大小

Stage3. 创建草图以勾勒出图形的大概形状

由于 Pro/ENGINEER 具有尺寸驱动功能，开始绘图时只需绘制大致的形状即可。

Step1. 确认"切换尺寸显示的开/关"按钮 在弹起状态（即不显示尺寸）。

Step2. 选择 草绘(S) ➡ 线(L) ▸ ➡ 中心线(C) 命令，绘制图 4.13.3 所示的中心线。

Step3. 选择 草绘(S) ➡ 线(L) ▸ ➡ 线(L) 命令，绘制图 4.13.4 所示的图形。

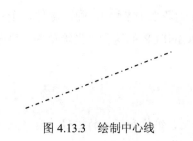

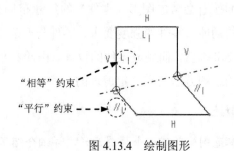

图 4.13.3　绘制中心线　　　　　　　　图 4.13.4　绘制图形

Stage4. 为草图创建约束

Step1. 删除无用的约束。在绘制草图时，系统会自动加上一些无用的约束，如本例中系统自动加上了图 4.13.4 所示的"相等""平行"约束。

注意：读者在绘制时，可能没有这两个约束，自动添加的约束取决于绘制时鼠标的走向与停留的位置。

（1）在工具栏中单击"选取项目"按钮 。

（2）删除"相等"约束。在图 4.13.4 所示的图形中选取"相等"约束，然后右击，在系统弹出的图 4.13.5 所示的快捷菜单中选择 删除(D) 命令。

（3）删除"平行"约束。在图 4.13.4 所示的图形中选取"平行"约束，然后右击，在系统弹出的快捷菜单中选择 删除(D) 命令。完成操作后，图形如图 4.13.6 所示。

Step2. 添加有用的约束。

（1）单击工具栏按钮 十 中的 `（或选择下拉菜单 草绘(S) ➡ 约束(C) ▶ ➡ = 相等 命令），系统弹出"约束"工具栏。

（2）在"约束"工具栏中单击 = 按钮，然后在图 4.13.6 所示的图形中依次单击线段 1 和线段 2。完成操作后，图形如图 4.13.7 所示。

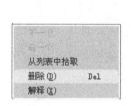

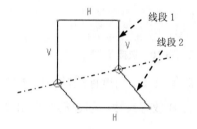

图 4.13.5　快捷菜单　　　　　　　　图 4.13.6　删除无用的约束

Stage5. 调整草图尺寸

Step1. 按下"切换尺寸显示的开/关"按钮 ，打开尺寸显示，此时图形如图 4.13.8 所示。

Step2. 移动尺寸至合适的位置，如图 4.13.9 所示。

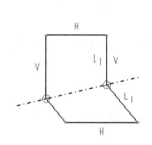
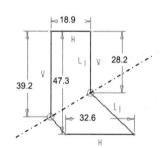
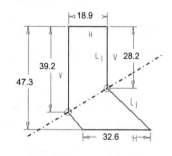

图 4.13.7　添加有用的约束　　图 4.13.8　打开尺寸显示　　图 4.13.9　移动尺寸至合适的位置

Step3. 锁定有用的尺寸标注。

当用户编辑、修改草绘截面时（包括增加、修改截面尺寸），非锁定的尺寸有可能被自动删除或大小自动发生变化，这样很容易使所绘图形的外在形状面目全非或丢失有用的尺寸，因此在修改前，我们可以先锁定有用的关键尺寸。

在图 4.13.9 所示的图形中，单击有用的尺寸，然后右击，在系统弹出的图 4.13.10 所示的快捷菜单中选择 锁定 命令。此时被锁定的尺寸将以橘黄色显示，结果如图 4.13.11 所示。

Step4. 添加新的尺寸，以创建所需的标注布局。

（1）添加第一个角度标注。单击"标注"按钮 ，在图 4.13.12 所示的图形中，依次单击中心线和直线 A，中键单击位置 A 放置尺寸，创建第一个角度尺寸。

图 4.13.10　快捷菜单

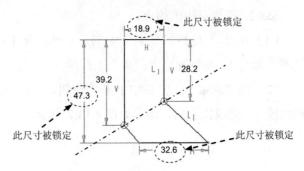

图 4.13.11　锁定有用的尺寸标注

（2）添加第二个角度标注。在图 4.13.13 所示的图形中，依次单击中心线和直线 B，中键单击位置 B 放置尺寸，创建第二个角度尺寸。

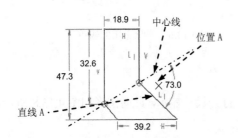

图 4.13.12　添加第一个角度标注

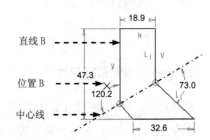

图 4.13.13　添加第二个角度标注

Step5. 修改尺寸至最终尺寸。

以草图的方式绘制出大致的形状后，就可以对草图尺寸进行修改，从而使草绘图变成最终的精确图形。

（1）先解锁 Step3 中被锁定的三个尺寸。

（2）在图 4.13.14a 所示的图形中，双击要修改的尺寸，然后在系统弹出的文本框中输入正确的尺寸值，并按 Enter 键。

（3）用同样的方法修改其余的尺寸值，使图形最终变成图 4.13.14b 所示的图形。

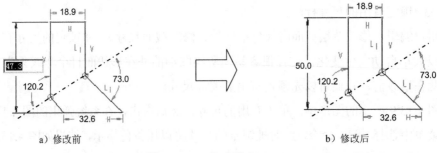

a）修改前　　　　　b）修改后

图 4.13.14　修改尺寸

4.14　草绘范例 2

范例概述

　　本范例主要介绍对已有草图的编辑过程，重点讲解用"修剪""延伸"的方法进行草图的编辑。图形如图 4.14.1 所示。

图 4.14.1　范例 2

　　说明：本范例的详细操作过程请参见随书光盘中 video\ch04.14\文件下的语音视频讲解文件。模型文件为 D:\proewf5.1\work\ch04.14\spsk2.sec。

4.15　草绘范例 3

范例概述

　　本范例主要介绍利用"添加约束"的方法进行草图编辑的过程。图形如图 4.15.1 所示。

图 4.15.1　范例 3

　　说明：本范例的详细操作过程请参见随书光盘中 video\ch04.15\文件下的语音视频讲解文件。模型文件为 D:\proewf5.1\work\ch04.15\spsk3.sec。

4.16　草绘范例 4

范例概述

　　本范例讲解的是一个草图标注的技巧。在图 4.16.1a 中，标注了圆角圆心到一个顶点的距离值 12.8，如果要将该尺寸变为图 4.16.1b 中的尺寸 17.1，那么就必须先绘制两条构建线及其交点，然后创建尺寸 17.1。

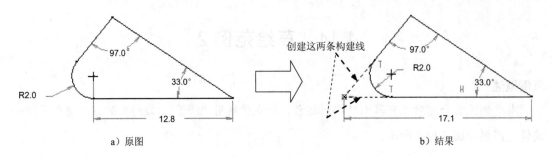

a）原图　　　　　　　　　　　b）结果

图 4.16.1　范例 4

说明：本范例的详细操作过程请参见随书光盘中 video\ch04.16\文件下的语音视频讲解文件。模型文件为 D:\proewf5.1\work\ch04.16\spsk11.sec。

4.17　草绘范例 5

范例概述

本范例主要介绍利用"缩放和旋转""镜像"命令进行图形编辑的过程。图形如图 4.17.1 所示。

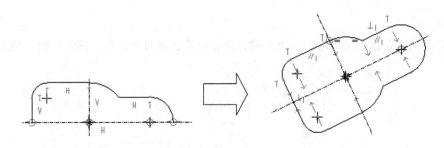

图 4.17.1　范例 5

说明：本范例的详细操作过程请参见随书光盘中 video\ch04.17\文件下的语音视频讲解文件。模型文件为 D:\proewf5.1\work\ch04.17\spsk5.sec。

4.18　草绘范例 6

范例概述

本范例主要介绍草图的绘制、编辑和标注的过程，读者要重点掌握约束与尺寸的处理技巧。图形如图 4.18.1 示。

说明：本范例的详细操作过程请参见随书光盘中 video\ch04.18\文件下的语音视频讲解文件。模型文件为 D:\proewf5.1\work\ch04.18\spsk6.sec。

4.19　草绘范例 7

范例概述

　　本范例主要介绍图 4.19.1 所示的截面草图绘制过程，重点讲解了二维截面草图绘制的一般过程。

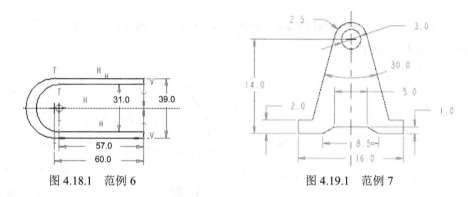

图 4.18.1　范例 6　　　　　　　　　图 4.19.1　范例 7

　　说明：本范例的详细操作过程请参见随书光盘中 video\ch04.19\文件下的语音视频讲解文件。模型文件为 D:\proewf5.1\work\ch04.19\s2d0001.sec。

4.20　草绘范例 8

范例概述

　　本范例主要介绍图 4.20.1 所示的连杆截面草图的绘制过程，其中对该截面草图的绘制以及圆弧之间相切约束的添加是学习的重点和难点，本例绘制过程中应注意让草图尽可能较少地变形。

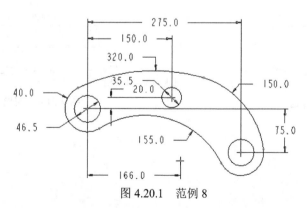

图 4.20.1　范例 8

　　说明：本范例的详细操作过程请参见随书光盘中 video\ch04.20\文件下的语音视频讲解文件。模型文件为 D:\proewf5.1\work\ch04.20\yingyong02.sec。

4.21 习　　题

1. 习题 1

绘制并标注图 4.21.1 所示的草图。

2. 习题 2

将工作目录设置至 D:\proewf5.1\work\ch04.21，打开文件 exsk2.sec，然后对打开的草图进行编辑，如图 4.21.2 所示。

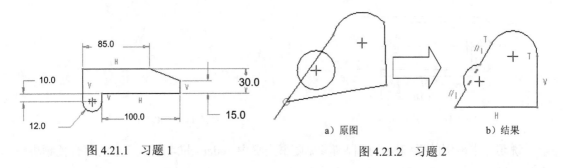

图 4.21.1　习题 1　　　　　　　a）原图　　　　　b）结果

图 4.21.2　习题 2

3. 习题 3

绘制并标注图 4.21.3 所示的草图。

4. 习题 4

将工作目录设置至 D:\proewf5.1\work\ch04.21，打开文件 exsk4.sec，然后绘制并标注图 4.21.4 所示的草图。

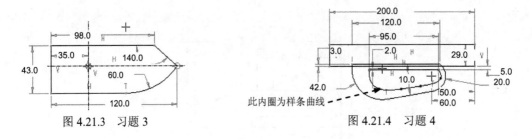

图 4.21.3　习题 3　　　　　　此内圈为样条曲线　　　图 4.21.4　习题 4

第5章 零件设计

本章提要 零件建模是产品设计的基础,而组成零件的基本单元是特征。本章先介绍用拉伸特征创建一个零件模型的一般操作过程,然后介绍其他一些基本的特征工具,包括旋转、孔、倒角、圆角和抽壳等。主要内容包括:

- 三维建模的管理工具——模型树和层。
- 特征的创建、修改、复制和阵列。
- 特征失败的出现和处理。
- 基准特征(包括基准面、基准轴、基准点、基准曲线和坐标系)的创建。

5.1 三维建模基础

5.1.1 基本的三维模型

一般来说,基本的三维模型是具有长、宽(或直径、半径等)和高的三维几何体。图5.1.1 中列举了几种典型的基本模型,它们是由三维空间的几个面拼成的实体模型,这些面形成的基础是线,线构成的基础是点,要注意三维几何图形中的点是三维概念的点,也就是说,点需要由三维坐标系(如笛卡尔坐标系)中的 X、Y、Z 三个坐标值来定义。用 CAD 软件创建基本三维模型的一般过程如下。

(1)选取或定义一个用于定位的三维坐标系或三个垂直的空间平面,如图 5.1.2 所示。

(2)选定一个面(一般称为"草绘平面"),作为二维平面几何图形的绘制平面。

(3)在草绘面上创建形成三维模型所需的截面和轨迹线等二维平面几何图形。

(4)形成三维立体模型。

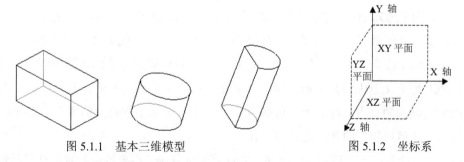

图 5.1.1　基本三维模型　　　　　图 5.1.2　坐标系

注意:三维坐标系其实是由三个相互垂直的平面——XY 平面、XZ 平面和 YZ 平面构成的（图 5.1.2），这三个平面的交点就是坐标原点，XY 平面与 XZ 平面的交线就是 X 轴所在的直线，XY 平面与 YZ 平面的交线就是 Y 轴所在的直线，YZ 平面与 XZ 平面的交线就是 Z 轴所在的直线。这三条直线按笛卡尔右手定则确定方向，就产生了 X、Y 和 Z 轴。

5.1.2 复杂的三维模型

图 5.1.3 所示图形是一个由基本的三维几何体构成的较复杂的三维模型。

在目前的 CAD 软件中，对于这类复杂的三维模型有两种创建方法，下面分别予以介绍。

一种方法是布尔运算，通过对一些基本的三维模型做布尔运算（并、交、差）来形成复杂的三维模型。例如，图 5.1.3 中的三维模型的创建过程如下。

（1）用 5.1.1 节介绍的"基本三维模型的创建方法"创建本体 1。

（2）在本体 1 上减去一个半圆柱体，形成切削拉伸 2。

（3）在本体 1 上加上一个扇形实体，形成拉伸 3。

（4）在本体 1 上减去一个截面为弧的柱体，形成倒圆角 4。

（5）在凸台 4 上减去一个圆柱体，形成孔 5。

（6）在凸台 4 上减去一个圆柱体，形成孔 6。

（7）在本体 1 上减去四个圆柱体，形成孔 7。

（8）在本体 1 上减去一个长方体，形成切削拉伸 8。

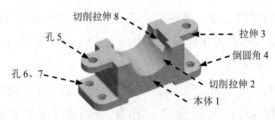

图 5.1.3 复杂三维模型

这种方法的优点是，无论什么形状的实体都能创建，但其缺点也有不少。

第一，用 CAD 软件创建的所有三维模型将来都要进行生产、加工和装配，以获得真正的产品，所以我们希望 CAD 软件在创建三维模型时，从创建的原理、方法和表达方式上，应该有很强的工程意义（即制造意义）。显然，在用布尔运算的方法创建圆角、倒角、肋（筋）、壳等这类工程意义很强的几何形状时，从创建原理和表达方式来说，其工程意义不是很明确，因为它强调的是点、线、面、体等这些没有什么实际工程意义的术语，以及由这些要素构成的"几何形状"的并、交、差运算。

第二，这种方法的图形和 NC 处理等的计算非常复杂，需要较高配置的计算机硬件，同时用这种方法创建的模型，一般需要得到边界评估的支持来处理图形和 NC 计算等问题。

后面两节将介绍第二种三维模型的创建方法，即"特征添加"的方法。"特征""特征添加"的概念和方法，是由美国著名的制造业软件系统供应商 PTC 公司较早提出来的，并将它运用到了 Pro/ENGINEER 软件中。

5.1.3 "特征"与三维建模

目前，"特征""基于特征的"这些术语在 CAD 领域中频频出现，在创建三维模型时，人们普遍认为这是一种更直接、更有用的创建表达方式。

下面是一些书中或文献中对"特征"的定义。

- "特征"是表示与制造操作和加工工具相关的形状和技术属性。
- "特征"是需要一起引用的成组几何或者拓扑实体。
- "特征"是用于生成、分析和评估设计的单元。

一般来说，"特征"构成一个零件或者装配件的单元，虽然从几何形状上看，它也包含作为一般三维模型基础的点、线、面或者实体单元，但更重要的是，它具有工程制造意义，也就是说基于特征的三维模型具有常规几何模型所没有的附加的工程制造等信息。

用"特征添加"方法创建三维模型的好处如下。

- 表达更符合工程技术人员的习惯，并且三维模型的创建过程与其加工过程十分相近，软件容易上手和深入。
- 添加特征时，可附加三维模型的工程制造等信息。
- 由于在模型的创建阶段，特征结合于零件模型中，并且采用来自数据库的参数化通用特征来定义几何形状，这样在设计进行阶段就可以很容易地做出一个更为丰富的产品工艺，能够有效地支持下游活动的自动化，如模具和刀具等的准备、加工成本的早期评估等。

下面以图 5.1.4 为例，说明用"特征"创建三维模型的一般过程。

（1）创建或选取作为模型空间定位的基准特征，如基准面、基准线或基准坐标系。

（2）创建基础拉伸特征——本体 1。

（3）添加切削拉伸特征——切削拉伸特征 2。

（4）添加拉伸特征——拉伸特征 3。

（5）添加倒圆角特征——倒圆角特征 4。

（6）添加孔特征——孔特征 5。

（7）添加孔特征——孔特征 6、7。

（8）添加切削拉伸特征——切削拉伸特征 8。

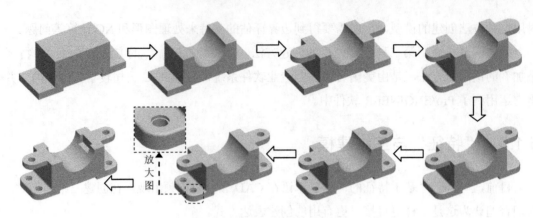

图 5.1.4　复杂三维模型的创建流程

5.2　创建 Pro/ENGINEER 零件模型的一般过程

用 Pro/ENGINEER 系统创建零件模型，其方法十分灵活，按大的方法分类，有以下几种。

1．"积木"式的方法

这是大部分机械零件的实体三维模型的创建方法。这种方法是先创建一个反映零件主要形状的基础特征，然后在这个基础特征上添加其他的一些特征，如伸出、切槽（口）、倒角和圆角等。

2．由曲面生成零件的实体三维模型的方法

这种方法是先创建零件的曲面特征，然后把曲面转换成实体模型。

3．从装配中生成零件的实体三维模型的方法

这种方法是先创建装配体，然后在装配体中创建零件。

本章将主要介绍用第一种方法创建零件模型的一般过程，其他的方法将在后面的章节中陆续介绍。

下面将以一个零件——滑块（slide.prt）为例，说明用 Pro/ENGINEER 软件创建零件三维模型的一般过程，同时介绍拉伸（Extrude）特征的基本概念及其创建方法。滑块的模型如图 5.2.1 所示。

5.2.1　新建一个零件三维模型

准备工作：将目录 D:\proewf5.1\work\ch05.02 设置为工作目录。在后面的章节中，每次新建或打开一个模型文件（包括零件、装配件等）之前，都应先将工作目录设置正确。

新建一个零件模型文件的操作步骤如下。

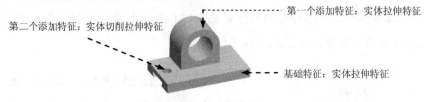

第二个添加特征：实体切削拉伸特征

第一个添加特征：实体拉伸特征

基础特征：实体拉伸特征

图 5.2.1　滑块三维模型

Step1. 在工具栏中单击"新建文件"按钮 ☐（或选择下拉菜单 文件(E) ➡ ☐ 新建 (N)... 命令，如图 5.2.2 所示），此时系统弹出图 5.2.3 所示的文件"新建"对话框。

Step2. 选择文件类型和子类型。在对话框中选中 类型 选项组中的 ⊙ ☐ 零件 ，选中 子类型 选项组中的 ⊙ 实体 单选项。

Step3. 输入文件名。在 名称 文本框中输入文件名 slide。

说明：

● 　每次新建一个文件时，Pro/ENGINEER 会显示一个默认名。如果要创建的是零件，默认名的格式是 prt 后跟一个序号（如 prt0001），以后再新建一个零件，序号自动加 1。

● 　在 公用名称 文本框中可输入模型的公共描述，该描述将映射到 Winchill 的 CAD 文档名称中去。一般设计中不对此进行操作。

Step4. 取消选中 ☑ 使用缺省模板 复选框并选取适当的模板。通过单击 ☑ 使用缺省模板 复选框来取消使用默认模板，然后单击对话框中的 确定 按钮，系统弹出图 5.2.4 所示的"新文件选项"对话框，在"模板"选项组中选取 PTC 公司提供的米制实体零件模型模板 mmns_part_solid （如果用户所在公司创建了专用模板，可用 浏览... 按钮找到该模板），然后单击 确定 按钮，系统立即进入零件的创建环境。

注意：为了使本书的通用性更强，在后面各个 Pro/ENGINEER 模块（包括零件、装配件、工程制图、钣金件和模具设计）的介绍中，无论是范例介绍还是章节练习，当新建一个模型时（包括零件模型、装配体模型和模具制造模型），如未加注明，都是取消选中 ☑ 使用缺省模板 复选框，而且都是使用 PTC 公司提供的以 mmns 开始的米制模板。

说明：关于模板及默认模板。

Pro/ENGINEER 的模板分为两种类型：模型模板和工程图模板。模型模板分零件模型模板、装配模型模板和模具模型模板等，这些模板其实都是一个标准 Pro/ENGINEER 模型，它们都包含预定义的特征、层、参数、命名的视图、默认单位及其他属性。Pro/ENGINEER 为其中各类模型分别提供了两种模板：一种是米制模板，以 mmns 开始，使用米制度量单位；一种是英制模板，以 inlbs 开始，使用英制单位（参见图 5.2.4，图中有系统提供的零件模型的两种模板）。

工程图模板是一个包含创建工程图项目说明的特殊工程图文件，这些工程图项目包括视图、表、格式、符号、捕捉线、注释、参数注释及尺寸，另外 PTC 标准绘图模板还包含三个正交视图。

用户可以根据个人或本公司的具体需要，对模板进行更详细的定制，并可以在配置文件 config.pro 中将这些模板设置成默认模板。

图 5.2.2　"文件"下拉菜单

图 5.2.3　"新建"对话框　　　　　图 5.2.4　"新文件选项"对话框

5.2.2　创建一个拉伸特征作为零件的基础特征

基础特征是一个零件的主要轮廓特征，创建什么样的特征作为零件的基础特征比较重要，一般由设计者根据产品的设计意图和零件的特点灵活掌握。本例中，滑块零件的基础特征是一个拉伸（Extrude）特征（图 5.2.5）。拉伸特征是将截面草图沿着草绘平面的垂直方向拉伸而形成的，它是最基本且经常使用的零件建模工具选项。

1．选取特征命令

进入 Pro/ENGINEER 的零件设计环境后，屏幕的绘图区中应该显示图 5.2.6 所示的三个相互垂直的默认基准平面，如果没有显示，可单击工具栏中的按钮，将其显现出来。如果还是没有看到，就需要通过单击按钮来创建三个基准平面（请注意按钮和的区别，它们是不同的命令按钮）。

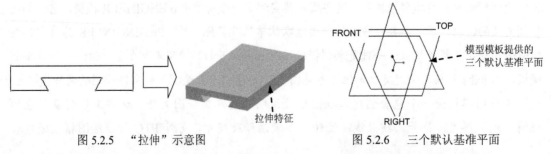

图 5.2.5　"拉伸"示意图　　　　　图 5.2.6　三个默认基准平面

选取特征命令的一般方法有如下两种。

方法一： 从下拉菜单中获取命令。本例可以选择下拉菜单 插入(I) ➡ 🗗 拉伸(E)… 命令，如图 5.2.7 所示。

方法二： 从工具栏中获取命令。本例可以单击图 5.2.8 所示的"拉伸"工具按钮 🗗。

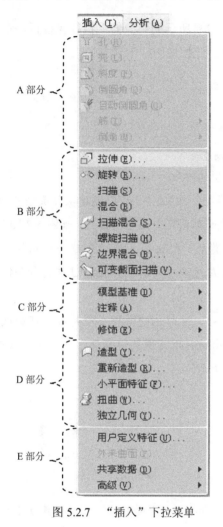

图 5.2.7　"插入"下拉菜单　　　　　图 5.2.8　"拉伸"工具按钮

下面对 插入(I) **下拉菜单中的各命令进行简要说明。**

如图 5.2.7 所示，该下拉菜单包括 A～E 五个部分，它们主要用于创建各类特征。

A 部分：用于创建构造类特征。该部分中的所有命令为灰色，表明它们此时不可使用，因为它们都属于构造类特征，需构造在其他特征上面。

B 部分：该部分列出了几种创建普通特征的方法，用这些方法可以创建一般的加材料实体（如凸台）、减材料实体（如在实体上挖孔）或曲面。

注意： 同一形状的特征可以用不同方法来创建。比如同样一个圆柱形特征，既可以选择 🗗 拉伸(E)… 命令（用拉伸的方法创建），也可以选择 旋转(R)… 命令（用旋转的方法创建）。

C 部分：用于创建基准特征（如基准面）、注释或修饰特征（螺纹修饰）。

D 部分：主要用于创建高级的空间曲面类特征。

E 部分：特征的高级应用，操作比较复杂。

2．定义拉伸类型

在选择 📄 拉伸(E)... 命令后，屏幕上方出现图 5.2.9 所示的"拉伸"特征操控板。在操控板中按下"实体特征类型"按钮 🔲（默认情况下，此按钮为按下状态）。

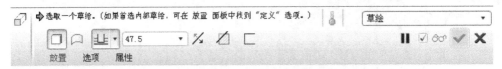

图 5.2.9　"拉伸"特征操控板

说明：利用拉伸工具，可以创建如下几种类型的特征。

● 实体类型：按下操控板中的"实体特征类型"按钮 🔲，可以创建实体类型的特征。在由截面草图生成实体时，实体特征的截面草图完全由材料填充，如图 5.2.10 所示。

● 曲面类型：按下操控板中的"曲面特征类型"按钮 🔲，可以创建一个拉伸曲面。在 Pro/ENGINEER 中，曲面是一种没有厚度和重量的面，但通过相关命令操作可变成带厚度的实体。

● 薄壁类型：按下"薄壁特征类型"按钮 🔲，可以创建薄壁类型特征。在由截面草图生成实体时，薄壁特征的截面草图则由材料填充成均厚的环，环的内侧或外侧，或中心轮廓线是截面草图，如图 5.2.11 所示。

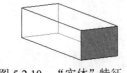

图 5.2.10　"实体"特征

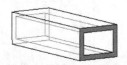

图 5.2.11　"薄壁"特征

● 切削类型：操控板中的"切削特征类型"按钮 🔲 被按下时，可以创建切削特征。

一般来说，创建的特征可分为"正空间"特征和"负空间"特征。"正空间"特征是指在现有零件模型上添加材料，"负空间"特征是指在现有零件模型上去除材料，即切削。

如果"切削特征"按钮 🔲 被按下，同时"实体特征"按钮 🔲 也被按下，则用于创建"负空间"实体，即从零件模型中去除材料。当创建零件模型的第一个（基础）特征时，零件模型中没有任何材料，所以零件模型的第一个（基础）特征不可能是切削类型的特征，因而切削按钮 🔲 是灰色的，不能选取。

如果"切削特征"按钮 🔲 被按下，同时"曲面特征"按钮 🔲 也被按下，则用于曲面的裁剪，即在现有曲面上裁剪掉正在创建的曲面特征。

如果"切削特征"按钮 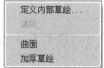 被按下，同时"薄壁特征"按钮 □ 及"实体特征"按钮 □ 也被按下，则用于创建薄壁切削实体特征。

3. 定义截面草图

定义特征截面草图的方法有两种：第一是选择已有草图作为特征的截面草图，第二是创建新的草图作为特征的截面草图。本例中，介绍定义截面草图的第二种方法，操作过程如下。

Step1. 选取命令。单击图 5.2.12 所示的"拉伸"特征操控板中的 放置 按钮，再在弹出的界面中单击 定义... 按钮（也可在绘图区中按下鼠标右键，直至系统弹出图 5.2.13 所示的快捷菜单时，松开鼠标右键，选择 定义内部草绘... 命令），系统弹出图 5.2.14 所示的"草绘"对话框。

Step2. 定义截面草图的放置属性。

（1）定义草绘平面。

对草绘平面的概念和有关选项介绍如下。

- 草绘平面是特征截面或轨迹的绘制平面，可以是基准平面，也可以是实体的某个表面。
- 单击 使用先前的 按钮，意味着把先前一个特征的草绘平面及其方向作为本特征的草绘平面和方向。

选取 RIGHT 基准平面作为草绘平面，操作方法如下。

将鼠标指针移至图形区 RIGHT 基准平面的边线或 RIGHT 字符附近，在基准平面的边线外出现天蓝色加亮边线时单击，即可将 RIGHT 基准平面定义为草绘平面（此时"草绘"对话框中"草绘平面"区域的文本框中显示出"RIGHT：F1（基准平面）"）。

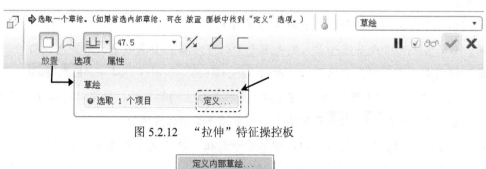

图 5.2.12　"拉伸"特征操控板

图 5.2.13　快捷菜单

（2）定义草绘视图方向。采用模型中默认的草绘视图方向。

说明：完成 Step2 后，图形区中 RIGHT 基准平面的边线旁边会出现一个黄色的箭头（图

5.2.15），该箭头方向表示查看草绘平面的方向。如果要改变该箭头的方向，有三种方法。

方法一： 在"草绘"对话框中单击 反向 按钮，如图 5.2.14 所示。

方法二： 将鼠标指针移至该箭头上，单击。

方法三： 将鼠标指针移至该箭头上，右击，在弹出的快捷菜单中选择 反向 命令。

（3）对草绘平面进行定向。

说明： 选取草绘平面后，还必须对草绘平面进行定向。定向完成后，系统即按所指定的定向方位来摆放草绘平面，并进入草绘环境。要完成草绘平面的定向，必须进行下面的操作。

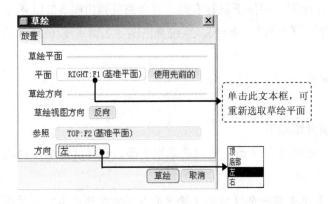

图 5.2.14   "草绘"对话框

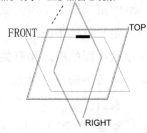

Pro/ENGINEER 软件中有许多确定方向的地方，系统在图形区都会有相应的箭头加以明示，应多加留心观察

图 5.2.15   查看方向箭头

指定草绘平面的参照平面，即指定一个与草绘平面相垂直的平面作为参照。"草绘平面的参照平面"有时简称为"参照面""参考平面""参照"。

指定参照平面的方向，即指定参照平面的放置方位，参照平面可以朝向显示器屏幕的 顶部 、 底部 、 右 侧或 左 侧，如图 5.2.14 所示。

注意：

● 参照平面必须是平面，并且要求与草绘平面垂直。

● 如果参照平面是基准平面，则参照平面的方向取决于基准平面橘黄色侧面的朝向。

● 这里要注意图形区中的 TOP（顶）、RIGHT（右）和图 5.2.14 中的 顶 、 右 的区别。模型中的 TOP（顶）、RIGHT（右）是指基准平面的名称，该名称可以随意修改；图 5.2.14 中的 顶 、 右 是草绘平面的参照平面的放置方位。

● 为参照平面选取不同的方向，则草绘平面在草绘环境中的摆放就不一样。

● 完成 Step2 操作后，当系统获得足够的信息时，系统将会自动指定草绘平面的参照平面及其方向（图 5.2.14），系统自动指定 TOP 基准平面作为参照，自动指定参照平面的放置方位为"左"。

此例中，我们按如下方法定向草绘平面。

① 指定草绘平面的参照平面。完成草绘平面选取后，"草绘"对话框的 参照 文本框自动加亮，选取图形区中的 FRONT 基准平面作为参照平面。

② 指定参照平面的方向。单击对话框中 方向 文本框后的 ▾ 按钮，在弹出的图 5.2.16 所示的对话框中选择 底部 选项。完成这两步操作后，"草绘"对话框的显示如图 5.2.16 所示。

（4）单击对话框中的 草绘 按钮，系统进入草绘环境。

说明： 单击 草绘 按钮后，系统进行草绘平面的定向，使其与屏幕平行，如图 5.2.17 所示。从图中可看到，FRONT 基准平面现在水平放置，并且 FRONT 基准平面橘黄色的一侧在底部。

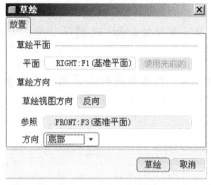

图 5.2.16　"草绘"对话框

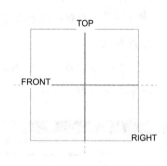

图 5.2.17　草绘平面与屏幕平行

Step3. 创建特征的截面草图。

基础拉伸特征的截面草图如图 5.2.18 所示。下面将以此为例介绍特征截面草图的一般创建步骤。

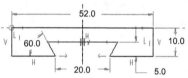

图 5.2.18　基础特征的截面草图

（1）定义草绘参照。本例采用系统默认的草绘参照。

说明： 在用户的草绘过程中，Pro/ENGINEER 会自动对图形进行尺寸标注和几何约束，但系统在自动标注和约束时，必须参考一些点、线、面，这些点、线、面就是草绘参照。进入 Pro/ENGINEER 草绘环境后，系统将自动为草图的绘制及标注选取足够的草绘参照，如本例中，系统默认选取了 TOP 和 FRONT 基准平面作为草绘参照。

关于 Pro/ENGINEER 的草绘参照，应注意如下几点。

● 查看当前草绘参照：选择下拉菜单 草绘(S) ➡ 参照(R)... 命令，弹出"参照"对话框，系统在参照列表区列出了当前的草绘参照，如图 5.2.19 所示（该图中的两个草绘参照 FRONT 和 TOP 基准平面是系统默认选取的）。如果用户想添加其他的点、线、面作为草绘参照，可以通过在图形上直接单击来选取。

● 要使草绘截面的参照完整，必须至少选取一个水平参照和一个垂直参照，否则会出现错误警告提示。

- 在没有足够的参照来摆放一个截面时，系统会自动弹出图 5.2.19 所示的"参照"对话框，要求用户选取足够的草绘参照。
- 在重新定义一个缺少参照的特征时，必须选取足够的草绘参照。

"参照"对话框中的几个选项介绍如下。

- ![按钮] 按钮：用于为尺寸和约束选取参照，如图 5.2.20 所示。单击此按钮后，即可在图形区的二维草绘图形中选取直线（包括平面的投影直线）、点（包括直线的投影点）等作为参考基准。

- ![剖面(X)] 按钮：单击此按钮，再选取目标曲面，可将草绘平面与某个曲面的交线作为参照。

- ![删除(D)] 按钮：如果要删除参照，可在参照列表区选取要删除的参照名称，然后单击此按钮。

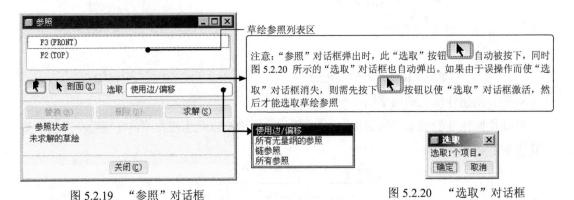

| 图 5.2.19　"参照"对话框 | 图 5.2.20　"选取"对话框 |

（2）设置草图环境，调整草绘区。

操作提示与注意事项：

- 参见 4.5 节，将草绘的网格设置为 1。

- 除可以移动和缩放草绘区外，如果用户想在三维空间绘制草图或希望看到模型截面草图在三维空间的方位，可以旋转草绘区，方法是按住鼠标的中键，同时移动鼠标，可看到图形跟着鼠标旋转。旋转后，单击按钮![图标]可恢复绘图平面与屏幕平行（有些鼠标的中键在鼠标的左侧，不在中间）。

- 如果用户不希望屏幕图形区中显示的东西太多，可单击按钮![图标]、![图标]、![图标]等，将网格、基准平面、坐标系等的显示关闭，这样图面显得更简洁。

- 在操作中，如果鼠标指针变成圆圈或在当前窗口不能选取有关的按钮或菜单命令，可单击按钮![图标]（或者选择下拉菜单 窗口(W) ➡ ![图标]激活(A)命令），将当前窗口激活。

（3）绘制截面草图并进行标注。

① 绘制截面几何图形的大体轮廓。使用 Pro/ENGINEER 软件绘制截面草图，开始时没有必要很精确地绘制截面的几何形状、位置和尺寸，只需勾勒截面的大概形状即可。

操作提示与注意事项：

● 为了使草绘时的图形显示得更简洁、清晰，并在勾勒截面形状的过程中添加必要的约束，建议在打开约束符号显示的同时关闭尺寸显示。方法如下。

☑ 单击"尺寸显示的开/关"按钮 ⊞，使其处于弹起状态（即关闭尺寸显示）。

☑ 单击"约束显示的开/关"按钮 ⊥，使其处于按下状态（即打开约束显示）。

● 选择下拉菜单 草绘(S) ➡ 线(L)▸ ➡ 线(L) 命令，绘制图 5.2.21 所示的 8 条线段（绘制时不要太在意图中线段的大小和位置，只要大概的形状与图 5.2.21 相似就可以）。

● 选择下拉菜单 草绘(S) ➡ 线(L)▸ ➡ 中心线(C) 命令，绘制图 5.2.22 所示的中心线。

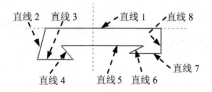

图 5.2.21　草绘截面的初步图形

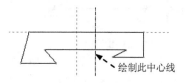

图 5.2.22　绘制中心线

② 添加必要的约束。操作提示如下。

a）显示约束。按下"约束显示的开/关"按钮 ⊥。

b）删除无用的约束。在绘制草图时，系统会自动添加一些约束，而其中有些是没用的，如在图 5.2.23a 中，系统自动添加了"垂直"约束（注意：读者在绘制时，可能没有这个约束，这取决于绘制时鼠标的走向与停留的位置）。删除约束的操作方法为：在工具栏中单击"选取项目"按钮 ⬆。选取图 5.2.23b 中的"垂直"约束 1，然后右击，在弹出的图 5.2.24 所示的快捷菜单中选择 删除(D) 命令。用同样的方法删除"垂直"约束 2。

图 5.2.23　删除无用约束

c）添加垂直约束。选择下拉菜单 草绘(S) ➡ 约束(C)▸ ➡ ╋ 垂直 命令（或单击工具栏按钮 ╋▾ 中的 ╋，系统弹出图 5.2.25 所示的"约束"工具栏），然后在图 5.2.26a 所示的图形中单击直线 2，此时图形如图 5.2.26b 所示。

图 5.2.24　快捷菜单　　　图 5.2.25　"约束"工具栏

图 5.2.26　添加垂直约束

d）添加相等约束。单击工具栏按钮 ＋ 中的 ＝ ，然后在图 5.2.27a 所示的图形中，先单击直线 8，再单击直线 2，此时图形如图 5.2.27b 所示。

图 5.2.27　添加相等约束

e）添加对齐约束。单击工具栏按钮 ＋ 中的 ⊙ ，然后在图 5.2.28a 所示的图形中，先单击中心线，再单击图中的基准面边线，此时图形如图 5.2.28b 所示。

图 5.2.28　添加对齐约束

f）添加对称约束。单击工具栏按钮 ＋ 中的 ⊹ ，然后依次单击图 5.2.29a 所示的中心线及顶点 1 和顶点 2；完成操作后，图形如图 5.2.29b 所示。再单击图 5.2.30a 所示的中心线及顶点 3 和顶点 4；接着单击中心线及顶点 5 和顶点 6。完成操作后，图形如图 5.2.30b 所示。

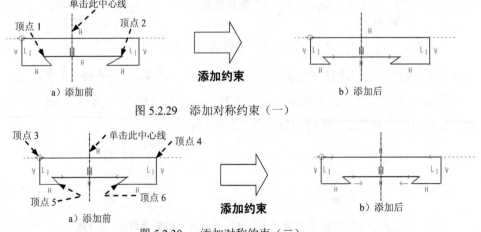

图 5.2.29　添加对称约束（一）

图 5.2.30　添加对称约束（二）

③ 按下"尺寸显示的开/关"按钮 ⊞，并将草图的尺寸移动至适当的位置，如图 5.2.31 所示。

④ 将符合设计意图的"弱"尺寸转换为"强"尺寸。

作为正确的操作流程，在改变尺寸标注方式之前，应将符合设计意图的"弱"尺寸转换为"强"尺寸，以免用户在改变尺寸标注方式时，系统自动将符合设计意图的"弱"尺寸删掉。将图 5.2.32 所示的三个尺寸转换为"强"尺寸，关于如何将"弱"尺寸转换为"强"尺寸，可参见第 4 章的相关内容。

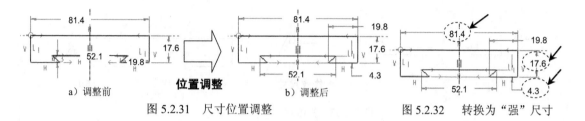

图 5.2.31　尺寸位置调整　　　　　　　　图 5.2.32　转换为"强"尺寸

⑤ 改变标注方式，满足设计意图。

a）如图 5.2.33 所示，去掉原尺寸标注 19.8，添加新尺寸标注 41.7。

注意：

● 不要试图先手动删除原尺寸标注 19.8，然后添加所需的尺寸；如果此时原尺寸 19.8 是"弱"尺寸，则添加新尺寸 41.7 后，系统会自动将"弱"尺寸 19.8 删除。

● 如果此时原尺寸 19.8 是"强"尺寸，应先添加所需的尺寸标注，此时系统将弹出"解决草绘"提示对话框，其中列出了冲突的尺寸及约束，依次单击对话框中的各列出项，可看到草图中的相应项目变红。在对话框中单击尺寸 19.8，此时草图中的原尺寸 19.8 带边框高亮显示，单击 删除(D) 按钮即可删除该尺寸。

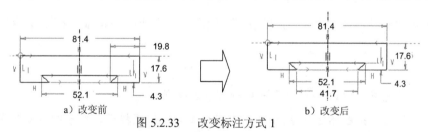

图 5.2.33　改变标注方式 1

b）如图 5.2.34 所示，去掉原尺寸标注 52.1，添加新尺寸标注 39.5。

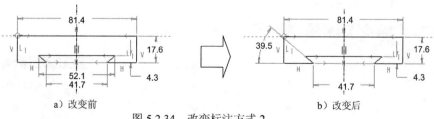

图 5.2.34　改变标注方式 2

⑥ 将尺寸修改为设计要求的尺寸。其操作提示与注意事项如下。

- 尺寸的修改往往安排在建立约束以后进行。
- 修改尺寸前要注意，如果要修改的尺寸的大小与设计目的尺寸相差太大，应该先用图元操纵功能将其"拖到"与目的尺寸相近，然后再双击尺寸，输入目的尺寸。
- 注意修改尺寸时的先后顺序，为防止图形变得很凌乱，应先修改对截面外观影响不大的尺寸（在图 5.2.35a 中，尺寸 41.7 是对截面外观影响不大的尺寸，所以建议先修改此尺寸）。

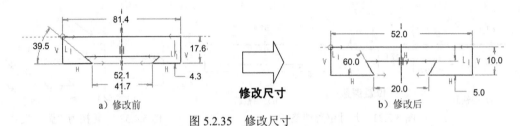

图 5.2.35　修改尺寸

⑦ 编辑、修剪多余的边线。使用"修剪"按钮 ⊬ 将草图中多余的边线去掉。为了确保草图正确，建议使用 ⊬ 中的 ⊥ 按钮对图形的每个交点处进行进一步的修剪处理。

⑧ 将截面草图中的所有"弱"尺寸转换为"强"尺寸。

使用 Pro/ENGINEER 软件，在完成特征截面草图后，将截面草图中剩余的所有"弱"尺寸转换为"强"尺寸，是一个好的习惯。

⑨ 分析当前截面草图是否满足拉伸特征的设计要求。选择下拉菜单 草绘(S) ➡ 诊断▶ ➡ 特征要求... 命令，系统弹出图 5.2.36 所示的"特征要求"对话框，从对话框中可以看出当前的草绘截面符合拉伸特征的设计要求。单击 关闭 按钮，以关闭"特征要求"对话框。

（4）单击"草绘"工具栏中的"完成"按钮 ✔，完成拉伸特征的截面草绘，退出草绘环境。

注意：

- 草绘"完成"按钮 ✔ 的位置一般如图 5.2.37 所示。
- 如果系统弹出图 5.2.38 所示的"未完成截面"错误提示，则表明截面不闭合或截面中有多余、重合的线段，此时可单击 否(N) 按钮，然后修改截面中的错误，完成修改后再单击按钮 ✔。

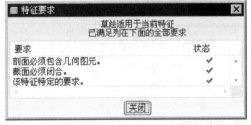

图 5.2.36　"特征要求"对话框　　　图 5.2.37　"完成"按钮　图 5.2.38　"未完成截面"错误提示

● 绘制实体拉伸特征的截面时，应该注意如下要求。

☑ 截面必须闭合，截面的任何部位不能有缺口，如图 5.2.39a 所示。如果有缺口，可用修剪命令 ⊬ ➡ ⊢ 将缺口封闭。

☑ 截面的任何部位不能探出多余的线头，如图 5.2.39b 所示。对较长的多余的线头，用命令 ⊬ ➡ ⊢ 修剪掉。如果线头特别短，即使足够放大也不可见，则必须用命令 ⊬ ➡ ⊢ 修剪掉。

☑ 截面可以包含一个或多个封闭环，生成特征后，外环以实体填充，内环则为孔。环与环之间不能相交或相切，如图 5.2.39c 和图 5.2.39d 所示；环与环之间也不能有直线（或圆弧等）相连，如图 5.2.39e 所示。

● 曲面拉伸特征的截面可以是开放的，但截面不能有多于一个的开放环。

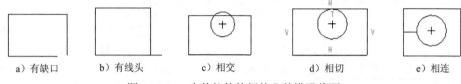

| a) 有缺口 | b) 有线头 | c) 相交 | d) 相切 | e) 相连 |

图 5.2.39　实体拉伸特征的几种错误截面

4. 定义拉伸深度属性

Step1. 定义深度方向。采用模型中默认的深度方向。

说明：按住鼠标的中键且移动鼠标，可将草图从图 5.2.40 所示的状态旋转到图 5.2.41 所示的状态，此时在模型中可看到一个黄色的箭头，该箭头表示特征拉伸的方向；当选取的深度类型为 ⊟（对称深度），该箭头的方向没有太大的意义；如果为单侧拉伸，应注意箭头的方向是否为将要拉伸的深度方向。要改变箭头的方向，有如下几种方法。

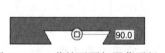

图 5.2.40　草绘平面与屏幕平行

图 5.2.41　草绘平面与屏幕不平行

方法一：在操控板中，单击深度文本框 216.5 ▾ 后面的按钮 ╱。

方法二：将鼠标指针移至深度方向箭头上，单击。

方法三：将鼠标指针移至深度方向箭头附近，右击，选择 反向 命令。

方法四：将鼠标指针移至模型中的深度尺寸 216.5 上，右击，系统弹出图 5.2.42 所示的快捷菜单，选择 反向深度方向 命令。

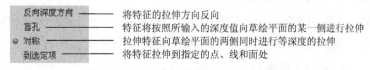

图 5.2.42　深度快捷菜单

Step2. 选取深度类型并输入其深度值。在图 5.2.43 所示的操控板中，选取深度类型 [¦]（即"对称拉伸"）。

说明：如图 5.2.43 所示，单击操控板中 ╨ 按钮后的 ˙ 按钮，可以选取特征的拉伸深度类型，各选项说明如下。

- 单击按钮 ╨ （定值，以前的版本称为"盲孔"），可以创建"定值"深度类型的特征，此时特征将从草绘平面开始，按照所输入的数值（即拉伸深度值）向特征创建的方向一侧进行拉伸。
- 单击按钮 ¦ （对称），可以创建"对称"深度类型的特征，此时特征将在草绘平面两侧进行拉伸，输入的深度值被草绘平面平均分割，草绘平面两边的深度值相等。
- 单击按钮 ╨ （到选定的），可以创建"到选定的"深度类型的特征，此时特征将从草绘平面开始拉伸至选定的点、曲线、平面或曲面。

图 5.2.43   操控板

其他几种深度选项的相关说明。

- 当在基础特征上添加其他某些特征时，还会出现下列深度选项。
  - ☑ ╤ （到下一个）：深度在零件的下一个曲面处终止。
  - ☑ ╫ （穿透）：特征在拉伸方向上延伸，直至与所有曲面相交。
  - ☑ ╨ （穿至）：特征在拉伸方向上延伸，直到与指定的曲面（或平面）相交。
- 使用"穿过"类选项时，要考虑下列规则。
  - ☑ 如果特征要拉伸至某个终止曲面，则特征的截面草图的大小不能超出终止曲面（或面组）的范围。
  - ☑ 如果特征应终止于其到达的第一个曲面，需使用 ╤ （到下一个）选项，使用 ╨ 选项创建的伸出项不能终止于基准平面。
  - ☑ 使用 ╨ （到选定的）选项时，可以选择一个基准平面作为终止面。
  - ☑ 如果特征应终止于其到达的最后曲面，需使用 ╫ （穿透）选项。
  - ☑ 穿过特征没有与伸出项深度有关的参数，修改终止曲面可改变特征深度。
- 对于实体特征，可以选择以下类型的曲面为终止面。
  - ☑ 零件的某个表面，它不必是平面。
  - ☑ 基准面，它不必平行于草绘平面。
  - ☑ 一个或多个曲面组成的面组。
  - ☑ 在以"装配"模式创建特征时，可以选择另一个元件的几何作为 ╨ 选项的参照。
  - ☑ 用面组作为终止曲面，可以创建与多个曲面相交的特征，这对创建包含多个终止曲面的阵列非常有用。

● 图 5.2.44 显示了拉伸的有效深度选项。

a-定值	1-草绘平面
b-到下一个	2-下一个曲面
c-穿至	3、4、5-模型的其他曲面
d-穿透	

图 5.2.44　　拉伸深度选项示意图

Step3. 定义深度值。在操控板的深度文本框 216.5 ▼ 中输入深度值 90.0，并按 Enter 键。

5. 完成特征的创建

Step1. 特征的所有要素被定义完毕后，单击操控板中的"预览"按钮 ⬚，预览所创建的特征，以检查各要素的定义是否正确。预览时，可按住鼠标中键进行旋转查看，如果所创建的特征不符合设计意图，可选择操控板中的相关项，重新定义。

Step2. 预览完成后，单击操控板中的"完成"按钮 ✓，完成特征的创建。

5.2.3　在零件上添加其他特征

1. 添加拉伸特征

在创建零件的基本特征后，可以增加其他特征。现在要添加图 5.2.45 所示的实体拉伸特征，操作步骤如下。

Step1. 单击"拉伸"命令按钮 ⬚。

Step2. 定义拉伸类型。在操控板中按下"实体类型"按钮 ⬚。

Step3. 定义截面草图。

（1）在绘图区中右击，从弹出的快捷菜单中选择 定义内部草绘… 命令，系统弹出"草绘"对话框。

（2）定义截面草图的放置属性。

① 设置草绘平面：选取图 5.2.46 所示的模型表面为草绘平面。

② 设置草绘视图方向：采用模型中默认的黄色箭头方向为草绘视图方向。

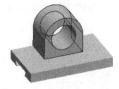

图 5.2.45　添加拉伸特征

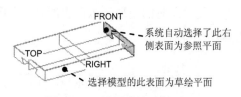

图 5.2.46　设置草绘平面

③ 对草绘平面进行定向。

a）指定草绘平面的参照平面。选取草绘平面后，系统自动选择了图 5.2.46 所示的右侧表面为参照平面；为了使模型按照设计意图来摆放，单击图 5.2.47 所示"草绘"对话框中"参照"后面的文本框，选择图 5.2.48 所示的模型表面为参照平面。

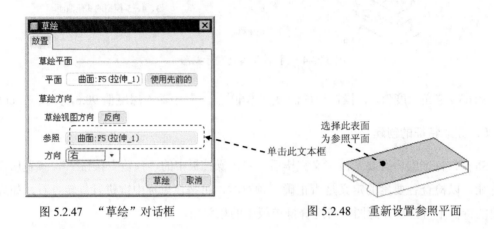

图 5.2.47　"草绘"对话框　　　　图 5.2.48　重新设置参照平面

b）指定参照平面的方向：在图 5.2.49 所示的"草绘"对话框中，选取 顶 作为参照平面的方向。

④ 单击"草绘"对话框中的 草绘 按钮。至此，系统进入截面草绘环境。

（3）创建图 5.2.50 所示的特征截面草图，详细操作过程如下。

① 定义截面草绘参照。选取 RIGHT 基准平面和图 5.2.50 所示的表面为草绘参照。

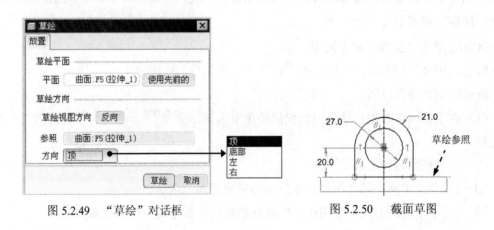

图 5.2.49　"草绘"对话框　　　　图 5.2.50　截面草图

② 为了使草绘时的图形显示得更清晰，在图 5.2.51 所示的工具栏中按下按钮 □，切换到"无隐藏线"方式。

图 5.2.51　"模型显示"工具栏的位置

③ 绘制、标注截面。

a）绘制一条图 5.2.52 所示的垂直中心线。

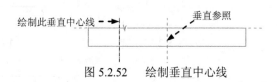

图 5.2.52　绘制垂直中心线

b）将垂直中心线进行对称约束。单击工具栏中 ⊥ 按钮；在"约束"对话框中单击按钮 ⊹，然后分别选取图 5.2.53 中的垂直中心线和两个点，就能将垂直中心线对称到截面草图。

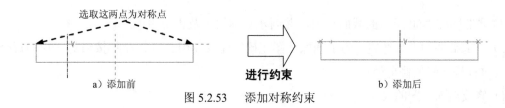

图 5.2.53　添加对称约束

说明：由于基础特征的拉伸类型是"对称"拉伸，在绘制图 5.2.52 所示的垂直中心线时，可以直接画在图 5.2.52 所示的垂直参照（RIGHT 基准平面）上，系统会自动捕捉并添加重合约束。

c）使用边线。单击工具栏中的"使用边"按钮 □；在弹出的图 5.2.54 所示的"类型"对话框中选取边线类型 ⊙ 单一(S)；选取图 5.2.55 所示的边线为"使用边"；关闭对话框，可看到选取的"使用边"变亮，其上出现"使用边"的约束符号"〜"（图 5.2.55），这样这条"使用边"就变成当前截面草图的一部分。

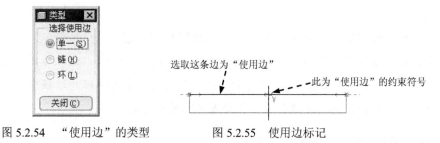

图 5.2.54　"使用边"的类型　　　图 5.2.55　使用边标记

关于"使用边"的补充说明。

● "使用边"类型说明："使用边"分为"单个""链""环"三个类型，假如要使用图 5.2.56 中的上、下两条直线段，可先选中 ⊙ 单一(S)，然后逐一选取两条线段；假如要使用图 5.2.57 中相连的两个圆弧和直线线段，可先选中 链(H)，然后选取该"链"中的首尾两个图元——圆弧；假如要使用图 5.2.58 中闭合的两个圆弧和两条直线线段，可先选中 ⊙ 环(L)，然后选取该"环"中的任意一个图元。另外，利用"链"类型也可选择闭合边线中的任意几个相连的图元链。

● 还有一种"偏移使用边"命令（命令按钮为 ⬛▸ 中的 ⬒），如图 5.2.59 所示。由图可见，所创建的边线与原边线有一定距离的偏移，偏移方向有相应的箭头表示。

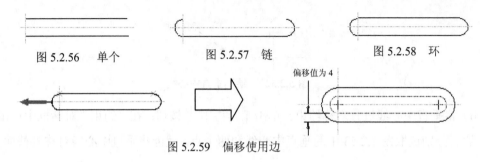

图 5.2.56　单个　　　　　图 5.2.57　链　　　　　图 5.2.58　环

图 5.2.59　偏移使用边

d）绘制图 5.2.50 所示的截面草图，并创建对称约束及相切约束。

e）修剪截面的多余边线。为了确保草图正确，建议使用 ✂▸ 中的 ⊢ 按钮对图形的每个交点处进行进一步的修剪处理。

f）修改截面草图的尺寸。

（4）完成截面绘制后，单击"草绘"工具栏中的"完成"按钮 ✓。

Step4. 定义拉伸深度属性。

（1）定义拉伸方向。单击"反向"按钮 ⤢，切换拉伸方向。

（2）选取深度类型。在操控板中选取深度类型 ⬒（即"定值拉伸"）。

（3）定义深度值。在操控板的"深度"文本框中输入深度值 30.0。

Step5. 完成特征的创建。

（1）特征的所有要素被定义完毕后，单击操控板中的"预览"按钮 ∞，预览所创建的特征，以检查各要素的定义是否正确。如果所创建的特征不符合设计意图，可选择操控板中的相关项，重新定义。

（2）在操控板中单击"完成"按钮 ✓，完成特征的创建。

注意：在上述截面草图的绘制中引用了基础特征的一条边线，这就形成了它们之间的父子关系，则该拉伸特征是基础特征的子特征。在创建和添加特征的过程中，特征的父子关系很重要，父特征的删除或隐含等操作会直接影响到子特征。

2. 添加图 5.2.60 所示的切削拉伸特征

Step1. 选取特征命令。选择下拉菜单 插入(I) ➡ ⬛ 拉伸(E)... 命令，屏幕上方出现拉伸操控板。

Step2. 定义拉伸类型。确认"实体"按钮 ⬜ 被按下，并按下操控板中的"切削"按钮 ⬓。

Step3. 定义截面草图。

（1）选取命令。在操控板中单击 放置 按钮，然后在弹出的界面中单击 定义... 按钮，系统弹出"草绘"对话框。

（2）定义截面草图的放置属性。

① 定义草绘平面。选取图 5.2.61 所示的零件表面为草绘平面。

② 定义草绘视图方向。采用模型中默认的黄色箭头方向为草绘视图方向。

③ 对草绘平面进行定向。

a）指定草绘平面的参照面。选取图 5.2.61 所示的拉伸面作为参照平面。

b）指定参照平面的方向。在对话框的"方向"下拉列表中选择 `右` 作为参照平面的方向。

④ 在"草绘"对话框中单击 `草绘` 按钮，进入草绘环境。

（3）创建图 5.2.62 所示的截面草绘图形。

① 进入截面草绘环境后，接受系统的默认参照。

② 绘制截面几何图形，建立约束并修改尺寸。

③ 完成绘制后，单击"草绘"工具栏中的"完成"按钮 `✓`。

图 5.2.60　添加切削拉伸特征

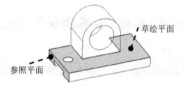

图 5.2.61　选取草绘平面与参照平面

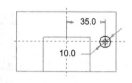

图 5.2.62　截面草绘图形

Step4. 定义拉伸深度属性。

（1）定义深度方向。本例不进行操作，采用模型中默认的深度方向。

（2）选取深度类型。在操控板中选取深度类型 `‖` （即"穿透"）。

Step5. 定义去除材料的方向。采用模型中默认的去除材料方向。

说明： 如图 5.2.63 所示，在模型中的圆内可看到一个黄色的箭头，该箭头表示去除材料的方向。为了便于理解该箭头方向的意义，请将模型放大（操作方法是滚动鼠标的中键滚轮），此时箭头位于圆内（见图 5.2.63 所示的放大图）。如果箭头指向圆内，系统会将圆圈内部的材料挖除掉，圆圈外部的材料保留；如果改变箭头的方向，使箭头指向圆外，则系统会将圆圈外部的材料去掉，圆圈内部的材料保留。要改变该箭头方向，有如下几种方法。

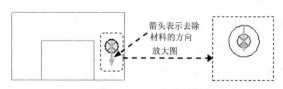

图 5.2.63　去除材料的方向

方法一： 在操控板中，单击"薄壁拉伸"按钮 `☐` 后面的按钮 `✕`。

方法二： 将鼠标指针移至深度方向箭头上，单击。

方法三：将鼠标指针移至深度方向箭头上，右击，选择 ^{反向}命令。

Step6. 在操控板中单击"完成"按钮，完成切削拉伸特征的创建。

5.2.4　保存 Pro/ENGINEER 文件

1．本例零件模型的保存操作

Step1. 单击工具栏中的按钮 （或选择下拉菜单 文件(F) ➡ 保存(S)命令），系统弹出图 5.2.64 所示的对话框，文件名出现在 模型名称 文本框中。

Step2. 单击 确定 按钮。如果不进行保存操作，单击 取消 按钮。

注意：如图 5.2.64 所示，保存模型文件时，建议用户使用现有名称，如果要修改文件的名称，可选择下拉菜单 文件(F) ➡ 重命名(R)命令来实现。

在 Pro/ENGINEER 中保存文件时，建议用户不要在这里修改文件名

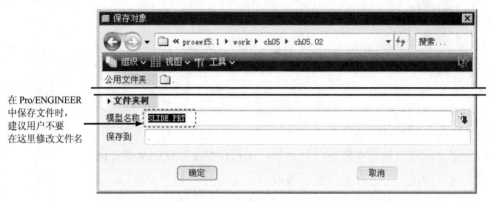

图 5.2.64　"保存对象"对话框

2．文件保存操作的几条命令的说明

➢ **"保存"**
关于"保存"文件的几点说明。

● 如果从进程中（内存）删除对象或退出 Pro/ENGINEER 而不保存，则会丢失当前进程中的所有更改。

● Pro/ENGINEER 在磁盘上保存模型对象时，其文件名格式为"对象名.对象类型.版本号"。例如，创建模型 slide，第一次保存时的文件名为 slide.prt.1 ，再次保存时版本号自动加1，这样在磁盘中保存对象时，不会覆盖原有的对象文件。

● 新建对象将保存在当前工作目录中；如果是打开的文件，保存时，将存储在原目录中，如果 override_store_back 设置为 no（默认设置），而且没有原目录的写入许可，同时又将配置选项 save_object_in_current 设置为 yes，则此文件将保存在当前目录中。

➢ **"保存副本"**

选择下拉菜单 文件(F) ➡ 保存副本(A)... 命令，系统弹出图 5.2.65 所示的"保存副本"对话框，可保存一个文件的副本。

关于保存文件副本的几点说明。

● "保存副本"的作用是保存指定对象文件的副本，可将副本保存到同一目录或不同的目录中，无论哪种情况都要给副本命名一个新的（惟一）名称，即使在不同的目录中保存副本文件，也不能使用与原始文件名相同的文件名。

● "保存副本"对话框允许 Pro/ENGINEER 将文件输出为不同格式，以及将文件另存为图像（图 5.2.65），这也许是 Pro/ENGINEER 设立 保存副本(A)... 命令的一个很重要的原因，也是与文件"备份"命令的主要区别所在。

● 在图 5.2.65 所示的对话框中单击按钮 ⬇ 后，显示可用对象菜单，也可选择 选取... 命令以显示"选取"对话框，并在对象上选取装配元件作为"源模型"。

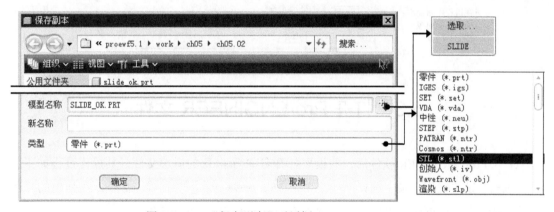

图 5.2.65　"保存副本"对话框

➢ **"备份"**

选择下拉菜单 文件(F) ➡ 备份(B)... 命令，可对一个文件进行备份。

关于文件备份的几点说明。

● 可将文件备份到不同的目录。

● 在备份目录中备份对象的修正版，重新设置为1。

● 必须有备份目录的写入许可，才能进行文件的备份。

● 如果要备份装配件、工程图或制造模型，Pro/ENGINEER 在指定目录中保存其所有从属文件。

● 如果装配件有相关的交换组，备份该装配件时，交换组不保存在备份目录中。

● 如果备份模型后对模型进行更改，然后再保存此模型，则变更将被保存在备份目录中。

➢ **文件"重命名"**

选择下拉菜单 文件(F) ➡ 重命名(R) 命令，可对一个文件进行重命名，如图 5.2.66 所示。

关于文件"重命名"的几点说明。

● "重命名"的作用是修改模型对象的文件名称。

● 如果重命名磁盘上的文件，然后根据先前的文件名打开模型（不在内存中），则会出现错误。例如，在装配件中不能找到零件。

● 如果从非工作目录检索某对象，并重命名此对象，然后保存，它将保存到对其进行检索的原目录中，而不是当前的工作目录中。

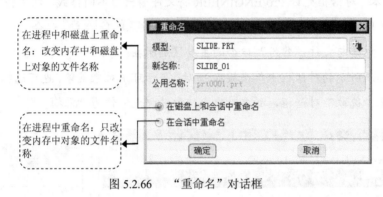

图 5.2.66   "重命名"对话框

5.3 打开 Pro/ENGINEER 文件

进入 Pro/ENGINEER 软件后，假设要打开名称为 slide 的滑块文件，其操作过程如下。

Step1. 设置工作目录。选择下拉菜单 文件(F) ➡ 设置工作目录(W)...命令，在弹出的"选取工作目录"对话框中将工作目录设置到 D:\proewf5.1\work\ch05.03。

Step2. 单击工具栏中的按钮 📂（或选择下拉菜单 文件(F) ➡ 📂 打开(O)... 命令），系统弹出图 5.3.1 所示的"文件打开"对话框。

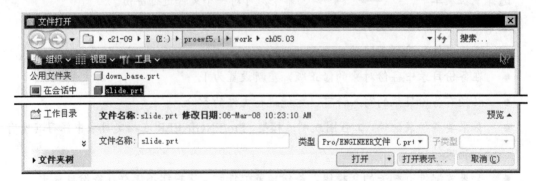

图 5.3.1   "文件打开"对话框

Step3. 在文件列表中选择要打开的文件名 slide.prt，然后单击 打开 ▼ 按钮，即可打开文件，或者双击文件名也可打开文件。

"文件打开"对话框中有关按钮的说明。

- 如果要列出当前进程中（内存中）的文件，单击按钮 在会话中。
- 如果要列出"桌面"中的文件，单击按钮 桌面。
- 如果要列出"我的文档"中的文件，单击按钮 我的文档。
- 如果要列出当前工作目录中的文件，单击按钮 工作目录。
- 如果要列出"网上邻居"中的文件，单击按钮 网上邻居。
- 如果要列出"系统格式"中的文件，单击按钮 系统格式。
- 如果要列出"用户格式"中的文件，单击按钮 用户格式。
- 要列出收藏夹的文件，单击"收藏夹"按钮 收藏夹。
- 单击"后退"按钮 ，可以返回到刚才打开的目录。
- 单击"前进"按钮 ，与单击"后退"按钮的结果相反。
- 单击"刷新"按钮 ，刷新当前目录中的内容。
- 在 搜索... 框中输入文件的名称，系统可以根据输入文件的名称，快速从当前目录中过滤当前目录中的文件。
- 单击 组织∨ 按钮，出现图 5.3.2 所示的选项菜单，可选取相应命令。
- 单击 视图∨ 按钮，出现图 5.3.3 所示的选项菜单，文件可按简单列表或详细列表显示。

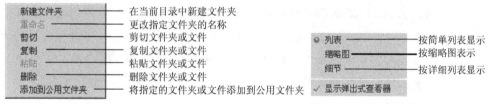

图 5.3.2 "组织"菜单   图 5.3.3 "视图"菜单

- 单击 工具∨ 按钮，出现图 5.3.4 所示的选项菜单，可选取相应命令。

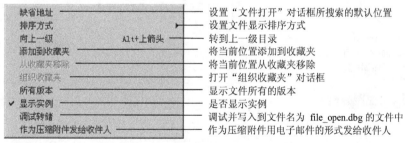

图 5.3.4 "工具"菜单

- 单击 按钮，可打开上下文相关帮助。
- 单击 预览▲ 按钮，可预览要打开的文件。
- 单击 ▶文件夹树 按钮，可以打开文件夹的树列表。

- 单击 类型 列表框中的按钮▼，可从弹出的"类型"列表中选取某种文件类型，这样"文件列表"中将只显示该种文件类型的文件。
- 单击 打开表示... 按钮，可打开模型的简化表示。
- 单击 取消(C) 按钮，放弃打开文件操作。

5.4 拭除与删除 Pro/ENGINEER 文件

首先说明：本节中提到的"对象"是一个用 Pro/ENGINEER 创建的文件，如草绘、零件模型、制造模型、装配体模型和工程图等。

5.4.1 拭除文件

1. 从内存中拭除未显示的对象

每次选择下拉菜单 文件(F) ➡ □ 保存(S) 命令保存对象时，系统都创建对象的一个新版本，并将它写入磁盘。系统对存储的每一个版本连续编号（简称版本号），例如，对于零件模型文件，其格式为 slide.prt1、slide.prt 2 和 slide.prt3 等。

注意：
- 这些文件名中的版本号（1、2、3 等），只有通过 Windows 操作系统的窗口才能看到，在 Pro/ENGINEER 中打开文件时，在文件列表中则看不到这些版本号。
- 如果在 Windows 操作系统的窗口中还是看不到版本号，可进行这样的操作：在 Windows 窗口中选择下拉菜单 工具(T) ➡ 文件夹选项(O)... 命令（图 5.4.1），在"文件夹选项"对话框的 查看 选项卡中，取消 □ 隐藏已知文件类型的扩展名（图 5.4.2）。

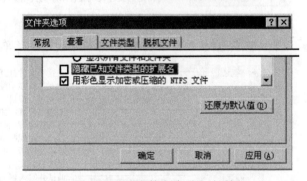

图 5.4.1 "工具"下拉菜单　　　　　图 5.4.2 "文件夹选项"对话框

如果选择下拉菜单 窗口(W) ➡ ☒ 关闭(C) 命令关闭一个窗口，窗口中的对象便不在图形区显示，但只要工作区处于活动状态，对象仍保留在内存中，我们称这些对象为"未显示的对象"。

选择下拉菜单 文件(F) ➡ 拭除(E) ▶ ➡ ✎ 不显示(U)... 命令后，系统弹出图 5.4.3 所示的 "拭除未显示的" 对话框，在该对话框中列出未显示对象，单击 确定 按钮，所有的未显示对象将从内存中拭除，但它们不会从磁盘中删除。当参考未显示对象的装配件或工程图仍处于活动状态时，系统则不能拭除该未显示对象。

2. 从内存中拭除当前对象

第一种情况：如果当前对象为零件、格式和布局等类型时，选择下拉菜单 文件(F) ➡ 拭除(E) ▶ ➡ ✎ 当前(C) 命令后，系统弹出图 5.4.4 所示的 "拭除确认" 对话框，单击 是 按钮，当前对象将从内存中拭除，但它们不会从磁盘中删除。

第二种情况：如果当前对象为装配、工程图和模具等类型，选择下拉菜单 文件(F) ➡ 拭除(E) ▶ ➡ ✎ 当前(C) 命令后，系统弹出 "拭除" 对话框，选取要拭除的关联对象后，再单击 是 按钮，则当前对象及选取的关联对象将从内存中被拭除。

图 5.4.3 "拭除未显示的" 对话框   图 5.4.4 "拭除确认" 对话框

5.4.2 删除文件

1. 删除文件的旧版本

使用 Pro/ENGINEER 软件创建模型文件时（包括零件模型、装配模型和制造模型等），在最终完成模型的创建后，可将模型文件的所有旧版本删除。

选择下拉菜单 文件(F) ➡ 删除(D) ➡ 旧版本(O) 命令后，系统弹出图 5.4.5 所示的对话框，单击 ✔ 按钮（或按 Enter 键），系统就会将对象的除最新版本外的所有版本删除。

例如：假设滑块零件（文件名为 slide.prt）已经完成，选择下拉菜单 文件(F) ➡ 删除(D) ➡ 旧版本(O) 命令，即可删除其旧版本文件。

2. 删除文件的所有版本

在设计完成后，可将没有用的模型文件的所有版本删除。

选择下拉菜单 文件(F) ➡ 删除(D) ➡ 所有版本(A) 命令后，系统弹出图 5.4.6 所示的警告对话框，单击 是(Y) 按钮，系统就会删除当前对象的所有版本。如果选择删除的对象是族表的一个实例，则实例和普通模型都不能被删除；如果选择删除的对象是普通模型，则将删除此普通模型。

<table>
<tr><td>图 5.4.5　"删除文件的旧版本"对话框</td><td>图 5.4.6　"删除所有确认"对话框</td></tr>
</table>

5.5　控制模型的显示

在学习本节时，请先将工作目录设置至 D:\proewf5.1\work\ch05.05，然后打开模型文件 orient.prt。

5.5.1　模型的几种显示方式

在 Pro/ENGINEER 软件中，模型有四种显示方式（图 5.5.1），利用图 5.5.2 所示的"模型显示"工具栏（一般位于软件界面的右上部），可以切换模型的显示方式。

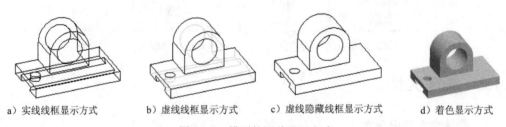

a）实线线框显示方式　　　b）虚线线框显示方式　　　c）虚线隐藏线框显示方式　　　d）着色显示方式

图 5.5.1　模型的四种显示方式

图 5.5.2　"模型显示"工具栏

- 实线线框显示方式：模型以线框形式显示，模型所有的边线显示为深颜色的实线，如图 5.5.1a 所示。按下 ⊡ 按钮，模型切换到该显示方式。
- 虚线线框显示方式：模型以线框形式显示，可见的边线显示为深颜色的实线，不可见的边线显示为虚线（在软件中显示为灰色的实线），如图 5.5.1b 所示。按下 ⊡ 按钮，模型切换到该显示方式。
- 虚线隐藏线框显示方式：模型以线框形式显示，可见的边线显示为深颜色的实线，不可见的边线被隐藏起来（即不显示），如图 5.5.1c 所示。按下 ⊡ 按钮，模型切换到该显示方式。
- 着色显示方式：模型表面为灰色，部分表面有阴影感，所有边线均不可见，如图 5.5.1d 所示。按下 ⊡ 按钮，模型切换到该显示方式。

5.5.2　模型的移动、旋转与缩放

用鼠标可以控制图形区中的模型显示状态。

- 滚动鼠标中键滚轮，可以缩放模型：向前滚，模型缩小；向后滚，模型变大。
- 按住鼠标中键，移动鼠标，可旋转模型。
- 先按住键盘上的 Shift 键，然后按住鼠标中键，移动鼠标可移动模型。

注意：采用以上方法对模型进行缩放和移动操作时，只是改变模型的显示状态，而不能改变模型的真实大小和位置。

5.5.3　模型的定向

1. 关于模型的定向

利用模型"定向"功能可以将绘图区中的模型定向在所需的方位以便查看。例如，在图 5.5.3 中，方位 1 是模型的默认方位（默认方向），方位 2 是在方位 1 基础上将模型旋转一定的角度而得到的方位，方位 3、4、5 属于正交方位（这些正交方位常用于模型工程图中的视图）。可选择下拉菜单 视图(V) ➡ 方向(D) ▸ ➡ 🔧 重定向(O)... 命令（图 5.5.4）或单击工具栏按钮🔧，打开"方向"对话框，通过该对话框对模型进行定向。

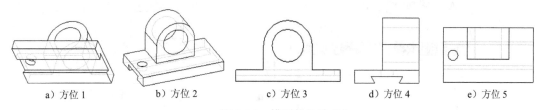

a) 方位 1　　　　b) 方位 2　　　　c) 方位 3　　　　d) 方位 4　　　　e) 方位 5

图 5.5.3　模型的几种方位

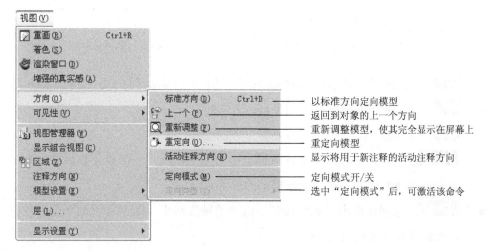

图 5.5.4　"视图"下拉菜单

2. 模型定向的一般方法

常用的模型定向方法为"参照定向"（在图 5.5.5 所示的"方向"对话框中选择 按参照定向 类型）。这种定向方法的原理是：在模型上选取两个正交的参照平面，然后定义两个参照平面的放置方位。以图 5.5.6 所示的模型为例，如果能够确定模型上表面 1 和表面 2 的放置方位，则该模型的空间方位就能完全确定。参照的放置方位有如下几种（图 5.5.5）。

- **前**：使所选取的参照平面与显示器的屏幕平面平行，方向朝向屏幕前方，即面对操作者。
- **后面**：使参照平面与屏幕平行且朝向屏幕后方，即背对操作者。
- **上**：使参照平面与显示器屏幕平面垂直，方向朝向显示器的上方，即位于显示器上部。

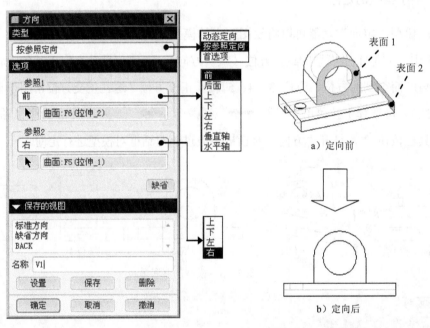

图 5.5.5　"方向"对话框　　　图 5.5.6　模型的定向

- **下**：使参照平面与显示器屏幕平面垂直，方向朝向显示器的下方，即位于显示器下部。
- **左**：使参照平面与屏幕平面垂直，方向朝左。
- **右**：使参照平面与屏幕平面垂直，方向朝右。
- **垂直轴**：选择该选项后，需选取模型中的某个轴线，系统将使该轴线竖直（即垂直于地平面）放置，从而确定模型的放置方位。
- **水平轴**：选择该选项，系统将使所选取的轴线水平（即平行于地平面）放置，从而确定模型的放置方位。

3．动态定向

在"方向"对话框的 类型 下拉列表中选择 动态定向 选项，系统显示"动态定向"界面（图 5.5.7），移动界面中的滑块，可以方便地对模型进行移动、旋转与缩放。

4．定向的首选项

选择 类型 下拉列表中的 首选项 选项，在弹出的图 5.5.8 所示的界面中，可以选择模型的旋转中心和模型默认的方向。在工具栏中按下 按钮，可以控制模型上是否显示旋转符号（模型上的旋转中心符号如图 5.5.9 所示）。模型默认的定向可以是"斜轴测""等轴测"，也可以由用户定义。

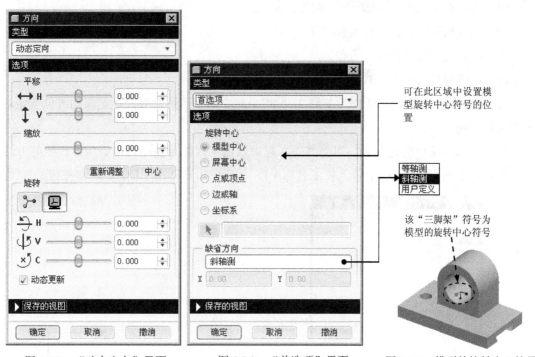

图 5.5.7　"动态定向"界面　　　图 5.5.8　"首选项"界面　　　图 5.5.9　模型的旋转中心符号

5．模型视图的保存

模型视图是指模型的定向和显示大小。当将模型视图调整到某种状态后（即某个方位和显示大小），可以将这种视图状态保存起来，以便以后直接调用。

在"方向"对话框中单击 已保存的视图 标签，将弹出图 5.5.10 所示的"保存的视图"界面。

- 在上部的列表框中列出了所有已保存视图的名称，其中 标准方向 、 缺省方向 、 BACK 、 BOTTOM 等为系统自动创建的视图。
- 如果要保存当前视图，可先在 名称 文本框中输入视图名称，然后单击 保存 按钮，新创建的视图名称立即出现在名称列表中。

● 如果要删除某个视图，可在视图名称列表中选取该视图名称，然后单击 删除 按钮。

如果要显示某个视图，可在视图名称列表中选取该视图名称，然后单击 设置 按钮。还有一种快速设置视图的方法，就是单击工具栏中的 按钮，从弹出的视图列表中选取某个视图即可，如图 5.5.11 所示。

6．模型定向的举例

下面介绍图 5.5.6 中模型定向的操作过程。

Step1. 选择下拉菜单 视图(V) ➡ 方向(O) ▶ ➡ 重定向(O)... 命令。

Step2. 确定参照 1 的放置方位。

（1）采用默认的方位 前 作为参照 1 的方位。

（2）选取模型的表面 1 作为参照 1。

Step3. 确定参照 2 的放置方位。

（1）在下拉列表中选择 右 作为参照 2 的方位。

（2）选取模型上的表面 2 作为参照 2，此时系统立即按照两个参照所定义的方位重新对模型进行定向。

Step4. 完成模型的定向后，可将其保存起来以便下次能方便地调用。保存视图的方法是：在对话框的 名称 文本框中输入视图名称 V1，然后单击对话框中的 保存 按钮。

图 5.5.10　"保存的视图"界面

图 5.5.11　工具栏的位置

5.6　Pro/ENGINEER 的模型树

5.6.1　模型树概述

图 5.6.1 所示为 Pro/ENGINEER 的模型树，在新建或打开一个文件后，它一般会出现在屏幕的左侧，如果看不见这个模型树，可在导航选项卡中单击"模型树"标签 ；如果此时显示的是"层树"，可选择导航选项卡中的 ➡ 模型树(M) 命令。

模型树以树的形式显示当前活动模型中的所有特征或零件，在树的顶部显示根（主）

对象，并将从属对象（零件或特征）置于其下。在零件模型中，模型树列表的顶部是零件名称，零件名称下方是每个特征的名称；在装配体模型中，模型树列表的顶部是总装配，总装配下是各子装配和零件，每个子装配下方则是该子装配中的每个零件的名称，每个零件名的下方是零件的各个特征的名称。模型树只列出当前活动的零件或装配模型的特征级与零件级对象，不列出组成特征的截面几何要素（如边、曲面和曲线等）。例如，如果一个基准点特征包含多个基准点图元，模型树中只列出基准点特征标识。

如果打开了多个 Pro/ENGINEER 窗口，则模型树内容只反映当前活动文件（即活动窗口中的模型文件）。

图 5.6.1　模型树

5.6.2　模型树界面简介

模型树的操作界面及各下拉菜单命令功能如图 5.6.2 所示。

注意： 选择模型树下拉菜单 中的 保存设置文件(S)...命令，可将模型树的设置保存在一个.cfg 文件中，并可重复使用，提高工作效率。

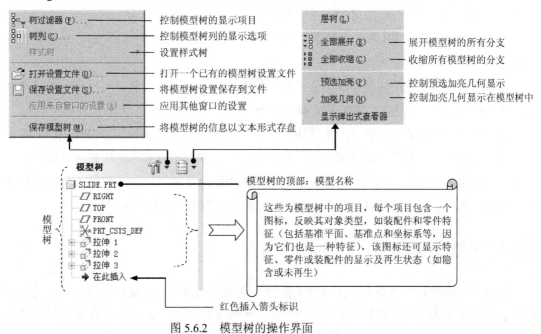

图 5.6.2　模型树的操作界面

5.6.3 模型树的作用与操作

1. 控制模型树中项目的显示

在模型树操作界面中，选择 🖾▾ ➡ ⛶ 树过滤器(F)... 命令，系统弹出图 5.6.3 所示的"模型树项目"对话框，通过该对话框可控制模型中各类项目是否在模型树中显示。

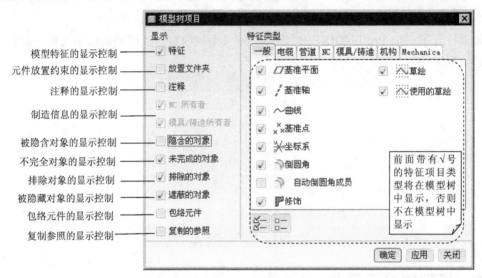

图 5.6.3 "模型树项目"对话框

2. 模型树的作用

（1）在模型树中选取对象。可以从模型树中选取要编辑的特征或零件对象。当要选取的特征或零件在图形区的模型中不可见时，此方法尤为有用。当要选取的特征和零件在模型中禁用选取时，仍可在模型树中进行选取操作。

注意：Pro/ENGINEER 野火版的模型树中不列出特征的草绘几何（图元），所以不能在模型树中选取特征的草绘几何。

（2）在模型树中使用快捷命令。右击模型树中的特征名或零件名，可打开一个快捷菜单，从中可选择相对于选定对象的特定操作命令。

（3）在模型树中插入定位符。"模型树"中有一个带红色箭头的标识，该标识指明在创建特征时特征的插入位置。默认情况下，它的位置总是在模型树列出的所有项目的最后。可以在模型树中将其上下拖动，将特征插入到模型中的其他特征之间。将插入符移动到新位置时，插入符后面的项目将被隐含，这些项目将不在图形区的模型上显示。

5.6.4 模型搜索

利用"模型搜索"功能可以在模型中按照一定的规则搜索、过滤和选取项目，这对于较复杂的模型尤为重要。选择下拉菜单 编辑(E) ➡ 🔍 查找(F)... 命令（或在工具栏中单击

按钮 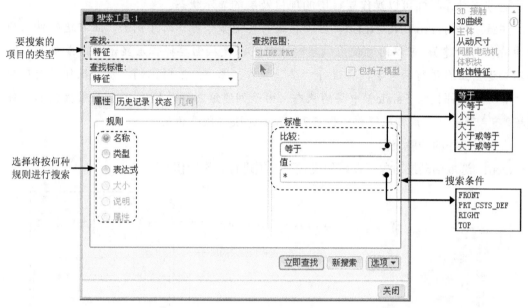），系统弹出图 5.6.4 所示的"搜索工具"对话框，通过该对话框可以设定某些规则来搜索模型。执行搜索后，满足搜索条件的项目将会在"模型树"窗口中加亮。如果选中了 ✓ 加亮几何(H) 命令，对象也会在图形区中加亮显示。

图 5.6.4　"搜索工具"对话框

5.7　Pro/ENGINEER 软件中的层

5.7.1　层的基本概念

Pro/ENGINEER 提供了一种有效组织模型和管理诸如基准线、基准面、特征和装配中的零件等要素的手段，这就是"层（Layer）"。通过层，可以对同一个层中的所有共同的要素进行显示、隐藏和选择等操作。在模型中，想要多少层就可以有多少层。层中还可以有层，也就是说，一个层还可以组织和管理其他许多的层。通过组织层中的模型要素并用层来简化显示，可以使很多任务流水线化，并可提高可视化程度，极大地提高工作效率。

层显示状态与其对象一起局部存储，这意味着在当前 Pro/ENGINEER 工作区改变一个对象的显示状态，不影响另一个活动对象的相同层的显示，然而装配中层的改变或许会影响到低层对象（子装配或零件）。

5.7.2　进入层的操作界面

有两种方法可进入层的操作界面。

方法一： 在图 5.7.1 所示的导航选项卡中选择 <kbd>▤▾</kbd> ➡ <kbd>层树(L)</kbd> 命令，即可进入图 5.7.2 所示的"层"操作界面。

方法二： 在工具栏中按下"层"按钮 <kbd>▤</kbd>，也可进入"层"的操作界面。

通过该操作界面可以操作层、层的项目及层的显示状态。

注意： 使用 Pro/ENGINEER，当正在进行其他命令操作时（例如，正在进行伸出项拉伸特征的创建），可以同时使用"层"命令，以便按需要操作层显示状态或层关系，而不必退出正在进行的命令，再进行"层"操作。图 5.7.2 所示的"层"操作界面反映了"滑块"零件模型（slide）中层的状态，由于创建该零件时使用 PTC 公司提供的零件模板 `mmns_part_solid`，该模板提供了图 5.7.2 所示的这些预设的层。

进行层操作的一般流程。

Step1. 选取活动层对象（在零件模式下无须进行此步操作）。

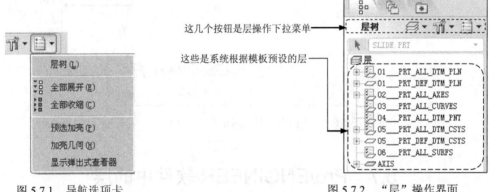

这几个按钮是层操作下拉菜单

这些是系统根据模板预设的层

图 5.7.1　导航选项卡　　　　　　　图 5.7.2　"层"操作界面

Step2. 进行"层"操作，比如创建新层、向层中增加项目、设置层的显示状态等。

Step3. 保存状态文件（可选）。

Step4. 保存当前层的显示状态。

Step5. 关闭"层"操作界面。

5.7.3　选取活动层对象（模型）

在一个总装配（组件）中，总装配和其下的各级子装配及零件下都有各自的层树，所以在装配模式下，在进行层操作前，要明确是在哪一级的模型中进行层操作，要在其上面进行层操作的模型称为"活动层对象"。为此，在进行有关层的新建、删除等操作之前，必须先选取活动层对象。

注意： 在零件模式下，不必选取活动层对象，当前工作的零件模型自然就是活动层对象。

例如，打开随书光盘中\proewf5.1\work\ch01\目录下的一个名为 cork_driver.asm 的装配，该装配的层树如图 5.7.3 所示。现在如果希望在零件 BODY.PRT 上进行层操作，需将该零件设置为"活动层对象",其操作方法如下。

Step1. 在层操作界面中单击 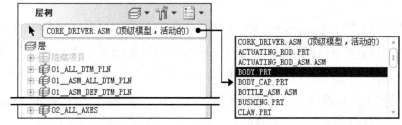 后的 按钮。

Step2. 系统弹出图 5.7.4 所示的模型列表,从该列表中选取 BODY.PRT 零件模型。

图 5.7.3　装配的层树　　　　　　图 5.7.4　选择"活动层对象"

5.7.4　创建新层

Step1. 在层的操作界面中,选择图 5.7.5 所示的 ➡ 新建层 (N)… 命令。

Step2. 完成上步操作后,系统弹出图 5.7.6 所示的"层属性"对话框。

(1)在 名称 后面的文本框内输入新层的名称(也可以接受默认名)。

注意:层是以名称来识别的,层的名称可以用数字或字母数字的形式表示,最多不能超过 31 个字符。在层树中显示层时,首先是数字名称层排序,然后是字母数字名称层排序。字母数字名称的层按字母排序。不能创建未命名的层。

(2)在 层Id: 后面的文本框内输入"层标识"号。层"标识"的作用是当将文件输出到不同格式(如 IGES)时,利用其标识,可以识别一个层。一般情况下可以不输入标识号。

(3)单击 确定 按钮。

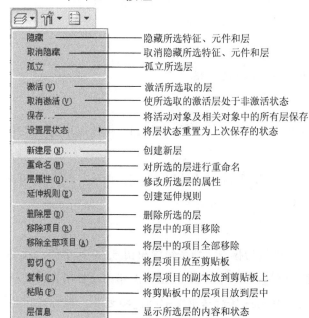

图 5.7.5　层的下拉菜单

图 5.7.6　"层属性"对话框

5.7.5 将项目添加到层中

层中的内容，如基准线、基准面等，称为层的"项目"。向一个层中添加项目的方法如下。

Step1. 在"层树"中单击一个欲向其中添加项目的层，然后右击，系统弹出图 5.7.7 所示的快捷菜单，选取该菜单中的 层属性... 命令，此时系统弹出图 5.7.8 所示的"层属性"对话框。

Step2. 向层中添加项目。首先确认对话框中的 包括... 按钮被按下，然后将鼠标指针移至图形区的模型上，可看到当鼠标指针接触到基准面、基准轴、坐标系和伸出项特征等项目时，相应的项目变成天蓝色，此时单击，相应的项目就会添加到该层中。

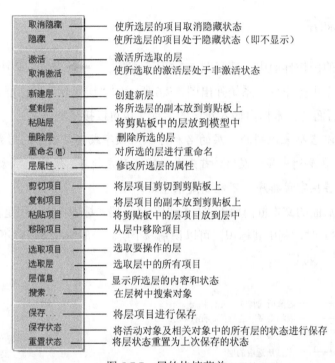

图 5.7.7 层的快捷菜单

Step3. 如果要将项目从层中排除，可单击对话框中的 排除... 按钮，再选取项目列表中的相应项目。

Step4. 如果要将项目从层中完全删除，先选取项目列表中的相应项目，再单击 移除 按钮。

Step5. 单击 确定 按钮，关闭"层属性"对话框。

注意：

● 如果在装配模式下选取的项目不属于活动模型，则系统弹出图 5.7.9 所示的"放置外部项目"对话框，在该对话框的 放置外部项目 区域中，显示出外部项目所在模型的层的列表。选取一个或多个层名，然后选择对话框下部的选项之一，即可处理外部项目的放置。

- 在工程图模块中，只有将设置文件 drawing.dtl 中的选项 ignore_model_layer_status
设置为 no，项目才可被添加到属于父模型的层上。

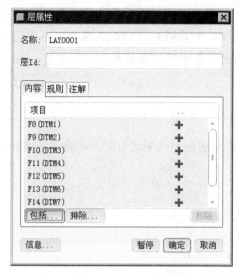

图 5.7.8　"层属性"对话框　　　　　图 5.7.9　"放置外部项目"对话框

5.7.6　设置层的隐藏

可以将某个层设置为"隐藏"状态，这样层中项目（如基准曲线、基准平面）在模型中将不可见。在零件模型以及装配设计中，如果基准面、基准轴比较多而影响当前操作，则可对某些暂时无用的基准面和基准轴进行隐藏，使图形区的模型明了清晰。

层的"隐藏"也叫层的"遮蔽"，设置的方法一般如下。

Step1. 在图 5.7.10 所示的模型的层树中，选取要设置显示状态的层，右击，系统弹出图 5.7.11 所示的快捷菜单，在该菜单中选择 隐藏 命令。

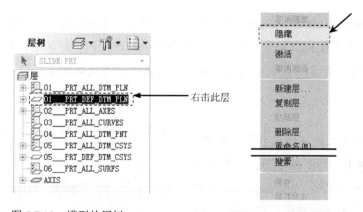

图 5.7.10　模型的层树　　　　　　图 5.7.11　快捷菜单

Step2. 单击"重绘屏幕"按钮，可以在模型上看到"隐藏"层的变化效果。

关于以上操作的几点说明。

● 层的隐藏或显示不影响模型的实际几何形状。

● 对含有特征的层进行隐藏操作，只有特征中的基准和曲面被隐藏，特征的实体几何不受影响。例如，在零件模式下，如果将孔特征放在层上，然后隐藏该层，则只有孔的基准轴被隐藏，但在装配模型中可以隐藏元件。

5.7.7 层树的显示与控制

单击层操作界面中的 下拉菜单，可对层树中的层进行展开、收缩等操作，各命令的功能如图 5.7.12 所示。

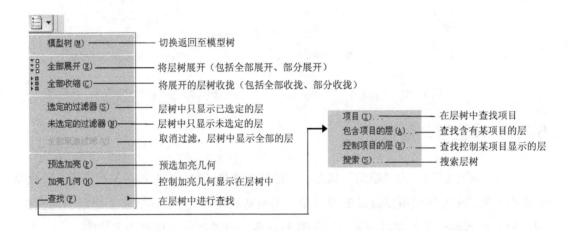

图 5.7.12 层的"显示"下拉菜单

5.7.8 关于系统自动创建层

在 Pro/ENGINEER 中，当创建某些类型的特征（如曲面特征、基准特征等）时，系统会自动创建新层（图 5.7.13），新层中包含所创建的特征或该特征的部分几何元素，以后如果创建相同类型的特征，系统会自动将该特征（或其部分几何元素）放入以前自动创建的新层中。

注意：对于其二维草绘截面中含有圆弧的拉伸特征，需在系统配置文件 config.pro 中将选项 show_axes_for_extr _arcs 的值设为 yes，图形区的拉伸特征中才显示中心轴线，否则不显示中心轴线。

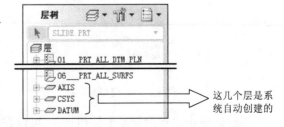

例如，在用户创建了一个基准平面 DTM1 特征　　　图 5.7.13　层树　　　创建名为 DATUM 的新层，该层中包含刚创建的基准平面 DTM1 特征，以后如果创建其他的基准平面，系统会自动将其放入 DATUM 层中；又如，在用户创建旋转特征后，系统会自动在层树中创建名为 AXIS 的新层，该层中包含刚创建的旋转特征的中心轴线，以后用户创建含有基准轴的特征（截面中含有圆或圆弧的拉伸特征中均包含中心轴几何）或基准轴特征时，系统会自动将它们放入 AXIS 层中。

5.7.9　将模型中层的显示状态与模型一起保存

将模型中的各层设为所需要的显示状态后，只有将层的显示状态先保存起来，模型中层的显示状态才能随模型的保存而与模型文件一起保存，否则下次打开模型文件后，以前所设置的层的显示状态会丢失。保存层的显示状态的操作方法是，选择层树中的任意一个层，右击，从弹出的图 5.7.14 所示的快捷菜单中选择 保存状态 命令。

注意：

● 在没有改变模型中的层的显示状态时，保存状态 命令是灰色的。

● 如果没有对层的显示状态进行保存，则在保存模型文件时，系统会在屏幕下部的信息区提示 ⚠警告：层显示状态未保存。，如图 5.7.15 所示。

图 5.7.14　快捷菜单　　　　　　图 5.7.15　信息区的提示

5.8　设置零件模型的属性

5.8.1　概述

在零件模块中，选择下拉菜单 文件(F) ➡ 属性(I) 命令，系统弹出图 5.8.1 所示的 模型属性 对话框，通过该对话框可以定义基本的数据库输入值，如材料类型、零件精度和度量单位等。

5.8.2　零件模型材料的设置

下面说明设置零件模型材料属性的一般操作步骤。

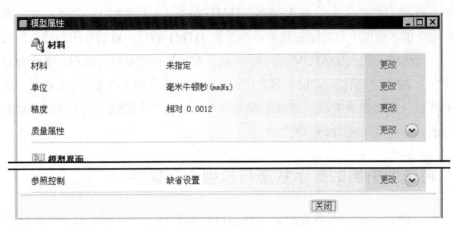

图 5.8.1 "模型属性"对话框

Step1. 定义新材料。

（1）进入 Pro/ENGINEER 系统，随意创建一个零件模型。

（2）选择下拉菜单 文件(F) ➡ 属性(I) 命令。

（3）在图 5.8.1 所示的 模型属性 对话框中，选择 材料 ➡ 材料 ➡ 更改 命令，系统弹出图 5.8.2 所示的"材料"对话框。

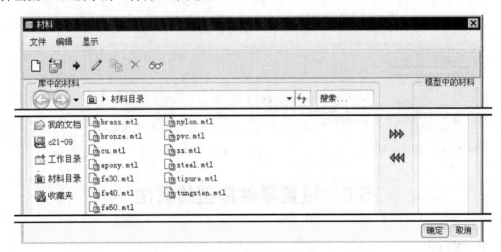

图 5.8.2 "材料"对话框

（4）在"材料"对话框中单击"新建文件"按钮 □ ，系统弹出图 5.8.3 所示的"材料定义"对话框。

（5）在"材料定义"对话框的 名称 文本框中，先输入材料名称 45steel；然后在其他各区域分别填入材料的一些属性值，如 说明 、泊松比 、和 杨氏模量 等，再单击 保存到模型 按钮。

Step2. 将定义的材料写入磁盘有两种方法。

方法一：

在图 5.8.3 所示的"材料定义"对话框中单击 保存到库... 按钮。

方法二：

（1）在"材料"对话框的 模型中的材料 列表中选取要写入的材料名称，比如 45steel。

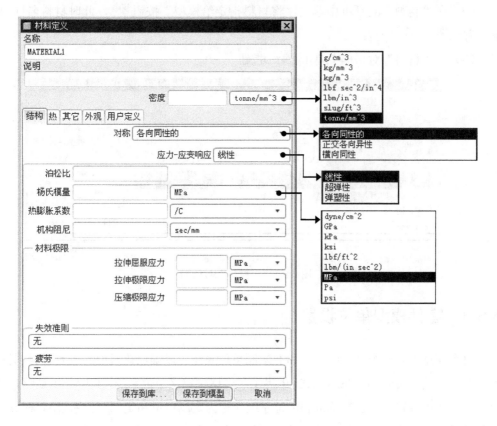

图 5.8.3 "材料定义"对话框

（2）在"材料"对话框中单击"保存所选取材料的副本"按钮 ，系统弹出图 5.8.4 所示的"保存副本"对话框。

（3）在"保存副本"对话框的 新名称 文本框中，输入材料文件的名称，然后单击 确定 按钮。

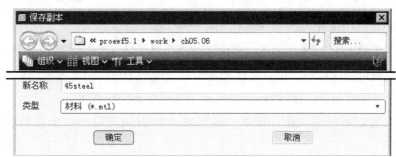

图 5.8.4 "保存副本"对话框

Step3. 为当前模型指定材料。

（1）在图 5.8.5 所示的"材料"对话框的^{库中的材料}列表中选取所需的材料名称，比如 45steel。

（2）在"材料"对话框中单击"将材料指定给模型"按钮 ▶▶▶，此时材料名称 45steel 被放置到^{模型中的材料}列表中。

（3）在"材料"对话框中单击 确定 按钮。

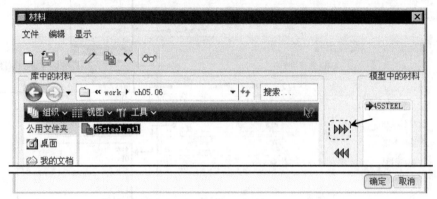

图 5.8.5　"材料"对话框

5.8.3　零件模型单位设置

每个模型都有一个基本的米制和非米制单位系统，以确保该模型的所有材料属性保持测量和定义的一贯性。Pro/ENGINEER 提供了一些预定义单位系统，其中一个是默认单位系统。用户还可以定义自己的单位和单位系统（称为定制单位和定制单位系统）。在进行一个产品的设计前，应该使产品中各元件具有相同的单位系统。

选择下拉菜单 文件(F) ➡ 属性(I) 命令，在 模型属性 对话框中选择 材料 ➡ 单位 ➡ 更改 命令，可以设置、创建、更改、复制或删除模型的单位系统。

如果要对当前模型中的单位制进行修改（或创建自定义的单位制），可参考下面的操作方法进行。

Step1. 在"零件"或"装配"环境中，选择下拉菜单 文件(F) ➡ 属性(I) 命令，在弹出的 模型属性 对话框中选择 材料 ➡ 单位 ➡ 更改 命令。

Step2. 系统弹出图 5.8.6 所示的"单位管理器"对话框，在^{单位制}选项卡中，红色箭头指向当前模型的单位系统，用户可以选择列表中的任何一个单位系统或创建自定义的单位系统。选择一个单位系统后，在^{说明}区域会显示所选单位系统的描述。

Step3. 如果要对模型应用其他的单位系统，则需先选取某个单位系统，然后单击 ➡设置... 按钮，此时系统会弹出图 5.8.7 所示的"改变模型单位"对话框，选中其中一个单选项，然后单击 确定 按钮。

Step4. 完成对话框操作后，单击 关闭 按钮。

图 5.8.6 所示"单位管理器"对话框中各按钮功能的说明如下。

- ◆设置...按钮：从单位制列表中选取一个单位制后，再单击此按钮，可以将选取的单位制应用到当前的模型中。

- 新建...按钮：单击此按钮，可以定义自己的单位制。

- 复制...按钮：单击此按钮，可以重命名自定义的单位系统。只有在以前保存了定制单位系统，或在单位系统中改变了任何个别单位时，此按钮才可用。如果是预定义单位，将会创建新名称的一个副本。

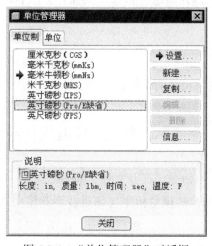

图 5.8.6 "单位管理器"对话框

图 5.8.7 "改变模型单位"对话框

- 编辑...按钮：单击此按钮，可以编辑现存的单位系统。只有当单位系统是以前保存的定制单位系统而非 Pro/ENGINEER 最初提供的单位系统之一，此按钮才可用。注意：用户不能编辑系统预定义单位系统。

- 删除按钮：单击此按钮，可以删除定制单位系统。如果单位系统是以前保存的定制单位系统而非 Pro/ENGINEER 最初提供的单位系统之一，则此按钮可用。注意：用户不能删除系统预定义单位系统。

- 信息...按钮：单击此按钮，可以在弹出的"信息"对话框中查看有关当前单位系统的基本单位和尺寸信息，以及有关从当前单位系统衍生的单位的信息。在该"信息"对话框中，可以保存、复制或编辑所显示的信息。

图 5.8.7 所示"改变模型单位"对话框中各单选按钮的说明如下。

- ◉转换尺寸（例如 1″ 变为 25.4mm）单选项：选中此单选项，系统将转换模型中的尺寸值，使该模型大小不变。例如：模型中原来的某个尺寸为 10in，选中此单选项后，该尺寸变为 254mm。自定义参数不进行缩放，用户必须自行更新这些参数。角度尺寸不进行缩放，例如：一个 20° 的角仍保持为 20°。如果选中此单选项，该模型将被再生。

- ◎解释尺寸（例如 1″ 变为 1mm）单选项：选中此单选项，系统将不改变模型中的尺寸数值，而该模型大小会产生变化。例如：如果模型中原来的某个尺寸为 10 in，选中此单选项后，10in 变为 10mm。

5.9 特征的编辑与编辑定义

5.9.1 编辑特征

特征尺寸的编辑是指对特征的尺寸和相关修饰元素进行修改，其操作方法有两种，下面分别举例说明。

1．进入尺寸编辑状态的两种方法

方法一：从模型树中选择编辑命令，然后进行尺寸的编辑。

举例说明如下。

Step1. 选择下拉菜单 文件(F) ➡ 设置工作目录(W)... 命令，将工作目录设置为 D:\proewf5.1\work\ch05.09。

Step2. 选择下拉菜单 文件(F) ➡ 打开(O)... 命令，打开文件 slide.prt。

Step3. 在图 5.9.1 所示的滑块零件模型（slide）的模型树中（如果看不到模型树，选择导航区中的 ➡ 模型树(M) 命令），单击要编辑的特征，然后右击，在图 5.9.2 所示的快捷菜单中选择 编辑 命令，此时该特征的所有尺寸都显示出来，以便进行编辑。

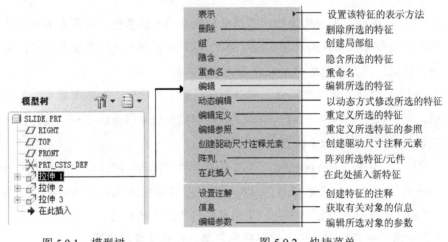

图 5.9.1 模型树   图 5.9.2 快捷菜单

方法二：双击模型中的特征，然后进行尺寸的编辑。

这种方法是直接在图形区的模型上双击要编辑的特征，此时该特征的所有尺寸都会显示出来。对于简单的模型，这是修改尺寸的一种常用方法。

2．修改特征尺寸值

通过上述方法进入尺寸的编辑状态后，如果要修改特征的某个尺寸值，方法如下。

Step1. 在模型中双击要修改的某个尺寸。

Step2. 在弹出的图 5.9.3 所示的文本框中输入新的尺寸，并按 Enter 键。

Step3. 编辑特征的尺寸后，必须进行"再生"操作，重新生成模型，这样修改后的尺寸才会重新驱动模型。方法是单击命令按钮 ⏳ 或选择下拉菜单 编辑(E) ➡ ⏳ 再生(G) 命令。

3. 修改特征尺寸的修饰

进入特征的编辑状态后，如果要修改特征的某个尺寸的修饰，其一般操作过程如下。

Step1. 在模型中单击要修改其修饰的某个尺寸。

Step2. 右击，在弹出的图 5.9.4 所示的快捷菜单中选择 属性 命令，此时系统弹出"尺寸属性"对话框。

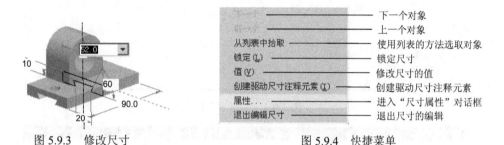

图 5.9.3　修改尺寸　　　　　　　　　　图 5.9.4　快捷菜单

Step3. 在"尺寸属性"对话框中，可以在 属性 选项卡（图 5.9.5）、显示 选项卡（图 5.9.6）以及 文本样式 选项卡（图 5.9.7）中进行相应修饰项的设置修改。

图 5.9.5　"属性"选项卡

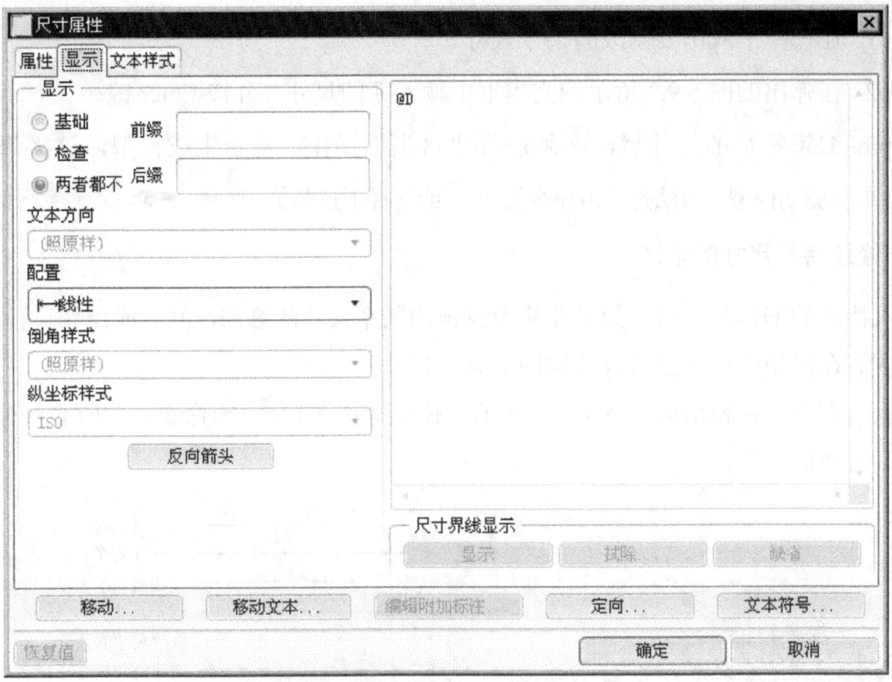

图 5.9.6　"显示" 选项卡

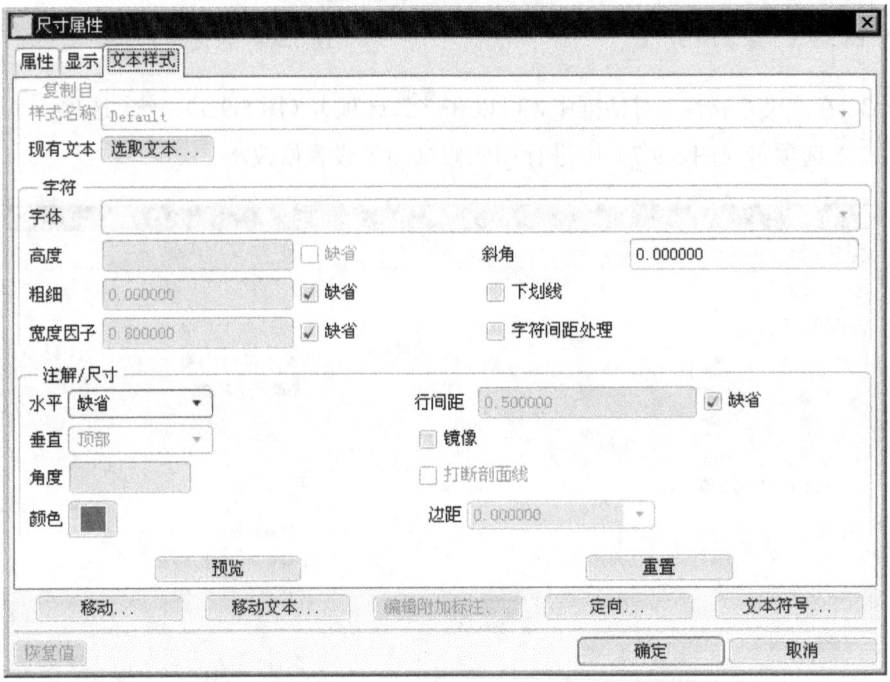

图 5.9.7　"文本样式" 选项卡

5.9.2　查看模型信息及特征父子关系

选择图 5.9.2 所示的菜单中的 信息▶ 命令，系统将显示图 5.9.8 所示的子菜单，通过该菜

单可查看所选特征的信息、零件模型的信息和所选特征与其他特征间的父子关系。图 5.9.9
所示为滑块零件模型（slide）中基础拉伸特征与其他特征的父子关系信息对话框。

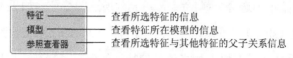

图 5.9.8　信息子菜单

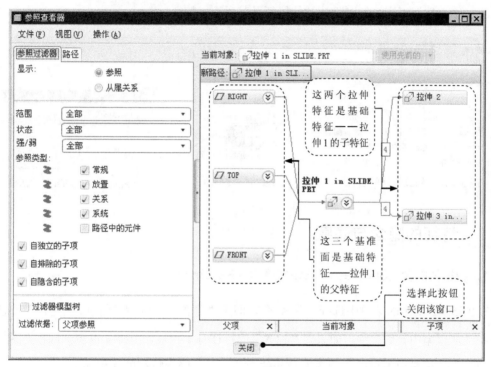

图 5.9.9　"参照查看器"对话框

5.9.3　修改特征的名称

在模型树中，可以修改各特征的名称，其操作方法有两种，下面分别举例说明。

方法一：从模型树中选择编辑命令，然后修改特征的名称。

举例说明如下。

Step1. 选择下拉菜单 文件(F) ➡ 设置工作目录(W)... 命令，将工作目录设置为
D:\proewf5.1\work\ch05.09。

Step2. 选择下拉菜单 文件(F) ➡ 打开(O)... 命令，打开文件 slide.prt。

Step3. 右击图 5.9.10a 所示的 拉伸 3，在弹出的快捷菜单中选择 重命名 命令，然后在弹
出的文本框中输入"切削拉伸 3"，并按 Enter 键。

方法二：缓慢双击模型树中要重命名的特征，然后修改特征的名称。

这种方法是直接在模型树上缓慢双击要重命名的特征，然后在弹出的文本框中输入名
称，并按 Enter 键。

5.9.4　删除特征

在图 5.9.2 所示的菜单中选择 删除 命令，可删除所选的特征。如果要删除的特征有子特征，例如，要删除滑块（slide）中的基础拉伸特征（图 5.9.11），系统将弹出图 5.9.12 所示的"删除"对话框，同时系统在模型树上加亮该拉伸特征的所有子特征。如果单击"删除"对话框中的 确定 按钮，则系统删除该拉伸特征及其所有子特征。

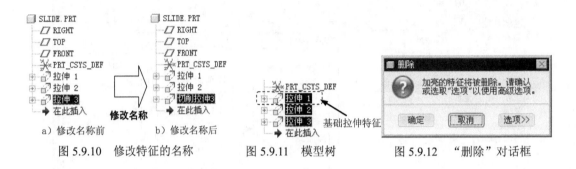

图 5.9.10　修改特征的名称　　　图 5.9.11　模型树　　　图 5.9.12　"删除"对话框

5.9.5　特征的隐含与隐藏

1. 特征的隐含（Suppress）与恢复隐含（Resume）

在图 5.9.2 所示的菜单中选择 隐含 命令，即可"隐含"所选取的特征。"隐含"特征就是将特征从模型中暂时删除。如果要"隐含"的特征有子特征，子特征也会一同被"隐含"。类似地，在装配模块中可以"隐含"装配体中的元件。隐含特征的作用如下。

● 隐含某些特征后，用户可更专注于当前工作区域。

● 隐含零件上的特征或装配体中的元件可以简化零件或装配模型，减少再生时间，加速修改过程和模型显示。

● 暂时删除特征（或元件）可尝试不同的设计迭代。

一般情况下，特征被"隐含"后，系统不在模型树上显示该特征名。如果希望在模型树上显示该特征名，可以在导航选项卡中选择 ➡ 树过滤器(F)... 命令，系统弹出图 5.9.13 所示的"模型树项目"对话框，选中该对话框中的 ☑隐含的对象 复选框，然后单击 确定 按钮，这样被隐含的特征名就会显示在模型树中。注意：被隐含的特征名前有一个填黑的小正方形标记，如图 5.9.14 所示。

如果想要恢复被隐含的特征，可在模型树中右击隐含特征名，在弹出的快捷菜单中选择 恢复 命令，如图 5.9.15 所示。

图 5.9.13 "模型树项目"对话框

图 5.9.14 特征的隐含

图 5.9.15 快捷菜单

2．特征的隐藏（Hide）与取消隐藏（Unhide）

在滑块零件模型（slide）的模型树中，右击某些基准特征名（如 TOP 基准面），从弹出的图 5.9.16 所示的快捷菜单中选择 隐藏 命令，即可"隐藏"该基准特征，也就是在零件模型上看不见此特征，这种功能相当于层的隐藏功能。

如果想要取消被隐藏的特征，可在模型树中右击隐藏特征名，在弹出的快捷菜单中选择 取消隐藏 命令，如图 5.9.17 所示。

图 5.9.16 "隐藏"命令

图 5.9.17 "取消隐藏"命令

5.9.6 特征的编辑定义

当特征创建完毕后，如果需要重新定义特征的属性、截面的形状或特征的深度选项，就必须对特征进行"编辑定义"，也叫"重定义"。下面以滑块（slide）的加强肋拉伸特征为例，说明其操作方法。

在图 5.9.1 所示的滑块（slide）的模型树中，右击实体拉伸特征（特征名为"拉伸 2"），再在弹出的快捷菜单中选择 编辑定义 命令，此时系统弹出图 5.9.18 所示特征的操控板界面，按照图中所示的操作方法，可重新定义该特征的所有元素。

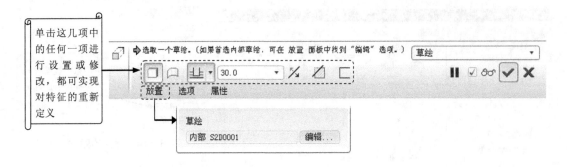

图 5.9.18　特征的操控板

1．重定义特征的属性

在操控板中重新选定特征的深度类型和深度值及拉伸方向等属性。

2．重定义特征的截面

Step1. 在操控板中单击 放置 按钮，然后在弹出的界面中单击 编辑... 按钮（或者在绘图区中右击，从弹出的快捷菜单中选择 编辑内部草绘... 命令，如图 5.9.19 所示）。

Step2. 此时系统进入草绘环境，选择下拉菜单 草绘(S) ➡ 草绘设置... 命令，系统会弹出"草绘"对话框，其中各选项的说明如图 5.9.20 所示。

Step3. 此时系统将加亮原来的草绘平面，用户可选取其他平面作为草绘平面，并选取方向。也可通过单击 使用先前的 按钮，来选择前一个特征的草绘平面及参照平面。

Step4. 选取草绘平面后，系统加亮原来的草绘平面的参照平面，此时可选取其他平面作为参照平面，并选取方向。

Step5. 完成草绘平面及其参照平面的选取后，系统再次进入草绘环境，可以在草绘环境中修改特征草绘截面的尺寸、约束关系和形状等。修改完成后，单击"完成"按钮 ✔。

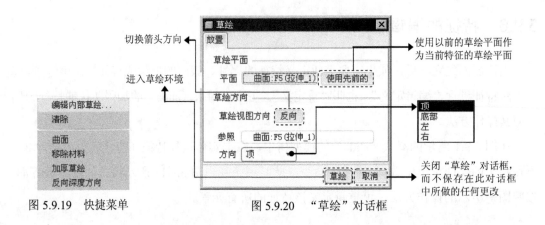

图 5.9.19　快捷菜单　　　　图 5.9.20　"草绘"对话框

5.10 特征的多级撤销/重做功能

多级撤销/重做（Undo/Redo）功能，意味着在所有对特征、组件和制图的操作中，如果错误地删除、重定义或修改了某些内容，只需一个简单的"撤销"操作就能恢复原状。下面以一个例子进行说明。

说明：系统配置文件 config.pro 中的配置选项 general_undo_stack_limit 可用于控制撤销或重做操作的次数，默认及最大值为 50。

Step1. 新建一个零件模型，将其命名为 Undo_op.prt。

Step2. 创建图 5.10.1 所示的拉伸特征。

Step3. 创建图 5.10.2 所示的切削拉伸特征。

图 5.10.1 拉伸特征

图 5.10.2 切削拉伸特征

Step4. 删除上步创建的切削拉伸特征，然后单击两次工具栏中的 ↺（撤销）按钮，则刚刚被删除的切削拉伸特征又恢复回来了；如果再单击工具栏中的 ↻（重做）按钮，恢复的切削拉伸特征又被删除了。

5.11 旋 转 特 征

5.11.1 旋转特征简述

如图 5.11.1 所示，旋转（Revolve）特征是将截面绕着一条中心轴线旋转而形成的形状特征。注意旋转特征必须有一条绕其旋转的中心线。

要创建或重新定义一个旋转特征，可按下列操作顺序给定特征要素：

定义特征属性（包括草绘平面、参照平面和参照平面的方位）→绘制旋转中心线→绘制特征截面→确定旋转方向→输入旋转角。

5.11.2 创建旋转特征的一般过程

下面以瓶塞开启器产品中的一个零件——短轴（pin）为例，说明在新建一个以旋转特征为基础特征的零件模型时，创建旋转特征的详细过程。

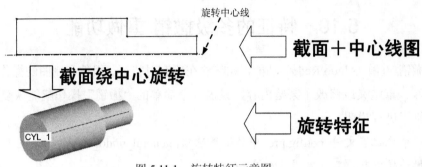

图 5.11.1　旋转特征示意图

Task1. 新建文件

Step1. 将工作目录设置至 D:\proewf5.1\work\ch05.11。

Step2. 选择下拉菜单 文件(F) ➡️ 🗋 新建 (N)... 命令，新建一个零件模型，模型名为 pin，使用零件模板 mmns_part_solid。

Task2. 创建图 5.11.1 所示的实体旋转特征

Step1. 选取特征命令。选择下拉菜单 插入(I) ➡️ ◇◇ 旋转 (R)... 命令（或者直接单击工具栏中的"旋转"命令按钮 ◇◇）。

Step2. 定义旋转类型。完成上步操作后，弹出图 5.11.2 所示的操控板，该操控板反映了创建旋转特征的过程及状态。在操控板中按下"实体类型"按钮 □（默认选项）。

Step3. 定义特征的截面草图。

（1）在操控板中单击 放置 按钮，然后在弹出的界面中单击 定义... 按钮，系统弹出"草绘"对话框。

图 5.11.2　旋转特征操控板

（2）定义截面草图的放置属性。选取 RIGHT 基准平面为草绘平面，采用模型中默认的方向为草绘视图方向；选取 TOP 基准平面为参照平面，方向为 左；单击对话框中的 草绘 按钮。

（3）系统进入草绘环境后，绘制图 5.11.3 所示的旋转特征旋转中心线和截面草图。

说明：本例接受系统默认的 TOP 基准平面和 FRONT 基准平面为草绘参照。

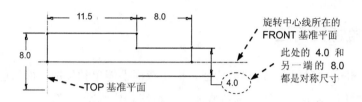

图 5.11.3　截面草图

草绘旋转特征的规则：

● 旋转截面必须有一条几何中心线，围绕几何中心线旋转的草图只能绘制在该几何中心线的一侧。

● 若草绘中使用的几何中心线多于一条，Pro/ENGINEER 将自动选取草绘的第一条几何中心线作为旋转轴，除非用户另外选取。

● 实体特征的截面必须是封闭的，而曲面特征的截面则可以不封闭。

① 单击"直线"按钮 \ 中的"创建 2 点几何中心线"按钮 ┆ ，在 FRONT 基准平面所在的线上绘制一条旋转中心线（图 5.11.3）。

② 绘制绕中心线旋转的封闭几何；按图中的要求标注、修改、整理尺寸；完成特征截面后，单击"草绘完成"按钮 ✓ 。

Step4. 定义旋转角度参数。

（1）在操控板中选取旋转角度类型 ╧ （即草绘平面以指定的角度值旋转）。

（2）再在角度文本框中输入角度值 360.0，并按 Enter 键。

说明：如图 5.11.2 所示，单击操控板中的 ╧ 按钮后的 ˙ 按钮，可以选取特征的旋转角度类型，各选项说明如下。

● 单击 ╧ 按钮，特征将从草绘平面开始按照所输入的角度值进行旋转。

● 单击 ⊟ 按钮，特征将在草绘平面两侧分别从两个方向以输入角度值的一半进行旋转。

● 单击 ╧ 按钮，特征将从草绘平面开始旋转至选定的点、曲线、平面或曲面。

Step5. 完成特征的创建。

（1）特征的所有要素被定义完毕后，单击操控板中的"预览"按钮 ∞ ，预览所创建的特征，以检查各要素的定义是否正确。如果所创建的特征不符合设计意图，可选择操控板中的相关项，重新定义。

（2）在操控板中单击"完成"按钮 ✓ ，完成创建图 5.11.1 所示的旋转特征。

5.12 倒 角 特 征

5.12.1 倒角特征简述

倒角（Chamfer）特征属于构建类特征。构建特征不能单独生成，而只能在其他特征之上生成。构建特征包括倒角特征、圆角特征、孔特征和修饰特征等。

在 Pro/ENGINEER 中，倒角分为以下两种类型（图 5.12.1）。

- 边倒角 (E)...：边倒角是在选定边处截掉一块平直剖面的材料，以在共有该选定边的两个原始曲面之间创建斜角曲面，如图 5.12.2 所示。

- 拐角倒角 (C)...：拐角倒角是在零件的拐角处去除材料，如图 5.12.3 所示。

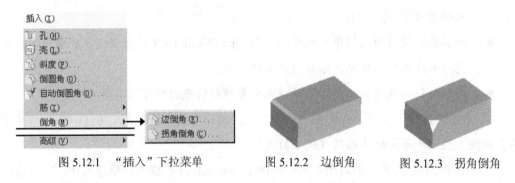

图 5.12.1 "插入"下拉菜单　　图 5.12.2 边倒角　　图 5.12.3 拐角倒角

5.12.2 创建简单倒角特征的一般过程

下面以瓶塞开启器产品中的一个零件——瓶塞（cork）为例，说明在一个模型上添加倒角特征的详细过程，如图 5.12.4 所示。

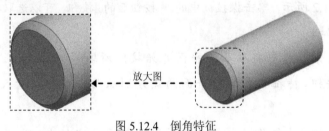

放大图

图 5.12.4 倒角特征

Task1. 打开一个已有的零件三维模型

将工作目录设置至 D:\proewf5.1\work\ch05.12，打开文件 cork_chamfer.prt。

Task2. 添加倒角（边倒角）

Step1. 选择下拉菜单 插入 (I) ➡ 倒角 (M) ▸ ➡ 边倒角 (E)... 命令，系统弹出图 5.12.5

所示的倒角特征操控板。

　　Step2. 选取模型中要倒角的边线，如图 5.12.6 所示。

　　Step3. 选择边倒角方案。本例选取 `45 x D` 方案。

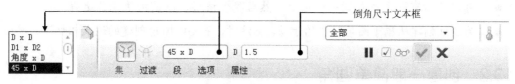

倒角尺寸文本框

图 5.12.5　倒角特征操控板

　　说明：如图 5.12.5 所示，倒角有如下几种方案。

● `D x D`：创建的倒角沿两个邻接曲面距选定边的距离都为 D，随后要输入 D 的值。

● `D1 x D2`：创建的倒角沿第一个曲面距选定边的距离为 D1，沿第二个曲面距选定边的距离为 D2，随后要输入 D1 和 D2 的值。

● `角度x D`：创建的倒角沿一邻接曲面距选定边的距离为 D，并且与该面成一指定夹角。只能在两个平面之间使用该命令，随后要输入角度和 D 的值。

● `45 x D`：创建的倒角和两个曲面都成 45°，并且每个曲面边的倒角距离都为 D，随后要输入 D 的值。尺寸标注方案为 45°×D，将来可以通过修改 D 来修改倒角。只有在两个垂直面的交线上才能创建 45×D 倒角。

　　Step4. 设置倒角尺寸。在操控板的倒角尺寸文本框中输入值 1.5，并按 Enter 键。

　　说明：在一般零件的倒角设计中，通过移动图 5.12.7 中的两个小方框来动态设置倒角尺寸是一种比较好的设计操作习惯。

　　Step5. 在操控板中单击按钮☑，完成倒角特征的构建。

图 5.12.6　选取要倒角的边线

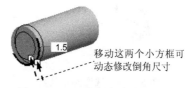

图 5.12.7　调整倒角大小

5.13　圆　角　特　征

5.13.1　圆角特征简述

　　使用圆角（Round）命令可创建曲面间的圆角或中间曲面位置的圆角。曲面可以是实体模型的曲面，也可以是曲面特征。在 Pro/ENGINEER 中，可以创建两种不同类型的圆角：简单圆角和高级圆角。创建简单的圆角时，只能指定单个参照组，并且不能修改过渡类型；

当创建高级圆角时，可以定义多个"圆角组"，即圆角特征的段。

创建圆角时，应注意下面几点：

● 在设计中尽可能晚些添加圆角特征。

● 可以将所有圆角放置到一个层上，然后隐含该层，以便加快工作进程。

● 为避免创建从属于圆角特征的子项，标注时，不要以圆角创建的边或相切边为参照。

5.13.2 创建一般简单圆角

下面以图 5.13.1 所示的模型为例，说明创建一般简单圆角的过程。

Step1. 将工作目录设置至 D:\proewf5.1\work\ch05.13，打开文件 round_1.prt。

Step2. 选择 插入(I) ➡ 倒圆角 (O)... 命令，系统弹出图 5.13.2 所示的操控板。

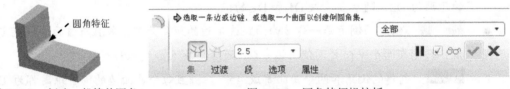

图 5.13.1 创建一般简单圆角   图 5.13.2 圆角特征操控板

Step3. 选取圆角放置参照。在图 5.13.3 中的模型上选取要倒圆角的边线，此时模型的显示状态如图 5.13.4 所示。

Step4. 在操控板中输入圆角半径值 22，然后单击"完成"按钮 ✓，完成圆角特征的创建。

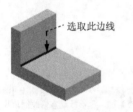
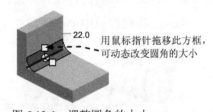

图 5.13.3 选取圆角边线   图 5.13.4 调整圆角的大小

5.13.3 创建完全圆角

如图 5.13.5 所示，通过指定一对边可创建完全圆角，此时这一对边所构成的曲面会被删除，圆角的大小被该曲面所限制。下面说明创建一般完全圆角的过程。

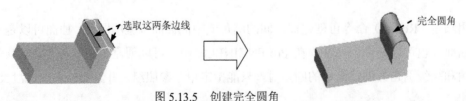

图 5.13.5 创建完全圆角

Step1. 将工作目录设置至 D:\proewf5.1\work\ch05.13，打开文件 full_round.prt。

Step2. 选择下拉菜单 插入(I) ➡ 倒圆角 (0)... 命令。

Step3. 选取圆角的放置参照。在模型上选取图 5.13.5 所示的两条边线，操作方法为：先选取一条边线，然后按住键盘上的 Ctrl 键，再选取另一条边线。

Step4. 在操控板中单击 集 按钮，系统弹出图 5.13.6 所示的设置界面，在该界面中单击 完全倒圆角 按钮。

Step5. 在操控板中单击"完成"按钮 ✓，完成特征的创建。

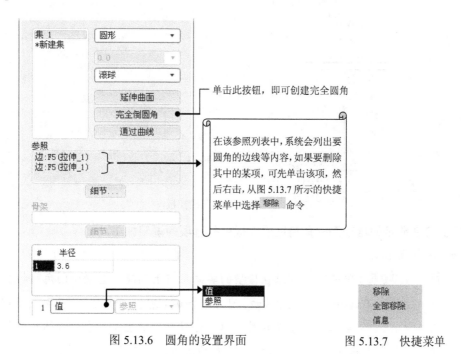

图 5.13.6　圆角的设置界面　　　　图 5.13.7　快捷菜单

5.13.4　自动倒圆角

通过使用"自动倒圆角"命令可以同时在零件的面组上创建多个恒定半径的倒圆角特征。下面通过图 5.13.8 所示的模型来说明创建自动倒圆角的一般过程。

图 5.13.8　创建自动倒圆角

Step1. 将工作目录设置至 D:\proewf5.1\work\ch05.13，打开文件 auto_round.prt。

Step2. 选择下拉菜单 插入(I) ➡ 自动倒圆角 (0)... 命令，系统弹出图 5.13.9 所示的操控板。

Step3. 设置自动倒圆角的范围。在操控板中单击 范围 按钮，在弹出的图 5.13.9 所示的"范围"界面上选中 ◉实体几何 单选项、☑凸边 和 ☑凹边 复选框。

Step4. 定义圆角大小。在凸边 文本框中输入凸边的半径值 6.0，在凹边 文本框中输入凹边的半径值 3.0。

说明：当只在凸边 文本框中输入半径值时，系统会默认凹边的半径值与凸边的相同。

Step5. 在操控板中单击"完成"按钮☑，系统自动弹出图 5.13.10 所示的"自动倒圆角播放器"窗口，完成"自动倒圆角"特征的创建。

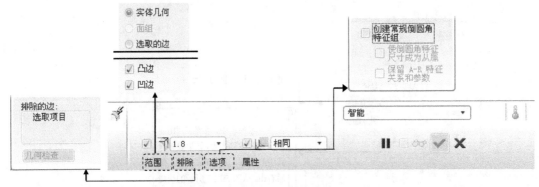

图 5.13.9 自动倒圆角特征操控板

图 5.13.9 所示的自动倒圆角特征操控板中各选项的说明如下。

● 范围 按钮

　☑ ◉实体几何 单选项：可以在模型的实体几何上创建"自动倒圆角"特征。

　☑ ◉面组 单选项：一般用于曲面，可为每个面组创建一个单独的"自动倒圆角"特征。

　☑ ◉选取的边 单选项：系统只对选取的边或目的链上添加自动倒圆角特征。

　☑ ☑凸边 复选框：可选取模型中所有的凸边，如图 5.13.11 所示。

　☑ ☑凹边 复选框：可选取模型中所有的凹边，如图 5.13.11 所示。

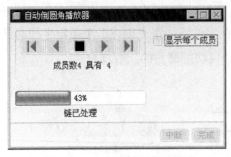

图 5.13.10 自动倒圆角播放器

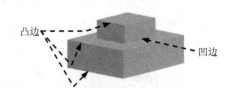

图 5.13.11 凹边和凸边

● 排除 按钮

　☑ ◉选取的边 列表框：如果添加边线到 ◉选取的边 列表框中，系统将自动给 ◉选取的边 列表框中的边以外的边创建自动倒圆角特征。

● 选项 按钮

☑ □ 创建常规倒圆角
特征组 复选框：可以创建一组常规倒圆角特征，而不是创建"自动倒圆角"特征。

5.14 孔 特 征

Pro/ENGINEER 中提供了专门的孔特征（Hole）命令，用户可以方便而快速地创建各种要求的孔。

5.14.1 孔特征简述

在 Pro/ENGINEER 中，可以创建三种类型的孔特征。

● 直孔：具有圆截面的切口，它始于放置曲面并延伸到指定的终止曲面或用户定义的深度。

● 草绘孔：由草绘截面定义的旋转特征。锥形孔可作为草绘孔进行创建。

● 标准孔：具有基本形状的螺孔。它是基于相关的工业标准的，可带有不同的末端形状、标准沉孔和埋头孔。对选定的紧固件，既可计算攻螺纹所需参数，也可计算间隙直径；用户既可利用系统提供的标准查找表，也可创建自己的查找表来查找这些直径。

5.14.2 创建孔特征（直孔）的一般过程

下面以瓶塞开启器产品中的一个零件——活塞（piston）为例，说明在一个模型上添加孔特征（直孔）的详细操作过程。

Task1．打开一个已有的零件模型

将工作目录设置至 D：\proewf5.1\work\ch05.14，打开文件 piston_hole.prt（图 5.14.1）。

Task2．添加孔特征（直孔）

Step1. 选择下拉菜单 插入(I) ➡ ⊤ 孔(H)... 命令或单击命令按钮 ⊤ 。

Step2. 选取孔的类型。完成上步操作后，系统弹出孔特征操控板。本例是添加直孔，由于直孔为系统默认，这一步可省略。如果创建标准孔或草绘孔，可单击创建标准孔的按钮，或"草绘定义钻孔轮廓"按钮 ▦ ，如图 5.14.2 所示。

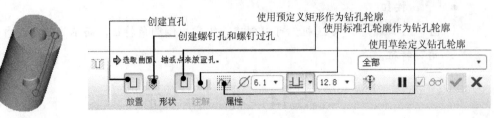

图 5.14.1　创建孔特征　　　　　　　　图 5.14.2　孔特征操控板

Step3. 定义孔的放置。

（1）定义孔的放置参照。选取图 5.14.3 所示的端面为放置参照，此时系统以当前默认值自动生成孔的轮廓。可按照图中说明进行相应动态操作。

注意：孔的放置参照可以是基准平面或零件模型上的平面或曲面（如柱面、锥面等），也可以是基准轴。为了直接在曲面上创建孔，该孔必须是径向孔，且该曲面必须是凸起状。

（2）定义孔放置的方向。单击图 5.14.2 所示的操控板中的 放置 按钮，系统弹出图 5.14.4 所示的界面，单击该界面中的 反向 按钮，可改变孔的放置方向（即孔放置在放置参照的那一边）。本例采用系统默认的方向，即孔在实体这一侧。

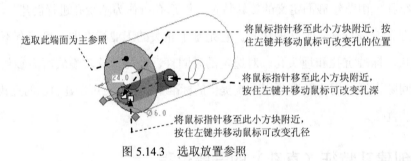

图 5.14.3　选取放置参照

（3）定义孔的放置类型。单击"放置类型"下拉列表后的按钮 ，选取 线性 选项。

孔的放置类型介绍如下。

- 线性 ：参照两边或两平面放置孔（标注两线性尺寸）。如果选择此放置类型，接下来必须选择参照边（平面）并输入距参照的距离。
- 径向 ：绕一中心轴及参照一个面放置孔（需输入半径距离）。如果选择此放置类型，接下来必须选择中心轴及角度参照的平面。

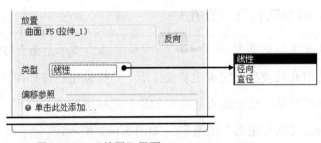

图 5.14.4　"放置"界面

- 直径：绕一中心轴及参照一个面放置孔（需输入直径）。如果选择此放置类型，接下来必须选择中心轴及角度参照的平面。
- 同轴：创建一根中心轴的同轴孔。接下来必须选择参照的中心轴。

（4）定义偏移参照及定位尺寸。单击图 5.14.4 中的偏移参照下的"单击此处添加…"字符，然后选取 RIGHT 基准平面为第一线性参照，将距离设置为对齐，如图 5.14.5 所示；按住 Ctrl 键，可选取第二个参照平面 TOP 基准平面，在后面的"偏移"文本框中输入到第二线性参照的距离值 8.0，再按 Enter 键，如图 5.14.6 所示。

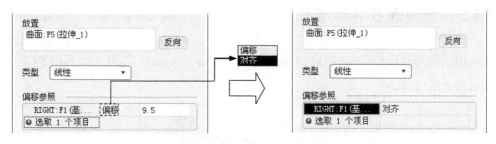

图 5.14.5　定义第一线性参照

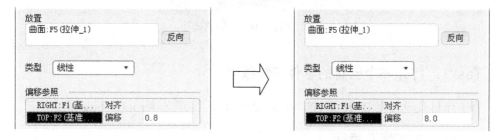

图 5.14.6　定义第二线性参照

Step4. 定义孔的直径及深度。在图 5.14.7 所示的操控板中输入直径值 4.0，选取深度类型 非（即"穿透"）。

图 5.14.7　孔特征操控板

说明：在图 5.14.7 所示的操控板中，单击"深度"类型后的 按钮，可出现如下几种深度选项。

- 非（定值）：创建一个平底孔。如果选中此深度选项，接下来必须指定"深度值"。
- 非（穿过下一个）：创建一个一直延伸到零件的下一个曲面的孔。
- 非（穿透）：创建一个和所有曲面相交的孔。

- ☒ （穿至）：创建一个穿过所有曲面直到指定曲面的孔。如果选取此深度选项，也必须选取曲面。

- ☒ （指定的）：创建一个一直延伸到指定点、顶点、曲线或曲面的平底孔。如果选中此深度选项，则必须同时选择参照。

- ⊟ （对称）：创建一个在草绘平面的两侧具有相等深度的双侧孔。

Step5. 在操控板中单击"完成"按钮☑，完成特征的创建。

5.14.3　创建螺孔（标准孔）

下面以瓶塞开启器产品中的一个零件——瓶口座（socket）为例（图 5.14.8），说明创建螺孔的一般过程。

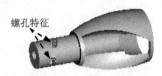

图 5.14.8　创建螺孔

Task1．打开一个已有的零件三维模型

将工作目录设置至 D:\proewf5.1\work\ch05.14，打开文件 socket_hole.prt。

Task2．添加螺孔特征

Step1. 选择下拉菜单 插入(I) ➡ ⫙ 孔(H)... 命令，特征的操控板如图 5.14.9 所示。

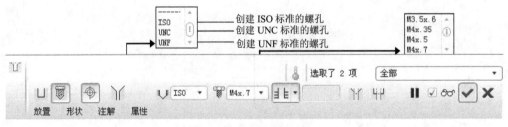

图 5.14.9　螺孔操控板界面

Step2. 定义孔的放置。

（1）定义孔的放置参照。单击操控板中的 放置 按钮，系统弹出图 5.14.10 所示的界面，选取图 5.14.11 所示的模型表面——圆柱面为放置参照。

（2）定义孔放置的方向及类型。采用系统默认的放置方向，放置类型为 径向。

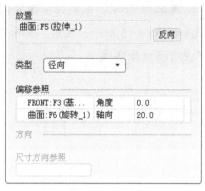

图 5.14.10　定义偏移参照

选取模型的此端面为
偏移参照 2（轴向参照）

选取模型的此圆柱
表面为放置参照

选取此 FRONT 基准平面
为偏移参照 1（角度参照）

图 5.14.11　孔的放置

（3）定义偏移参照 1（角度参照）。

① 单击操控板中 偏移参照 下的"单击此处添加…"字符。

② 选取图 5.14.11 所示的 FRONT 基准平面为偏移参照 1（角度参照）。

③ 在"角度"后面的文本框中，输入角度值 0（此角度值用于孔的径向定位），并按
Enter 键。

（4）定义偏移参照 2（轴向参照）。

① 按住 Ctrl 键，选取图 5.14.11 所示的模型端面为偏移参照 2（轴向参照）。

② 在"轴向"后的文本框中输入距离值 20.0（此距离值用于孔的轴向定位），并按 Enter
键，如图 5.14.10 所示。

Step3. 在操控板中按下"创建标准孔"按钮 ；选择 ISO 螺孔标准，螺孔大小为 M4
×0.7，深度类型为 （穿透）。

Step4. 选择螺孔结构类型和尺寸。在操控板中按下 按钮，再单击 形状 ，再在图 5.14.12
所示的"形状"界面中选中 全螺纹 单选项。

Step5. 在操控板中单击"完成"按钮 ，完成特征的创建。

说明：螺孔有四种结构形式。

（1）一般螺孔形式。在操控板中单击 ，再单击 形状 ，系统弹出图 5.14.12 所示的界
面，如果选中 可变 单选项，则螺孔形式如图 5.14.13 所示。

图 5.14.12　全螺纹螺孔

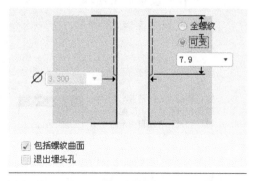

图 5.14.13　深度可变螺孔

（2）埋头螺钉螺孔形式。在操控板中单击 ⊕ 和 ⊻，再单击 形状，系统弹出图 5.14.14 所示的界面，如果选中 ☑ 退出埋头孔 复选框，则螺孔形式如图 5.14.15 所示。注意：如果不选中 ☑ 包括螺纹曲面 复选框，则在将来生成工程图时，就不会有螺纹细实线。

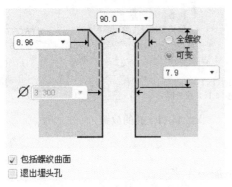

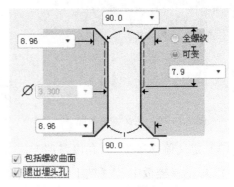

图 5.14.14　埋头螺钉螺孔 1　　　　　　　图 5.14.15　埋头螺钉螺孔 2

（3）沉头螺钉螺孔形式。在操控板中单击 ⊕ 和 ⊻，再单击 形状，系统弹出图 5.14.16 所示的界面，如果选中 ◉ 全螺纹 单选项，则螺孔形式如图 5.14.17 所示。

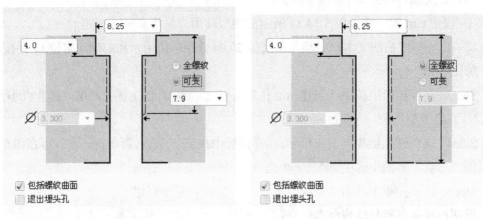

图 5.14.16　沉头螺钉螺孔（可变）　　　　图 5.14.17　沉头螺钉螺孔（全螺纹）

（4）螺钉过孔形式。有三种形式的过孔。

● 在操控板中取消选择 ⊕、⊻ 和 ⊻，选择"间隙孔" ⊐⊏，再单击 形状，则螺孔形式如图 5.14.18 所示。

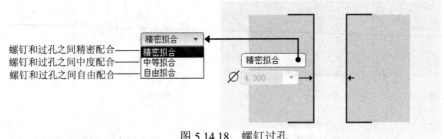

图 5.14.18　螺钉过孔

- 在操控板中单击 Ⅶ，再单击 形状，则螺孔形式如图 5.14.19 所示。
- 在操控板中单击 ⊔，再单击 形状，则螺孔形式如图 5.14.20 所示。

Step6. 在操控板中单击按钮 ∞，预览所创建的孔特征；单击按钮 ✔，完成特征的创建。

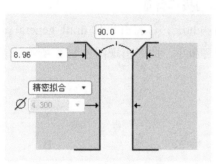 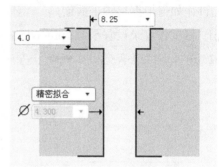

图 5.14.19　埋头螺钉过孔　　　　　　　图 5.14.20　沉头螺钉过孔

5.15　拔 模 特 征

5.15.1　拔模特征简述

注射件和铸件往往需要一个拔模斜面才能顺利脱模，Pro/ENGINEER 的拔模（斜度）特征就是用来创建模型的拔模斜面。下面先介绍有关拔模的几个关键术语。

- 拔模曲面：要进行拔模的模型曲面（图 5.15.1）。
- 枢轴平面：拔模曲面可绕着枢轴平面与拔模曲面的交线旋转而形成拔模斜面（图 5.15.1a）。
- 枢轴曲线：拔模曲面可绕着一条曲线旋转而形成拔模斜面。这条曲线就是枢轴曲线，它必须在要拔模的曲面上（图 5.15.1a）。
- 拔模参照：用于确定拔模方向的平面、轴和模型的边。
- 拔模方向：拔模方向总是垂直于拔模参照平面或平行于拔模参照轴或参照边。
- 拔模角度：拔模方向与生成的拔模曲面之间的角度（图 5.15.1b）。
- 旋转方向：拔模曲面绕枢轴平面或枢轴曲线旋转的方向。
- 分割区域：可对拔模曲面进行分割，然后为各区域分别定义不同的拔模角度和方向。

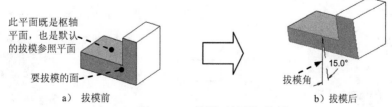

图 5.15.1　拔模（斜度）特征

5.15.2　根据枢轴平面拔模

1．根据枢轴平面创建不分离的拔模特征

下面讲述如何根据枢轴平面创建一个不分离的拔模特征。

Step1. 将工作目录设置至 D：\proewf5.1\work\ch05.15，打开文件 draft_general.prt。

Step2. 选择下拉菜单 插入(I) ➡ 斜度(F)... 命令，此时出现图 5.15.2 所示的"拔模"操控板。

图 5.15.2　"拔模"操控板

Step3. 选取要拔模的曲面。选取图 5.15.3 所示的模型表面。

Step4. 选取拔模枢轴平面。

（1）在操控板中单击 图标后的 ● 单击此处添加项目 字符。

（2）选取图 5.15.4 所示的模型表面。完成此步操作后，模型如图 5.15.4 所示。

选取此模型表面
为要拔模的曲面

图 5.15.3　选取要拔模的曲面

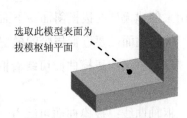

选取此模型表面为
拔模枢轴平面

图 5.15.4　选取拔模枢轴平面

　　说明：拔模枢轴既可以是一个平面，也可以是一条曲线。当选取一个平面作为拔模枢轴时，该平面称为枢轴平面；当选取一条曲线作为拔模枢轴时，该曲线称为枢轴曲线。

　　Step5. 选取拔模方向参照及改变拔模方向。一般情况下不进行此步操作，因为在用户选取拔模枢轴平面后，系统通常默认以枢轴平面为拔模参照平面（图 5.15.5）；如果要重新选取拔模参照，如选取图 5.15.6 所示的模型表面为拔模参照平面，则可进行如下操作。

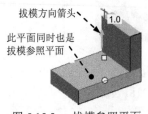

拔模方向箭头

此平面同时也是
拔模参照平面

图 5.15.5　拔模参照平面

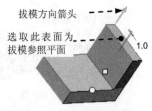

拔模方向箭头

选取此表面为
拔模参照平面

图 5.15.6　拔模参照平面

（1）在图 5.15.7 所示的操控板中，单击 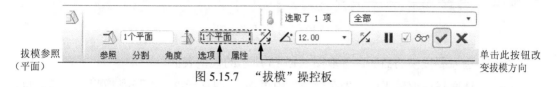 图标后的 `1个平面` 字符。

（2）选取图 5.15.6 所示的模型表面。如果要改变拔模方向，可单击按钮 🖊。

拔模参照
（平面）

单击此按钮改
变拔模方向

图 5.15.7　"拔模"操控板

Step6. 修改拔模角度及拔模角方向。如图 5.15.8 所示，此时可在操控板中修改拔模角度（模型如图 5.15.9 所示）和改变拔模角的方向（图 5.15.10）。

Step7. 在操控板中单击按钮 ✔，完成拔模特征的创建。

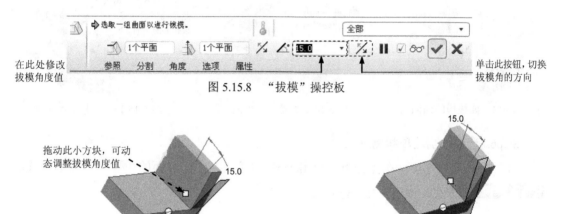

在此处修改
拔模角度值

单击此按钮，切换
拔模角的方向

图 5.15.8　"拔模"操控板

拖动此小方块，可动
态调整拔模角度值

15.0

图 5.15.9　调整拔模角大小

15.0

图 5.15.10　改变拔模角方向

2．根据枢轴平面创建分离的拔模特征

图 5.15.11a 所示为拔模前的模型，图 5.15.11b 所示为拔模后的模型。由该图可看出，拔模面被枢轴平面分离成两个拔模侧面（拔模 1 和拔模 2），这两个拔模侧面可以有独立的拔模角度和方向。下面以此模型为例，介绍如何根据枢轴平面创建一个分离的拔模特征。

此平面既是枢轴
平面，也是默认的
拔模参照平面

要拔模的面

a）拔模前

分离的拔模 1

分离的拔模 2

b）拔模后

图 5.15.11　创建分离的拔模特征

Step1. 将工作目录设置至 D:\proewf5.1\work\ch05.15，打开文件 draft_split.prt。

Step2. 选择下拉菜单 `插入(I)` ➡ `斜度(F)...` 命令，此时出现图 5.15.12 所示的"拔模"操控板。

图 5.15.12　"拔模"操控板

Step3. 选取要拔模的曲面。选取图 5.15.13 所示的模型表面。

Step4. 选取拔模枢轴平面。先在操控板中单击 图标后的 单击此处添加项目 字符，再选取图 5.15.14 所示的模型表面。

Step5. 采用默认的拔模方向参照（枢轴平面），如图 5.15.15 所示。

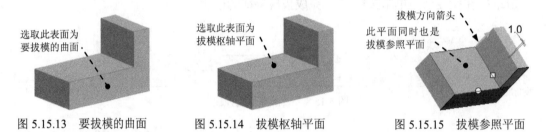

选取此表面为要拔模的曲面·

图 5.15.13　要拔模的曲面

选取此表面为拔模枢轴平面

图 5.15.14　拔模枢轴平面

拔模方向箭头
此平面同时也是拔模参照平面
1.0

图 5.15.15　拔模参照平面

Step6. 选取分割选项和侧选项。

（1）选取分割选项：在操控板中单击 分割 按钮，在弹出界面的 分割选项 列表框中选取 根据拔模枢轴分割 方式，如图 5.15.16 所示。

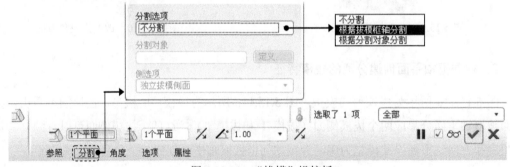

图 5.15.16　"拔模"操控板

（2）选取侧选项：在该界面的 侧选项 列表框中选取 独立拔模侧面 ，如图 5.15.17 所示。

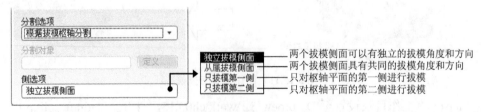

独立拔模侧面——————两个拔模侧面可以有独立的拔模角度和方向
从属拔模侧面——————两个拔模侧面具有共同的拔模角度和方向
只拔模第一侧——————只对枢轴平面的第一侧进行拔模
只拔模第二侧——————只对枢轴平面的第二侧进行拔模

图 5.15.17　"分割"界面

Step7. 在操控板的相应区域修改两个拔模侧的拔模角度和方向，如图 5.15.18 所示。

Step8. 单击操控板中的按钮 ✓ ，完成拔模特征的创建。

修改第一拔模侧的拔模角度和方向 ——————————— 修改第二拔模侧的拔模角度和方向

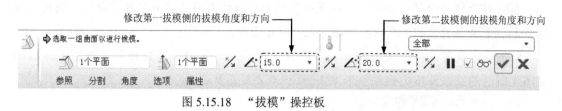

图 5.15.18 "拔模"操控板

5.16 修 饰 特 征

修饰（Cosmetic）特征是在其他特征上绘制的复杂的几何图形，并能在模型上清楚地显示出来，如螺钉上的螺纹示意线、零件上的公司徽标等。由于修饰特征也被认为是零件的特征，它们一般也可以重定义和修改。下面将介绍几种修饰特征：Thread（螺纹）、Sketch（草图）和 Groove（凹槽）。

5.16.1 螺纹修饰特征

修饰螺纹（Thread）是表示螺纹直径的修饰特征。与其他修饰特征不同，不能修改修饰螺纹的线型，并且螺纹也不会受到"环境"菜单中隐藏线显示设置的影响。螺纹以默认极限公差设置来创建。

修饰螺纹可以是外螺纹或内螺纹，也可以是不通的或贯通的。可通过指定螺纹小径或螺纹大径（分别对于外螺纹和内螺纹）、起始曲面和螺纹长度或终止边，来创建修饰螺纹。

创建螺纹修饰特征的一般过程。

这里以前面创建的 shaft.prt 零件模型为例，说明如何在模型的圆柱面上创建图 5.16.1 所示的（外）螺纹修饰。

Step1. 先将工作目录设置至 D:\proewf5.1\work\ch05.16，然后打开文件 shaft.prt。

Step2. 选择下拉菜单 插入(I) ➡ 修饰(E) ▶ ➡ 螺纹(T)... 命令，如图 5.16.2 所示。

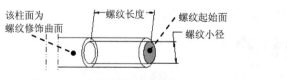

图 5.16.1 创建螺纹修饰特征

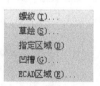

图 5.16.2 "修饰"子菜单

Step3. 选取要进行螺纹修饰的曲面。完成上步操作后，系统弹出图 5.16.3 所示的"修饰：螺纹"对话框以及"选取"对话框。选取图 5.16.1 所示的要进行螺纹修饰的曲面。

Step4. 选取螺纹的起始曲面。选取图 5.16.1 所示的螺纹起始曲面。

注：对于螺纹的起始曲面，可以是一般模型特征的表面（比如拉伸、旋转、倒角、圆角和扫描等特征的表面）或基准平面，也可以是面组。

Step5. 定义螺纹的长度方向和长度以及螺纹小径。完成上步操作后，模型上显示图 5.16.4 所示的螺纹深度方向箭头和 ▼ DIRECTION（方向）菜单。

（1）在 ▼ DIRECTION（方向）菜单中选择 Okay（确定）命令。

（2）在图 5.16.5 所示的"指定到"菜单中选择 Blind（盲孔）➡ Done（完成）命令，然后输入螺纹长度值 10.0，并按 Enter 键。

图 5.16.3 "修饰：螺纹"对话框

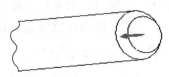

图 5.16.4 螺纹深度方向

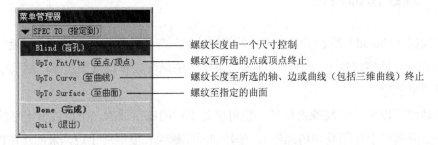

图 5.16.5 "指定到"菜单

（3）在系统的提示下输入螺纹小径值 3.5，并按 Enter 键。

注意：对于外螺纹，默认外螺纹小径值比轴的直径约小 10%；对于内螺纹，这里要输入螺纹大径，默认螺纹大径值比孔的直径约大 10%。

Step6. 检索、修改螺纹注释参数。完成上步操作后，系统弹出图 5.16.6 所示的 ▼ FEAT PARAM（特征参数）菜单，用户可以用此菜单进行相应操作，也可在此选择 Done/Return（完成/返回）命令直接转到步骤 Step7 的操作。

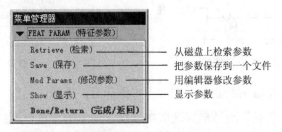

图 5.16.6 "特征参数"菜单

图 5.16.6 所示的"特征参数"菜单中各命令的说明如下。

● `Retrieve (检索)`：用户可从硬盘（磁盘）上打开一个包含螺纹注释参数的文件，并把它们应用到当前的螺纹中。

● `Save (保存)`：保存螺纹注释参数，以便以后可以"检索"而再利用。

● `Mod Params (修改参数)`：如果不满意"检索"出来的螺纹参数，可进行修改。选取此命令，系统弹出图 5.16.7 所示的对话框。通过该对话框可以对螺纹的各参数（表 5.16.1）进行修改，修改方法见图中的说明。

● `Show (显示)`：显示螺纹参数。

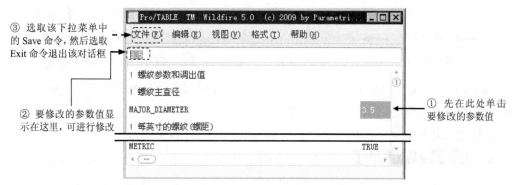

图 5.16.7　"螺纹参数编辑器"对话框

表 5.16.1　螺纹参数列表

参 数 名 称	参 数 值	参 数 描 述
MAJOR_DIAMETER	数字	螺纹的公称直径
THREADS_PER_INCH	数字	每英寸的螺纹数（1/螺距）
THREAD FORM	字符串	螺纹形式
CLASS	数字	螺纹等级
PLACEMENT	字符	螺纹放置（A—轴螺纹，B—孔螺纹）
METRIC	TRUE/FALSE	螺纹为米制

表 5.16.1 中列出了螺纹所有参数的信息，用户可根据需要编辑这些参数。注意：系统会两次提示有关直径的信息，这一重复操作的好处是，用户可将米制螺纹放置到以英制为单位的零件上，反之亦然。

Step7. 单击"修饰：螺纹"对话框中的 预览 按钮，预览所创建的螺纹修饰特征（将模型显示切换到线框状态，可看到螺纹示意线），如果定义的螺纹修饰特征符合设计意图，可单击对话框中的 确定 按钮。

5.16.2 草绘修饰特征

草绘（Sketch）修饰特征被"绘制"在零件的曲面上。例如，公司徽标或序列号等可"绘制"在零件的表面上。另外，在进行有限元分析计算时，也可利用草绘修饰特征定义有限元局部负荷区域的边界。

注意：其他特征不能参照修饰特征，即修饰特征的边线既不能作为其他特征尺寸标注的起始点，也不能作为"使用边"来使用。

与其他特征不同，修饰特征可以设置线体（包括线型和颜色）。特征的每个单独的几何段，都可以设置不同的线体，其操作方法如下。

选择下拉菜单 `编辑(E)` 下的 `线造型(Y)...` 命令（注意：在选择下拉菜单 `插入(I)` ➡ `修饰(E)` ▶ ➡ `草绘(S)...` 命令并进入草绘环境后，此 `线造型(Y)...` 命令才可见），然后在系统 `选取要用新线造型显示的图元。` 的提示下，选择修饰特征的一个或多个图元，单击图 5.16.8 所示的"选取"对话框中的 `确定` 按钮，系统弹出图 5.16.9 所示的"线造型"对话框，选择所需的线型和颜色，单击 `应用` 按钮。

草绘修饰特征有两个选项，分别说明如下。

- `Regular Sec (规则截面)`：不论"在空间"还是在零件的曲面上，规则截面修饰特征总会位于草绘平面处。这是一个平整特征。在创建规则截面修饰特征时，可以给它们加剖面线。剖面线将显示在所有模式中，但只能在"工程图"模式下修改。在"零件"和"装配"模式下，剖面线以 45° 显示。
- `Project Sec (投影截面)`：投影截面修饰特征被投影到单个零件曲面上，它们不能跨越零件曲面，不能对投影截面加剖面线或进行阵列。

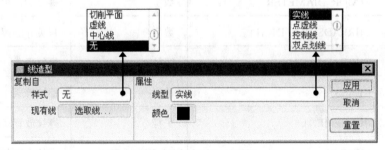

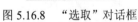

图 5.16.8　"选取"对话框　　　　　图 5.16.9　"线造型"对话框

5.16.3 凹槽修饰特征

凹槽修饰特征（Groove）是零件表面上凹下的绘制图形，它是一种投影类型的修饰特征，通过创建草绘图形并将其投影到曲面上即可创建凹槽，凹下的修饰特征是没有定义深度的。注意：凹槽特征不能跨越曲面边界。在数控加工中，应选取凹槽修饰（Groove）特征来定义雕刻加工。

5.17　抽 壳 特 征

如图 5.17.1 所示，"（抽）壳"特征（Shell）是将实体的一个或几个表面去除，然后掏空实体的内部，留下一定壁厚的壳。在使用该命令时，各特征的创建次序非常重要。

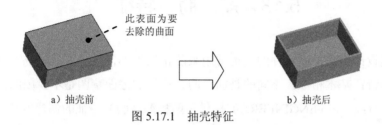

a）抽壳前　　　　　　　　　　　　　　b）抽壳后

图 5.17.1　抽壳特征

下面以图 5.17.1 所示的长方体为例，说明抽壳操作的一般过程。

Step1. 将工作目录设置至 D:\proewf5.1\work\ch05.17，打开文件 shell_1.prt。

Step2. 选择下拉菜单 插入(I) ➡ 回 壳(L)...命令。

Step3. 选取抽壳时要去除的实体表面。此时，系统弹出图 5.17.2 所示的"壳"特征操控板，并且在信息区提示 选取要从零件删除的曲面.，选取图 5.17.1a 中的要去除的曲面。

图 5.17.2　"壳"特征操控板

注意：这里可按住 Ctrl 键，再选取其他曲面来添加实体上要去除的表面。

Step4. 定义壁厚。在操控板的"厚度"文本框中，输入抽壳的壁厚值 1.0。

注意：这里如果输入正值，则壳的厚度保留在零件内侧；如果输入负值，壳的厚度将增加到零件外侧。也可单击按钮 来改变内侧或外侧。

Step5. 在操控板中单击"完成"按钮 ，完成抽壳特征的创建。

注意：

- 默认情况下，壳特征的壁厚是均匀的。

- 如果零件有三个以上的曲面形成的拐角，抽壳特征可能无法实现，在这种情况下，Pro/ENGINEER 会加亮故障区。

- 在 Pro/ENGINEER 野火版 3.0 或者以前更早的版本中，有一种特例，如果将要去除的表面与相邻曲面相切，就不能选择它。例如，有圆角的表面就不能选择被去除，这种情况下的解决办法是先抽壳后圆角。但是从 Pro/ENGINEER 野火版 4.0 开始，就可以解决这种问题了，即使有相切的面也可以抽壳（图 5.17.3）。

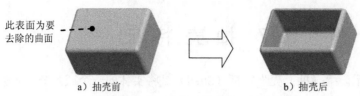

此表面为要
去除的曲面

a）抽壳前   b）抽壳后

图 5.17.3   有相切的面也可以抽壳

5.18 筋（肋）特征

筋（肋）是设计用来加固零件的，也常用来防止出现不需要的折弯。筋（肋）特征的创建过程与拉伸特征基本相似，不同的是筋（肋）特征的截面草图是不封闭的，筋（肋）的截面只是一条直线。Pro/ENGINEER5.0 提供了两种筋（肋）特征的创建方法，分别是轨迹筋和轮廓筋。

5.18.1 轨迹筋

轨迹筋常用于加固塑料零件，通过在腔槽曲面之间草绘筋轨迹，或通过选取现有草绘来创建轨迹筋。

下面以图 5.18.1 所示的轨迹筋特征为例，说明轨迹筋特征创建的一般过程。

Step1. 将工作目录设置至 D:\proewf5.1\work\ch05.18.01，打开文件 rib_01.prt。

a） 添加轨迹筋前   b） 添加轨迹筋后

图 5.18.1   轨迹筋特征

Step2. 选择下拉菜单 插入(I) ➡ 筋(I)▶ ➡ 轨迹筋(T)...命令（或者单击"筋"按钮 ➡ ），系统弹出图 5.18.2 所示的操控板，该操控板反映了轨迹筋创建的过程及状态。

图 5.18.2   轨迹筋特征操控板

Step3. 定义草绘截面放置属性。在图 5.18.2 所示的操控板的 放置 界面中单击 定义... 按钮，选取 DTM1 基准平面为草绘平面，选取 RIGHT 平面为参照面，方向为 右 。

Step4. 定义草绘参照。选择下拉菜单 草绘(S) ➡ 参照(R)... 命令，系统弹出图 5.18.3 所示的"参照"对话框，选取图 5.18.4 所示的四条边线为草绘参照，单击 关闭(C) 按钮。

Step5. 绘制图 5.18.5 所示的轨迹筋特征截面图形。完成绘制后，单击"草绘完成"按钮 ✓ 。

图 5.18.3　"参照"对话框

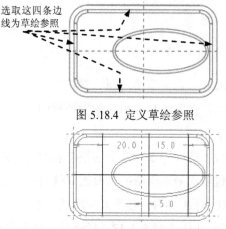

图 5.18.4　定义草绘参照

图 5.18.5　轨迹筋特征截面图形

Step6. 定义加材料的方向。在模型中单击"方向"箭头，直至箭头的方向如图 5.18.6 所示。

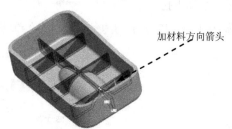

图 5.18.6　定义加材料的方向

Step7. 定义筋的厚度值 2.0。

Step8. 在操控板中单击"完成"按钮 ✓ ，完成筋特征的创建。

5.18.2　轮廓筋

轮廓筋是设计中连接到实体曲面的薄翼或腹板伸出项，一般通过定义两个垂直曲面之间的特征横截面来创建轮廓筋。

下面以图 5.18.7 所示的轮廓筋特征为例，说明轮廓筋特征创建的一般过程。

Step1. 将工作目录设置至 D:\proewf5.1\work\ch05.18.02，打开文件 rib_02.prt。

Step2. 选择下拉菜单 插入(I) ➡ 筋(I) ▶ ➡ 轮廓筋(P)... 命令（或者单击"筋"按

钮  ），系统弹出图 5.18.8 所示的操控板，该操控板反映了轮廓筋特征创建的过程及状态。

图 5.18.7　筋特征　　　　　　　　　　图 5.18.8　轮廓筋特征操控板

Step3. 定义草绘截面放置属性。

（1）在图 5.18.8 所示的操控板的 参照 界面中单击 定义... 按钮，选取 TOP 基准平面为草绘平面。

（2）选取图 5.18.7 中的模型表面为参照面，方向为 右 。

说明： 如果模型的表面选取较困难，可用 "列表选取" 的方法。其操作步骤介绍如下。

① 将鼠标指针移至目标附近，右击。

② 在弹出的图 5.18.9 所示的快捷菜单中选择 从列表中拾取 命令。

③ 在弹出的图 5.18.10 所示的列表对话框中依次单击各项目，同时模型中对应的元素会变亮，找到所需的目标后，单击对话框下部的 确定(0) 按钮。

Step4. 定义草绘参照。选择下拉菜单 草绘(S) ➡ 参照(R)... 命令，系统弹出图 5.18.11 所示的 "参照" 对话框，选取图 5.18.12 所示的两条边线为草绘参照，单击 关闭(C) 按钮。

图 5.18.9　快捷菜单

图 5.18.10　"从列表中拾取" 对话框　　　图 5.18.11　"参照" 对话框

Step5. 绘制图 5.18.12 所示的筋特征截面图形。完成绘制后，单击 "草绘完成" 按钮 ✓。

Step6. 定义加材料的方向。在模型中单击 "方向" 箭头，直至箭头的方向如图 5.18.13 所示。

Step7. 定义筋的厚度值 4.0。

Step8. 在操控板中单击 "完成" 按钮 ✓，完成筋特征的创建。

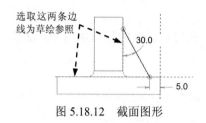

图 5.18.12　截面图形

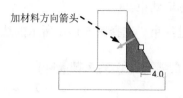

图 5.18.13　定义加材料的方向

5.19　常用的基准特征

Pro/ENGINEER 中的基准包括基准平面、基准轴、基准曲线、基准点和坐标系。这些基准在创建零件一般特征、曲面、零件的剖切面以及装配中都十分有用。

5.19.1　基准平面

基准平面也称基准面。在创建一般特征时，如果模型上没有合适的平面，用户可以创建基准平面作为特征截面的草绘平面及其参照平面。

也可以根据一个基准平面进行标注，就好像它是一条边。基准平面的大小可以调整，以使其看起来适合零件、特征、曲面、边、轴或半径。

基准平面有两侧：橘黄色侧和灰色侧。法向方向箭头指向橘黄色侧。基准平面在屏幕中显示为橘黄色或灰色取决于模型的方向。当装配元件、定向视图和选择草绘参照时，应注意基准平面的颜色。

要选择一个基准平面，可以选择其名称，或选择它的一条边界。

1. 创建基准平面的一般过程

下面以一个范例来说明创建基准平面的一般过程。如图 5.19.1 所示，现在要创建一个基准平面 DTM1，使其穿过图中模型的一个边线，并与模型上的一个表面成 30° 的夹角。

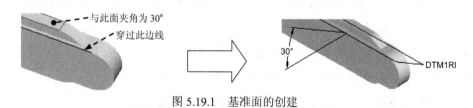

图 5.19.1　基准面的创建

Step1. 先将工作目录设置至 D:\proewf5.1\work\ch05.19，然后打开文件 connecting_rod_plane.prt。

Step2. 单击工具栏中的"创建基准平面"按钮 ⬜ （或者选择下拉菜单 插入(I) ➡ 模型基准(D) ▶ ➡ ⬜ 平面(L)... 命令），系统弹出图 5.19.2 所示的"基准平面"对话框。

Step3. 选取约束。

（1）穿过约束。选择图 5.19.1 所示的边线，此时对话框的显示如图 5.19.2 所示。

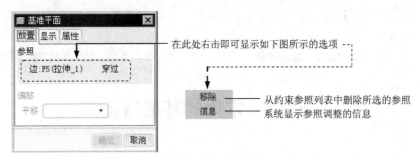

图 5.19.2　"基准平面"对话框

（2）角度约束。按住 Ctrl 键，选择图 5.19.1 所示的参照平面。

（3）给出夹角。在图 5.19.3 所示的对话框下部的文本框中键入夹角值 30.0，并按 Enter 键。

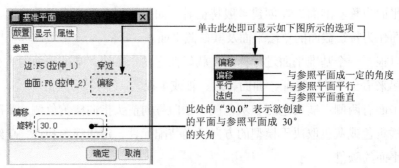

图 5.19.3　键入夹角值

说明：创建基准平面可使用如下一些约束。

● 通过轴/边线/基准曲线：要创建的基准平面通过一个基准轴，或模型上的某个边线，或基准曲线。

● 垂直轴/边线/基准曲线：要创建的基准平面垂直于一个基准轴，或模型上的某个边线，或基准曲线。

● 垂直平面：要创建的基准平面垂直于另一个平面。

● 平行平面：要创建的基准平面平行于另一个平面。

● 与圆柱面相切：要创建的基准平面相切于一个圆柱面。

● 通过基准点/顶点：要创建的基准平面通过一个基准点，或模型上的某顶点。

● 角度平面：要创建的基准平面与另一个平面成一定角度。

Step4. 修改基准平面的名称。如图 5.19.4 所示，可在 属性 选项卡的 名称 文本框中输入新的名称。

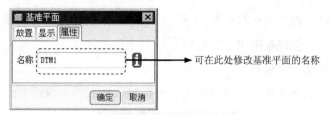

图 5.19.4 修改基准平面的名称

2．创建基准平面的其他约束方法：通过平面

要创建的基准平面通过另一个平面，即与这个平面完全一致，该约束方法能单独确定一个平面。

Step1. 单击"创建基准平面"按钮 ⬛ 。

Step2. 选取某一参照平面，再在对话框中选择 **穿过** 选项，如图 5.19.5 和图 5.19.6 所示。

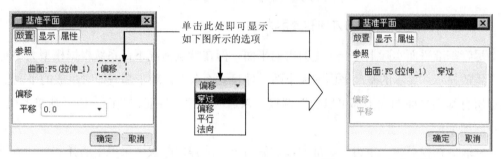

图 5.19.5 "基准平面"对话框（一）　　图 5.19.6 "基准平面"对话框（二）

3．创建基准平面的其他约束方法：偏距平面

要创建的基准平面平行于另一个平面，并且与该平面有一个偏距距离。该约束方法能单独确定一个平面。

Step1. 单击"创建基准平面"按钮 ⬛ 。

Step2. 选取某一参照平面，然后输入偏距的距离值 20.0，如图 5.19.7 和图 5.19.8 所示。

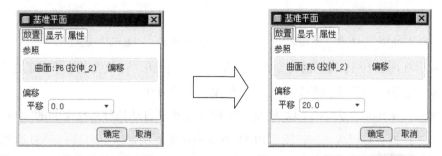

图 5.19.7 "基准平面"对话框（三）　　图 5.19.8 "基准平面"对话框（四）

4．创建基准平面的其他约束方法：偏距坐标系

用此约束方法可以创建一个基准平面，使其垂直于一个坐标轴并偏离坐标原点。当使用该约束方法时，需要选择与该平面垂直的坐标轴，以及给出沿该轴线方向的偏距。

Step1. 单击"创建基准平面"按钮 ▱。

Step2. 选取某一坐标系。

Step3. 如图 5.19.9 所示，选取所需的坐标轴，然后输入偏距的距离值 20.0。

图 5.19.9 "基准平面"对话框（五）

5. 控制基准平面的法向方向和显示大小

尽管基准平面实际上是一个无穷大的平面，但在默认情况下，系统根据模型大小对其进行缩放显示。显示的基准平面的大小随零件尺寸而改变。除了那些即时生成的平面以外，其他所有基准平面的大小都可以加以调整，以适应零件、特征、曲面、边、轴或半径。操作步骤如下。

Step1. 在模型树上单击一基准面，然后右击，从弹出的快捷菜单中选择 编辑定义 命令。

Step2. 在图 5.19.10 所示的对话框中，打开 显示 选项卡，如图 5.19.11 所示。

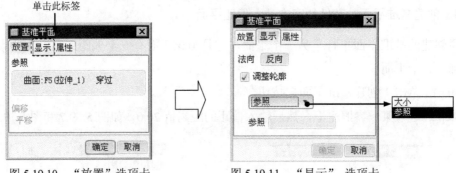

图 5.19.10 "放置"选项卡　　图 5.19.11 "显示"选项卡

Step3. 在图 5.19.11 所示的对话框中，单击 反向 按钮，可改变基准平面的法向方向。

Step4. 要确定基准平面的显示大小，有如下三种方法。

方法一：采用默认大小，根据模型（零件或组件）自动调整基准平面的大小。

方法二：拟合参照大小。在图 5.19.11 所示的对话框中，选中☑ 调整轮廓 复选框，在下拉列表中选择 参照 ，再通过选取特征/曲面/边/轴线/零件等参照元素，使基准平面的显示大小拟合所选参照元素的大小。

● 拟合特征：根据零件或组件特征调整基准平面的大小。

● 拟合曲面：根据任意曲面调整基准平面的大小。

- 拟合边：调整基准平面大小使其适合一条所选的边。
- 拟合轴线：根据一轴调整基准平面的大小。
- 拟合零件：根据选定零件调整基准平面的大小。该选项只适用于组件。

方法三：给出拟合半径。根据指定的半径来调整基准平面大小，半径中心定在模型的轮廓内。

5.19.2　基准轴

如同基准平面，基准轴也可以用于创建特征时的参照。基准轴对创建基准平面、同轴放置项目和径向阵列特别有用。

基准轴的产生也分两种情况：一是基准轴作为一个单独的特征来创建；二是在创建带有圆弧的特征期间，系统会自动产生一个基准轴，但此时必须将配置文件选项 show_axes_for_extr_arcs 设置为 yes。

创建基准轴后，系统用 A_1、A_2 等依次自动分配其名称。要选取一个基准轴，可选择基准轴线自身或其名称。

1．创建基准轴的一般过程

下面以一个范例来说明创建基准轴一般过程。在图 5.19.12 所示的 body.prt 零件模型中，创建与内部轴线 Center_axis 相距为 8，并且位于 CENTER 基准平面内的基准轴特征。

注意：该例子中要创建的 offset_axis 轴线是后面装配和运动分析中的一个重要基准轴，请读者认真做好这个例子。

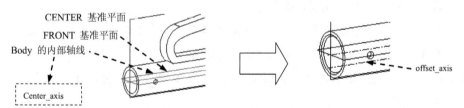

图 5.19.12　基准轴的创建

Step1. 将工作目录设置至 D:\proewf5.1\work\ch05.19，然后打开文件 body_axis.prt。

Step2. 在 FRONT 基准平面下部，创建一个"偏距"基准平面 DTM_REF，偏距尺寸值为 8.0。

Step3. 单击工具栏上的"基准轴"按钮 .

Step4. 由于所要创建的基准轴通过基准平面 DTM_REF 和 CENTER 的相交线，为此应该选取这两个基准平面为约束参照。

（1）选取第一约束平面。选择图 5.19.12 所示的模型的基准平面 CENTER，系统弹出图 5.19.13 所示的"基准轴"对话框，将约束类型改为 穿过 ，如图 5.19.14 所示。

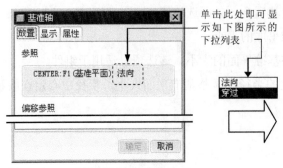

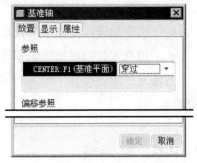

图 5.19.13　"基准轴"对话框（一）　　　　图 5.19.14　"基准轴"对话框（二）

注意： 由于 Pro/ENGINEER 所具有的智能性，这里也可不必将约束类型改为 穿过 ，因为当用户再选取一个约束平面时，系统会自动将第一个平面的约束改为 穿过 。

（2）选取第二约束平面。按住 Ctrl 键，选择 Step2 中所创建的"偏距"基准平面 DTM_REF，此时对话框如图 5.19.15 所示。

说明： 创建基准轴有如下一些约束方法。

● 过边界：要创建的基准轴通过模型上的一个直边。

● 垂直平面：要创建的基准轴垂直于某个"平面"。使用此方法，应先选取要与其垂直的参照平面，然后分别选取两条定位的参照边，并定义基准轴到参照边的距离。

● 过点且垂直于平面：要创建的基准轴通过一个基准点并与一个"平面"垂直，"平面"可以是一个现成的基准面或模型上的表面，也可以创建一个新的基准面作为"平面"。

● 过圆柱：要创建的基准轴通过模型上的一个旋转曲面的中心轴。使用此方法时，再选择一个圆柱面或圆锥面即可。

● 两平面：在两个指定平面（基准平面或模型上的平面表面）的相交处创建基准轴。两平面不能平行，但在屏幕上不必显示相交。

● 两个点/顶点：要创建的基准轴通过两个点，这两个点既可以是基准点，也可以是模型上的顶点。

Step5. 修改基准轴的名称。在对话框 属性 选项卡的"名称"文本框中键入新的名称，如图 5.19.16 所示。

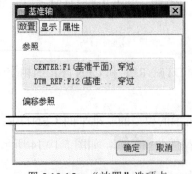

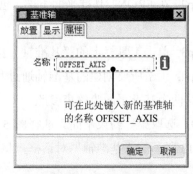

图 5.19.15　"放置"选项卡　　　　　　图 5.19.16　"属性"选项卡

2．练习

练习要求：对图 5.19.17 所示的 body.prt 零件模型，需要在中部的切削特征上创建一个基准平面 ZERO_REF。在后面"装配模块"等章节的练习中，会用到这个基准平面。

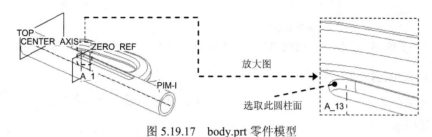

图 5.19.17　body.prt 零件模型

Step1. 将工作目录设置至 D:\proewf5.1\work\ch05.19，打开文件 body_plane.prt。

Step2. 创建一个基准轴 A_13。单击"创建基准轴"按钮 ，选择图 5.19.17 所示的圆柱面（见放大图）。

Step3. 创建一个基准平面 ZERO_REF。单击"创建基准平面"按钮 ；选取 A_13 轴，约束设置为"穿过"；按住 Ctrl 键，选取 TOP 基准平面，约束设置为"平行"，将此基准平面改名为 ZERO_REF。

5.19.3　基准点

基准点用来为网格生成加载点、在绘图中连接基准目标和注释、创建坐标系及管道特征轨迹，也可以在基准点处放置轴、基准平面、孔和轴肩。

默认情况下，Pro/ENGINEER 将一个基准点显示为叉号×，其名称显示为 PNTn，其中 n 是基准点的编号。要选取一个基准点，可选择基准点自身或其名称。

可以使用配置文件选项 datum_point_symbol 来改变基准点的显示样式。基准点的显示样式可使用下列任意一个：CROSS、CIRCLE、TRIANGLE 或 SQUARE。

可以重命名基准点，但不能重命名在布局中声明的基准点。

1．创建基准点的方法一：在曲线/边线上

用位置的参数值在曲线或边上创建基准点，该位置参数值确定从一个顶点开始沿曲线的长度。

如图 5.19.18 所示，现需要在模型边线上创建基准点 PNT0，操作步骤如下。

Step1. 先将工作目录设置至 D:\proewf5.1\work\ch05.19，然后打开文件 point1.prt。

Step2. 单击"创建基准点"按钮 ▸ （或选择下拉菜单 插入(I) ➡ 模型基准(D) ▸ ➡ 点(P) ▸ ➡ 点(P)... 命令）。

说明：单击"创建基准点"按钮 ，会出现图 5.19.19 所示的工具按钮栏。

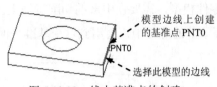

图 5.19.18　线上基准点的创建

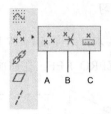

图 5.19.19　工具按钮栏

图 5.19.19 中各按钮说明如下。

A：创建基准点。　　　　　　　　　B：创建偏移坐标系基准点。

C：创建域基准点。

Step3. 选择图 5.19.20 所示的模型的边线，系统立即产生一个基准点 PNT0，如图 5.19.21 所示。

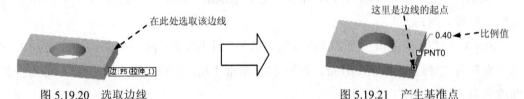

图 5.19.20　选取边线　　　　　　　　　　图 5.19.21　产生基准点

Step4. 在图 5.19.22 所示的"基准点"对话框中，先选择基准点的定位方式（ 比率 或 实数 ），再键入基准点的定位数值（比率系数或实际长度值）。

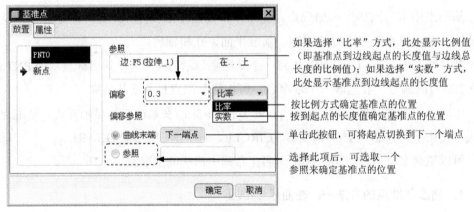

图 5.19.22　"基准点"对话框

2．创建基准点的方法二：顶点

在零件边、曲面特征边、基准曲线或输入框架的顶点上创建基准点。

如图 5.19.23 所示，现需要在模型的顶点处创建一个基准点 PNT0，操作步骤如下。

Step1. 单击"创建基准点"按钮 ⁂ 。

Step2. 如图 5.19.23 所示，选取模型的顶点，系统立即在此顶点处产生一个基准点 PNT0。

此时"基准点"对话框如图 5.19.24 所示。

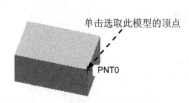

图 5.19.23　顶点基准点的创建

图 5.19.24　"基准点"对话框

3．创建基准点的方法三：过中心点

在一条弧、一个圆或一个椭圆图元的中心处创建基准点。

如图 5.19.25 所示，现需要在模型上表面的孔的圆心处创建一个基准点 PNT1，操作步骤如下。

Step1. 将工作目录设置至 D:\proewf5.1\work\ch05.19，打开文件 point_center.prt。

Step2. 单击"创建基准点"按钮 。

Step3. 如图 5.19.25 所示，选取模型上表面的孔边线。

Step4. 在图 5.19.26 所示的"基准点"对话框的下拉列表中选取 居中 选项。

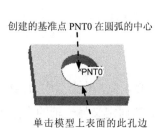

图 5.19.25　过中心点创建基准点

图 5.19.26　"基准点"对话框

4．创建基准点的方法四：草绘

进入草绘环境，绘制一个基准点。

如图 5.19.27 所示，现需要在模型的表面上创建一个草绘基准点 PNT0，操作步骤如下。

Step1. 先将工作目录设置至 D:\proewf5.1\work\ch05\ch05.19，然后打开文件 point2.prt。

Step2. 单击"草绘"按钮 ，系统会弹出"草绘"对话框。

Step3. 选取图 5.19.27 所示的两平面为草绘平面和参照平面，单击 草绘 按钮。

Step4. 进入草绘环境后，选取图 5.19.28 所示的模型的边线为草绘环境的参照，单击 关闭(C) 按钮；然后单击"点"按钮 ✕ ▸ 中的 ✕（创建几何点），如图 5.19.29 所示，再在图形区选择一点。

Step5. 单击按钮 ✓，退出草绘环境。

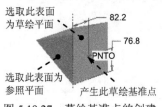

图 5.19.27　草绘基准点的创建

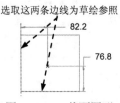

图 5.19.28　截面图形

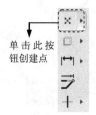

图 5.19.29　工具按钮位置

5.19.4　坐标系

坐标系是可以增加到零件和装配件中的参照特征，它可用于：

- 计算质量属性。
- 装配元件。
- 为有限元分析（FEA）放置约束。
- 为刀具轨迹提供制造操作参照。
- 用于定位其他特征的参照（坐标系、基准点、平面和轴线、输入的几何等）。

在 Pro/ENGINEER 系统中，可以使用下列三种形式的坐标系：

- 笛卡尔坐标系。系统用 X、Y 和 Z 表示坐标值。
- 柱坐标系。系统用半径、theta（θ）和 Z 表示坐标值。
- 球坐标系。系统用半径、theta（θ）和 phi（ψ）表示坐标值。

创建坐标系方法：三个平面

选择三个平面（模型的表平面或基准平面），这些平面不必正交，其交点成为坐标原点，选定的第一个平面的法向定义一个轴的方向，第二个平面的法向定义另一轴的大致方向，系统使用右手定则确定第三轴。

如图 5.19.30 所示，现需要在三个垂直平面（平面 1、平面 2 和平面 3）的交点上创建一个坐标系 CS0，操作步骤如下。

Step1. 将工作目录设置至 D:\proewf5.1\work\ch05.19，打开文件 csys_create.prt。

Step2. 单击"创建坐标系"按钮 ⁂（另一种方法是选择下拉菜单 插入(I) ➡ 模型基准(D) ▸ ➡ ⁂ 坐标系(C)... 命令）。

Step3. 选择三个垂直平面。如图 5.19.30 所示，选择平面 1；按住键盘上的 Ctrl 键，选择平面 2；按住键盘上的 Ctrl 键，选择平面 3。此时系统就创建了图 5.19.31 所示的坐标系，注意字符 X、Y、Z 所在的方向正是相应坐标轴的正方向。

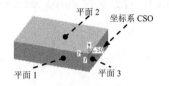

图 5.19.30　由三个平面创建坐标系

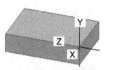

图 5.19.31　产生坐标系

Step4. 修改坐标轴的位置和方向。在图 5.19.32 所示的"坐标系"对话框中，打开 方向 选项卡，在该选项卡的界面中可以修改坐标轴的位置和方向，操作方法参见图 5.19.32 中的说明。

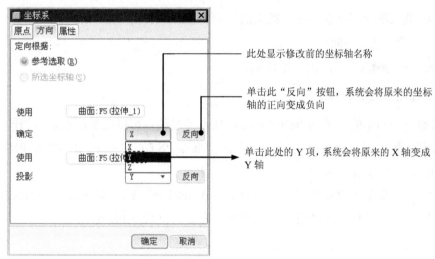

图 5.19.32　"坐标系"对话框的"方向"选项卡

5.19.5　基准曲线

基准曲线可用于创建曲面和其他特征，或作为扫描轨迹。创建基准曲线有很多方法，下面介绍两种基本方法。

1. 草绘基准曲线

草绘基准曲线的方法与草绘其他特征相同。草绘曲线可以由一个或多个草绘段以及一个或多个开放或封闭的环组成。但是将基准曲线用于其他特征，通常限定在开放或封闭环的单个曲线（它可以由许多段组成）。

草绘基准曲线时，Pro/ENGINEER 在离散的草绘基准曲线上边创建一个单一复合基准曲线。对于该类型的复合曲线，不能重定义起点。

由草绘曲线创建的复合曲线可以作为轨迹选择，如作为扫描轨迹。使用"查询选取"

可以选择底层草绘曲线图元。

如图 5.19.33 所示，现需要在模型的表面上创建一个草绘基准曲线，操作步骤如下。

Step1. 将工作目录设置至 D:\proewf5.1\work\ch05.19，打开文件 curve_sketch.prt。

Step2. 单击工具栏上的"草绘基准曲线"按钮 （图 5.19.34）。

图 5.19.33　创建草绘基准曲线　　　图 5.19.34　草绘基准曲线按钮

Step3. 选取图 5.19.33 中的草绘平面及参照平面，单击 草绘 按钮进入草绘环境。

Step4. 进入草绘环境后，接受默认的平面为草绘环境的参照，然后单击"样条曲线"按钮 ，草绘一条样条曲线。

Step5. 单击按钮 ，退出草绘环境。

2. 经过点创建基准曲线

可以通过空间中的一系列点创建基准曲线，经过的点可以是基准点、模型的顶点以及曲线的端点。如图 5.19.35 所示，现需要经过基准点 PNT0、PNT1、PNT2 和 PNT3 创建一条基准曲线，操作步骤如下。

Step1. 将工作目录设置至 D:\proewf5.1\work\ch05.19，打开文件 curve_point.prt。

Step2. 单击工具栏中的"创建基准曲线"按钮 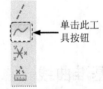（图 5.19.36）。

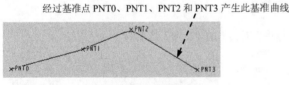

图 5.19.35　经过点基准曲线的创建　　　图 5.19.36　创建基准曲线按钮位置

Step3. 在图 5.19.37 中，选择 Thru Points（通过点） ➡ Done（完成）命令。

Step4. 完成上步操作后，系统弹出图 5.19.38 所示的曲线特征信息对话框，该对话框显示创建曲线将要定义的元素。

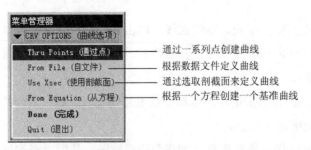

图 5.19.37　"曲线选项"菜单　　　图 5.19.38　曲线特征信息对话框

（1）在图 5.19.39 所示的"连结类型"菜单中，选择 `Single Rad (单一半径)` ➡
`Single Point (单个点)` ➡ `Add Point (添加点)` 命令。

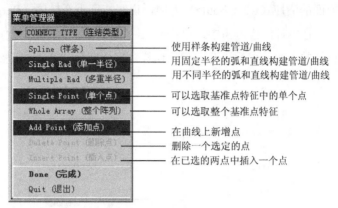

图 5.19.39　"连结类型"菜单

（2）选取图 5.19.35 中的基准点 PNT0、PNT1 和 PNT2。

（3）在系统 `输入折弯半径` 的提示下，输入折弯半径值 3.0，并按 Enter 键。

（4）选取图 5.19.35 中的基准点 PNT3，选择 `Done (完成)` 命令。

Step5. 单击图 5.19.38 所示的曲线特征信息对话框中的 `确定` 按钮。

5.20　特征的重新排序及插入操作

5.20.1　概述

在 5.17 节中，曾提到对一个零件进行抽壳时，零件中特征的创建顺序非常重要，如果各特征的顺序安排不当，抽壳特征会生成失败，有时即使能生成抽壳，但结果也不会符合设计的要求。

可按下面的操作方法进行验证。

Step1. 将工作目录设置至 D:\proewf5.1\work\ch05.20，打开文件 wine_bottle.prt。

Step2. 将底部圆角半径从 R5 改为 R15，然后选择下拉菜单 `编辑(E)` ➡ `再生(G)` 命令，会看到瓶子的底部裂开一条缝，如图 5.20.1 所示。显然这不符合设计意图，之所以会产生这样的问题，是因为圆角特征和抽壳特征的顺序安排不当，解决办法是将圆角特征调整到抽壳特征的前面，这种特征顺序的调整就是特征的重排顺序（Reorder）。

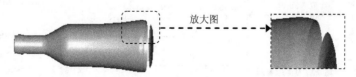

图 5.20.1　注意抽壳特征的顺序

5.20.2　重新排序的操作方法

这里以前面的酒瓶（wine_bottle）为例，说明特征重新排序（Reorder）的操作方法。如图 5.20.2 所示，在零件的模型树中，单击瓶底"倒圆角 2"特征，按住左键不放并拖动鼠标，拖至"壳"特征的上面，然后松开左键，这样瓶底倒圆角特征就调整到抽壳特征的前面了。

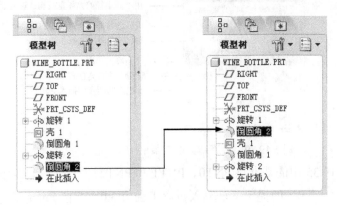

图 5.20.2　特征的重新排序

注意：特征的重新排序（Reorder）是有条件的，条件是不能将一个子特征拖至其父特征的前面。例如，在这个酒瓶的例子中，不能把瓶口的伸出项（旋转）特征 旋转 2 移到完全圆角特征 倒圆角 1 的前面，因为它们存在父子关系，该伸出项特征是完全圆角的子特征。为什么存在这种父子关系呢？这要从该伸出项特征的创建过程说起，从图 5.20.3 可以看出，在创建该伸出项特征的草绘截面时，选取了属于完全圆角的一条边线为草绘参照，同时截面的定位尺寸 5.0 以这条边为参照进行标注，这样就在该伸出项特征与完全圆角间就建立了父子关系。

如果要调整有父子关系的特征的顺序，必须先解除特征间的父子关系。解除父子关系有两种办法：一是改变特征截面的标注参照基准或约束方式；二是特征的重新排序（Reroute），即改变特征的草绘平面和草绘平面的参照平面。

5.20.3　特征的插入操作

当所有的特征创建完成以后，假如还要添加一个图 5.20.4 所示的切削旋转特征，并要求该特征添加在模型的底部圆角特征的后面、抽壳特征的前面（图 5.20.4），利用"特征的插入"功能可以满足这一要求。下面说明其操作过程。

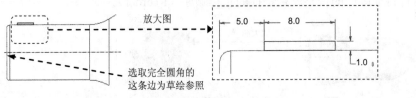

图 5.20.3　查看草绘标注

图 5.20.4　切削旋转特征

Step1. 在模型树中，将特征插入符号 ➔ 在此插入 从末尾拖至抽壳特征的前面，如图 5.20.5 所示。

Step2. 选择下拉菜单 插入(I) ➡ ◇◇ 旋转(R)... 命令，创建槽特征，草图截面的尺寸如图 5.20.6 所示。

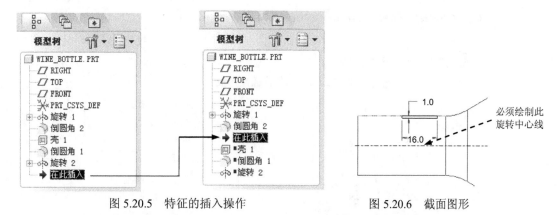

图 5.20.5　特征的插入操作　　　　　图 5.20.6　截面图形

Step3. 完成槽的特征创建后，再将插入符号 ➔ 在此插入 拖至模型树的底部。

5.21　特征生成失败及其解决方法

在特征创建或重定义时，由于给定的数据不当或参照的丢失，会出现特征生成失败。下面就特征失败的情况进行讲解。

5.21.1　特征生成失败的出现

这里还是以酒瓶（wine_bottle）为例进行说明。如果进行下列"编辑定义"操作（图 5.21.1），将会产生特征生成失败。

Step1. 将工作目录设置至 D:\proewf5.1\work\ch05.21，打开文件 wine_bottle_fail.prt。

Step2. 在图 5.21.2 所示的模型树中，先单击完全圆角标识 ⌐倒圆角 1，然后右击，从弹出的快捷菜单中选择 编辑定义 命令。

图 5.21.1　"编辑定义"圆角　　　　图 5.21.2　模型树

Step3. 重新选取圆角选项。在系统弹出的图 5.21.3 所示的操控板中，单击 集 按钮；在"集"界面的参照栏中右击，从弹出的快捷菜单中选择 全部移除 命令（图 5.21.4）；按住 Ctrl 键，依次选取图 5.21.5 所示的瓶口的两条边线；在半径栏中输入圆角半径值 0.6，按 Enter 键。

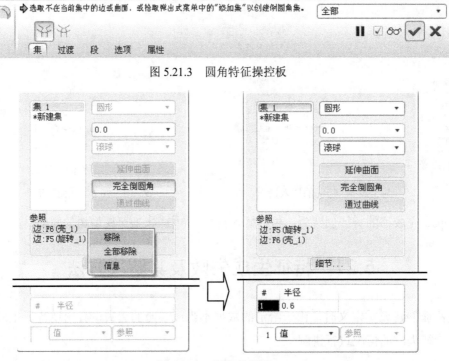

图 5.21.3　圆角特征操控板

图 5.21.4　圆角的设置

Step4. 在操控板中单击"完成"按钮 ✔ 后，系统弹出图 5.21.6 所示的"特征失败"提示对话框，此时模型树中"旋转 2"以红色高亮显示出来，如图 5.21.7 所示。前面曾讲到，该特征截面中的一个尺寸（5.0）的标注是以完全圆角的一条边线为参照的，重定义后，完全圆角不存在，瓶口旋转特征截面的参照便丢失，所以便出现特征生成失败。

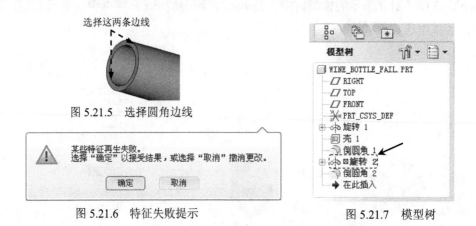

选择这两条边线

图 5.21.5　选择圆角边线

某些特征再生失败。
选择"确定"以接受结果，或选择"取消"撤消更改。

确定　　取消

图 5.21.6　特征失败提示

图 5.21.7　模型树

5.21.2 特征生成失败的解决方法

1. 解决方法一：取消

在图 5.21.6 所示的特征失败提示对话框中，选择 取消 按钮。

2. 解决方法二：删除特征

Step1. 在图 5.21.6 所示的特征失败提示对话框中，选择 确定 按钮。

Step2. 从图 5.21.7 所示的模型树中，单击 旋转 2，右击，在弹出的图 5.21.8 所示的快捷菜单中选择 删除 命令，在弹出的图 5.21.9 所示的删除对话框中选择 确定 ，删除后的模型如图 5.21.10 所示。

图 5.21.8 快捷菜单　　　　　图 5.21.9 删除对话框　　　　　图 5.21.10 删除操作后的模型

注意：

1) 从模型树和模型上可看到瓶口伸出项旋转特征被删除。

2) 如果想找回以前的模型文件，请按如下方法操作。

① 选择下拉菜单 窗口(W) ➡ ⊠关闭(C) 命令，关闭当前对话框。

② 选择下拉菜单 文件(F) ➡ 拭除(E) ▶ ➡ ✎不显示(D) 命令，拭除不显示的内存中的文件。

③ 再次打开酒瓶模型文件 wine_bottle_fail.prt。

3. 解决方法三：重定义特征

Step1. 在图 5.21.6 所示的特征失败提示对话框中，选择 确定 按钮。

Step2. 从图 5.21.7 所示的模型树中，单击 旋转 2，右击，在弹出的图 5.21.11 所示的快捷菜单中选择 编辑定义 命令，然后会弹出图 5.21.12 所示的旋转命令操控板。

图 5.21.11 快捷菜单

图 5.21.12 旋转命令操控板

Step3. 重定义草绘参照并进行标注。

（1）在操控板中单击 放置 按钮，然后在弹出的菜单区域中单击 编辑... 按钮。

（2）在弹出的图 5.21.13 所示的草图"参照"对话框中，先删除过期和丢失的参照，再选取新的参照 TOP 和 FRONT 基准平面，关闭"参照"对话框。

（3）在草绘环境中，相对新的参照进行尺寸标注（即标注 195.0 这个尺寸），如图 5.21.14 所示。完成后，单击操控板中的 ✔ 按钮。

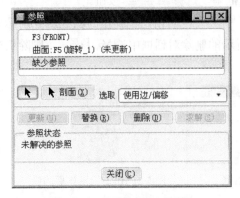

图 5.21.13   "参照"对话框

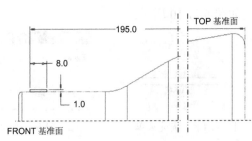

图 5.21.14   重定义特征

4．解决方法四：隐含特征

Step1. 在图 5.21.6 所示的特征失败提示对话框中，选择 确定 按钮。

Step2. 从图 5.21.7 所示的模型树中，单击 旋转 2，右击，在弹出的图 5.21.15 所示的快捷菜单中选择 隐含 命令，然后在弹出的图 5.21.16 所示的对话框中选择 确定 按钮。

图 5.21.15   快捷菜单

图 5.21.16   "隐含"对话框

至此，特征失败已经解决，如果想进一步解决被隐含的瓶口伸出项旋转特征，请继续下面的操作。

注意：

（1）如图 5.21.17 所示，从模型树上看不到隐含的特征。

（2）如果想在模型树上看到该特征，可进行下列的操作。

① 选取导航选项卡中的 📷 ➡ 📁 树过滤器(F)...命令。

② 在弹出的模型树项目对话框中，选中 ☑隐含的对象 复选框，然后单击该对话框中的 确定 按钮，此时隐含的特征又会在模型树中显示，如图 5.21.18 所示。

Step3. 如果右击该隐含的伸出项标识，然后从弹出的快捷菜单中选择 恢复 命令，那么系统再次进入特征"失败模式"，可参照上述方法进行重定义。

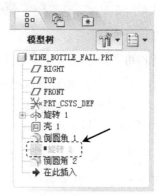

图 5.21.17　模型树（一）　　　　图 5.21.18　模型树（二）

5.22　特征的复制

特征的复制（Copy）命令用于创建一个或多个特征的副本，如图 5.22.1 所示。Pro/ENGINEER 的特征复制包括镜像复制、平移复制、旋转复制和新参考复制，下面几小节将分别介绍它们的操作过程。

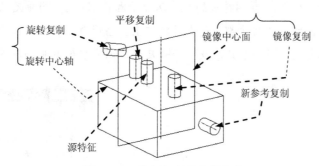

图 5.22.1　特征复制的多种方式

5.22.1　镜像复制特征

特征的镜像复制就是将源特征相对一个平面（这个平面称为镜像中心平面）进行镜像，从而得到源特征的一个副本。如图 5.22.2 所示，对这个圆柱体拉伸特征进行镜像复制的操作过程如下。

Step1. 将工作目录设置至 D:\proewf5.1\work\ch05.22，打开文件 copy_mirror.prt。

Step2. 选择下拉菜单 编辑(E) ➡ 特征操作(O) 命令，系统弹出图 5.22.3 所示的菜单管理器；在菜单管理器中选择 Copy (复制) 命令。

Step3. 在图 5.22.4 所示的"复制特征"菜单中选择 A 部分的 Mirror (镜像) 命令、B 部分的 Select (选取) 命令、C 部分的 Independent (独立) 命令、D 部分的 Done (完成) 命令。

说明：图 5.21.4 所示的 ▼ COPY FEATURE（复制特征）菜单分为 A、B、C、D 四个部分，下面对各部分的功能分别进行介绍。

- A 部分的作用是用于定义复制的类型。
  - ☑ New Refs（新参照）：创建特征的新参考复制。
  - ☑ Same Refs（相同参考）：创建特征的相同参考复制。
  - ☑ Mirror（镜像）：创建特征的镜像复制。
  - ☑ Move（移动）：创建特征的移动复制。

- B 部分用于定义复制的来源。
  - ☑ FromDifModel（不同模型）：从不同的三维模型中选取特征进行复制。只有选择了 New Refs（新参照）命令时，该命令才有效。
  - ☑ FromDifVers（不同版本）：从同一三维模型的不同版本中选取特征进行复制。该命令对 New Refs（新参照）或 Same Refs（相同参考）有效。

- C 部分用于定义复制的特性。
  - ☑ Independent（独立）：复制特征的尺寸独立于源特征的尺寸。从不同模型或版本中复制的特征自动独立。
  - ☑ Dependent（从属）：复制特征的尺寸从属于源特征尺寸。当重定义从属复制特征的截面时，所有的尺寸都显示在源特征上。当修改源特征的截面时，系统同时更新从属复制。该命令只涉及截面和尺寸，所有其他参照和属性都不是从属的。

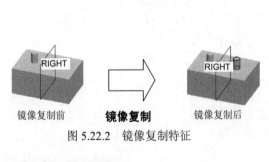

镜像复制前　　　**镜像复制**　　　镜像复制后

图 5.22.2　镜像复制特征

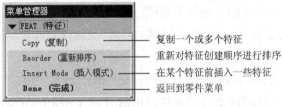

复制一个或多个特征
重新对特征创建顺序进行排序
在某个特征前插入一些特征
返回到零件菜单

图 5.22.3　"特征"菜单

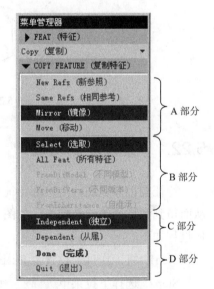

A 部分

B 部分

C 部分

D 部分

图 5.22.4　"复制特征"菜单

Step4. 选取要镜像的特征。在弹出的图 5.22.5 所示的"选取特征"菜单中，选择 Select（选取）命令，再选取要镜像复制的圆柱体拉伸特征，单击图 5.22.6 所示的"选取"对

话框中的 确定 按钮，结束选取。

说明：图 5.22.5 所示的"选取特征"菜单中的各命令介绍如下。

- Select (选取)：在模型中选取要镜像的特征。
- Layer (层)：按层选取要镜像的特征。
- Range (范围)：按特征序号的范围选取要镜像的特征。

注意：一次可以选取多个特征进行复制。

Step5. 定义镜像中心平面。在图 5.22.7 所示的"设置平面"菜单中，选择 Plane (平面) 命令，再选取 RIGHT 基准平面为镜像中心平面。

说明：镜像还有一种快捷方式，选取镜像的特征后，可以直接单击工具栏中的 按钮。

图 5.22.5　"选取特征"菜单　　　图 5.22.6　"选取"对话框　　　图 5.22.7　"设置平面"菜单

5.22.2　平移复制特征

下面将对图 5.22.8 中的源特征进行平移（Translate）复制，操作步骤如下。

图 5.22.8　平移复制特征

Step1. 将工作目录设置至 D:\proewf5.1\work\ch05.22，打开文件 copy_translate.prt。

Step2. 选择下拉菜单 编辑(E) ➡ 特征操作(O) 命令，在屏幕右侧的菜单管理器中选择 Copy (复制) 命令。

Step3. 在 ▼ COPY FEATURE (复制特征) 菜单中选择 A 部分的 Move (移动) 命令、B 部分的 Select (选取) 命令、C 部分的 Independent (独立) 命令和 D 部分的 Done (完成) 命令。

Step4. 选取要"移动"复制的源特征。在图 5.22.5 所示的"选取特征"菜单中选择 Select (选取) 命令，再选取要"移动"复制的圆柱体拉伸特征，然后选择 Done (完成) 命令。

Step5. 选取"平移"复制子命令。在图 5.22.9 所示的"移动特征"菜单中选择 Translate (平移) 命令。

说明：完成本步操作后，系统弹出图 5.22.10 所示的"选取方向"菜单，其中各命令介绍如下。

- Plane (平面)：选择一个平面，或创建一个新基准平面为平移方向参考面，平移方向为该平面或基准平面的垂直方向。
- Crv/Edg/Axis (曲线/边/轴)：选取边、曲线或轴作为其平移方向。如果选择非线性边或曲线，则系统提示选择该边或曲线上的一个现有基准点来指定方向。
- Csys (坐标系)：选择坐标系的一个轴作为其平移方向。

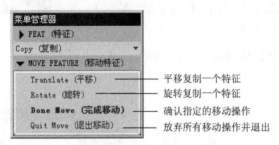

图 5.22.9 "移动特征"菜单

图 5.22.10 "选取方向"菜单

Step6. 选取"平移"的方向。在图 5.22.10 所示"选取方向"的菜单中，选择 Plane (平面) 命令，再选取 RIGHT 基准平面为平移方向参考面；此时模型中出现平移方向的箭头（图 5.22.11），在图 5.22.12 所示的 ▼ DIRECTION (方向) 菜单中选择 Okay (确定) 命令；输入平移的距离值 65.0，并按 Enter 键，然后选择 Done Move (完成移动) 命令。

图 5.22.11 平移方向

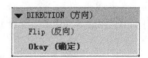

图 5.22.12 "方向"菜单

说明：完成本步操作后，系统弹出"组元素"对话框（图 5.22.13）和 ▼ 组可变尺寸 菜单（图 5.22.14），并且模型上显示源特征的所有尺寸（图 5.22.15），当把鼠标指针移至 Dim1、Dim2 或 Dim3 时，系统就加亮模型上的相应尺寸。如果在移动复制的同时要改变特征的某个尺寸，可从屏幕选取该尺寸或在 ▼ 组可变尺寸 菜单的尺寸前面放置选中标记，然后选择 Done (完成) 命令，此时系统会提示输入新值，输入新值并按 Enter 键。

图 5.22.13 "组元素"对话框

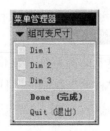

图 5.22.14 "组可变尺寸"菜单

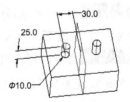

图 5.22.15 源特征尺寸

注意：如果在复制时不想改变特征的尺寸，可直接选择 Done （完成）命令。

Step7. 选取要改变的尺寸 Φ10.0，选择 Done （完成）命令，输入新值 15.0；单击"组元素"对话框中的 确定 按钮，完成"平移"复制。

5.22.3　旋转复制特征

下面对图 5.22.15 中的源特征进行旋转（Rotate）复制，操作提示如下。

请参考上一节"平移"复制的操作方法，注意在图 5.22.9 所示的"移动特征"菜单中选择 Rotate （旋转）命令。在选取旋转中心轴时，应先选择 Crv/Edg/Axis （曲线/边/轴）命令，然后选取图 5.22.1 中的边线。

5.22.4　特征的新参照复制

下面对图 5.22.16 中的源特征进行新参照（New Refs）复制，操作步骤如下。

新参照复制前　　　**新参照复制**　　　新参照复制后

图 5.22.16　新参照复制特征

Step1. 将工作目录设置至 D:\proewf5.1\work\ch05.22，打开文件 newrefs_copy.prt。

Step2. 选择下拉菜单 编辑(E) ➡ 特征操作(O) 命令，在弹出的菜单管理器中选择 Copy （复制）命令。

Step3. 在图 5.22.4 所示的"复制特征"菜单中选择 A 部分的 New Refs （新参考）命令、B 部分的 Select （选取）命令、C 部分的 Independent （独立）命令和 D 部分的 Done （完成）命令。

Step4. 选取要"新参照"复制的源特征。在弹出的菜单中选择 Select （选取）命令，再选取要进行新参照（New Refs）复制的圆柱体拉伸特征，然后选择 Done （完成）命令。

Step5. 系统弹出"组元素"对话框和 ▼组可变尺寸 菜单，如不想改变特征的尺寸，可直接选择 ▼组可变尺寸 菜单中的 Done （完成）命令。

Step6. 替换参照。在图 5.22.17 所示的 ▼ WHICH REF （参考）菜单中选择 Alternate （替换）命令，分别选取图 5.22.18 中的模型表平面或基准平面为新的参照，详见图 5.22.18 中的注释和说明。

图 5.22.17 所示的"参考"菜单中各命令的说明如下。

● Alternate （替换）：用新参照替换原来的参照。

● Same （相同）：副本特征的参照与源特征的参照相同。

- Skip (跳过)：跳过当前参照，以后可重定义参照。
- Ref Info (参照信息)：提供解释放置参照的信息。

Step7. 在图 5.22.19 所示的"组放置"菜单中选择 Show Result (显示结果) 命令，可预览复制的特征。

Step8. 在图 5.22.19 所示的"组放置"菜单中选择 Done (完成) 命令，完成特征的复制。

图 5.22.17 "参考"菜单

图 5.22.19 "组放置"菜单

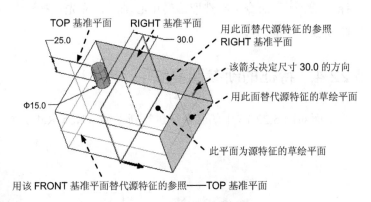

图 5.22.18 操作过程

注意：

- 在"装配"模式中使用复制命令时应注意。
  - ☑ 在"装配"模式中，▼ COPY FEATURE (复制特征) 菜单中的 All Feat (所有特征) 命令变为灰色。不能用 Copy (复制) 命令来镜像装配元件，而应该先激活装配体，然后选择下拉菜单 插入(I) ➡ 元件(C)▶ ➡ 创建(C)... 命令，在"元件创建"对话框中选中 子类型 中的 ◉ 镜像 单选项。
  - ☑ 一个将外部参照包含到不同装配元件中的特征，必须在含有外部参照的组件中被复制，或者在该装配中进行重新定义以取消外部参照。
- Pro/ENGINEER 自动将特征的复制副本创建组，可以用 组 命令对其进行操作。关于"组"的介绍请见后面的章节。

5.23   特征的阵列

特征的阵列（Pattern）命令用于创建一个特征的多个副本，阵列的副本称为"实例"。阵列可以是矩形阵列，也可以是环形阵列。在阵列时，各个实例的大小也可以递增变化。下面将分别介绍其操作过程。

5.23.1　矩形阵列

下面介绍图 5.23.1 中圆柱体特征的矩形阵列的操作过程。

图 5.23.1　创建矩形阵列

Step1. 将工作目录设置至 D:\proewf5.1\work\ch05.23，打开文件 pattern_rec.prt。

Step2. 在模型树中选取要阵列的特征——圆柱体拉伸特征，再右击，选择 阵列... 命令（另一种方法是先选取要阵列的特征，然后选择下拉菜单 编辑(E) ➡ 阵列(P)... 命令）。

注意： 一次只能选取一个特征进行阵列，如果要同时阵列多个特征，应预先把这些特征组成一个"组（Group）"。

Step3. 选取阵列类型。在图 5.23.2 所示的阵列操控板的 选项 界面中单击 选中 一般。

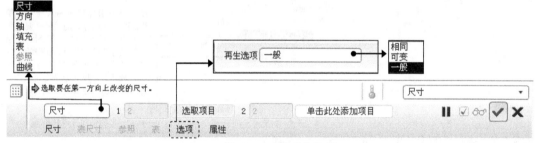

图 5.23.2　阵列操控板

说明：

在图 5.23.2 所示的阵列操控板的 选项 界面中，有下面三个阵列类型选项。

●　相同 阵列的特点和要求：
  ☑　所有阵列的实例大小相同。
  ☑　所有阵列的实例放置在同一曲面上。
  ☑　阵列的实例不与放置曲面边、任何其他实例边或放置曲面以外任何特征的边相交。

例如，在图 5.23.3 所示的阵列中，虽然孔的直径大小相同，但其深度不同，所以不能用 相同 阵列，可用 可变 或 一般 进行阵列。

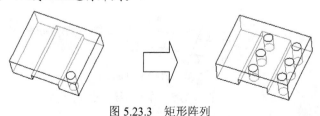

图 5.23.3　矩形阵列

- 可变 阵列的特点和要求：
  - ☑ 实例大小可变化。
  - ☑ 实例可放置在不同曲面上。
  - ☑ 没有实例与其他实例相交。

注意：对于"可变"阵列，Pro/ENGINEER 分别为每个实例特征生成几何，然后一次生成所有交截。

- 一般 阵列的特点：

系统对"一般"特征的实例不做什么要求。系统计算每个单独实例的几何，并分别对每个特征求交。可用该命令使特征与其他实例接触、自交，或与曲面边界交叉。如果实例与基础特征内部相交，即使该交截不可见，也需要进行"一般"阵列。在进行阵列操作时，为了确保阵列创建成功，建议读者优先选中 一般 按钮。

Step4. 选择阵列控制方式。在操控板中选择以"尺寸"方式控制阵列。操控板中控制阵列的各命令说明如图 5.23.4 所示。

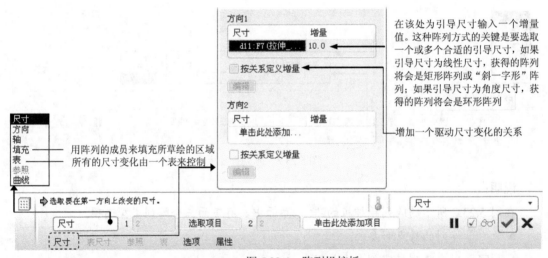

图 5.23.4　阵列操控板

Step5. 选取第一方向、第二方向引导尺寸并给出增量（间距）值。

（1）在操控板中单击 尺寸 按钮，选取图 5.23.5 中的第一方向阵列引导尺寸 24，再在"方向 1"的"增量"文本栏中输入值 30.0。

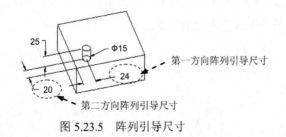

图 5.23.5　阵列引导尺寸

（2）在图 5.23.6 所示的"尺寸"界面中，单击"方向 2"区域的"尺寸"栏中的"单击此处添加…"字符，然后选取图 5.23.5 中的第二方向阵列引导尺寸 20，再在"方向 2"的"增量"文本栏中输入值 40.0。完成操作后的界面如图 5.23.7 所示。

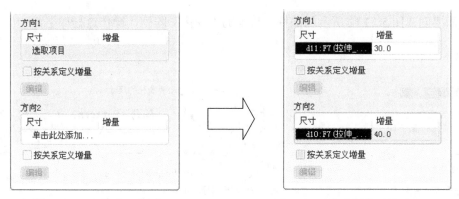

图 5.23.6 　"尺寸"界面　　　　　　　　　图 5.23.7 　完成操作后的"尺寸"界面

Step6. 给出第一方向、第二方向阵列的个数。在操控板的第一方向的阵列个数栏中输入值 3，在第二方向的阵列个数栏中输入值 2。

Step7. 在操控板中单击"完成"按钮✔，完成后的模型如图 5.23.8 所示。

5.23.2 创建"斜一字形"阵列

下面要创建图 5.23.9 所示的圆柱体特征的"斜一字形"阵列。

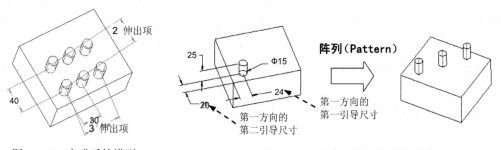

图 5.23.8 　完成后的模型　　　　　　　图 5.23.9 　创建"斜一字形"阵列

Step1. 将工作目录设置至 D:\proewf5.1\work\ch05.23，打开文件 pattern_1.prt。

Step2. 在模型树中右击圆柱体拉伸特征，选择 阵列... 命令。

Step3. 选取阵列类型。在操控板中单击 选项 按钮，选中 一般 按钮。

Step4. 选取引导尺寸，给出增量。

（1）在操控板中单击 尺寸 按钮，系统弹出图 5.23.10 所示的"尺寸"界面。

（2）选取图 5.23.9 中第一方向的第一引导尺寸 24，按住 Ctrl 键再选取第一方向的第二引导尺寸 20；在"方向 1"的"增量"栏中输入第一个增量值为 30.0，第二个增量值为 40.0。

Step5. 在操控板的第一方向的阵列个数栏中输入值 3，然后单击按钮✓，完成操作。

5.23.3 创建特征的尺寸变化的阵列

下面要创建图 5.23.11 所示的圆柱体特征的"变化"阵列，操作过程如下。

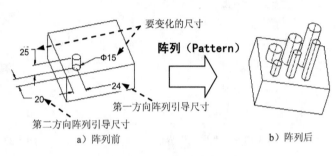

图 5.23.10 "尺寸"界面 　　　　　图 5.23.11 阵列引导尺寸

Step1. 将工作目录设置至 D:\proewf5.1\work\ch05.23，打开文件 pattern_dim.prt。

Step2. 在模型树中右击圆柱体拉伸特征，选择 阵列... 命令。

Step3. 选取阵列类型。在操控板的 选项 界面中选中 一般 按钮。

Step4. 选取第一方向、第二方向引导尺寸，给出增量。

（1）选取图 5.23.11 中第一方向的第一引导尺寸 24，输入增量值 30.0；按住 Ctrl 键，再选取第一方向的第二引导尺寸 25（即圆柱的高度），输入相应增量值 30.0。

（2）在操控板中单击 尺寸 按钮，单击"方向 2"的"单击此处添加..."字符，然后选取图 5.23.11 中第二方向的第一引导尺寸 20，输入相应增量值 40.0；按住 Ctrl 键，再选取第二方向的第二引导尺寸Φ15（即圆柱的直径），输入相应增量值 10.0。

Step5. 在操控板中第一方向的阵列个数栏中输入值 3，在第二方向的阵列个数栏中输入值 2。

Step6. 在操控板中单击按钮✓，完成操作。

5.23.4 删除阵列

下面举例说明删除阵列的操作方法。

如图 5.23.12 所示，在模型树中单击" 阵列 1 / 孔 1 "，再右击，从弹出的快捷菜单中选择 删除阵列 命令。

5.23.5 环形阵列

先介绍用"引导尺寸"的方法进行环形阵列。下面要创建图 5.23.13 所示的孔特征的环形阵列。作为阵列前的准备，先创建一个圆盘形的特征，再添加一个孔特征，由于环形阵列需要有一个角度引导尺寸，因此在创建孔特征时，要选择"径向"选项来放置这个孔特征。对该孔特征进行环形阵列的操作过程如下。

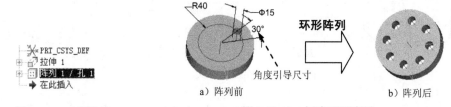

图 5.23.12　模型树　　　　　　　图 5.23.13　创建环形阵列

Step1. 将工作目录设置至 D:\proewf5.1\work\ch05.23，打开文件 pattern_3.prt。

Step2. 在模型树中单击孔特征，再右击，从弹出的快捷菜单中选择 阵列... 命令。

Step3. 选取阵列类型。在操控板的 选项 界面中选中 一般 按钮。

Step4. 选取引导尺寸、给出增量。选取图 5.23.13 中的角度引导尺寸 30°，在"方向 1"的"增量"文本栏中输入角度增量值 45.0。

Step5. 在操控板中输入第一方向的阵列个数 8；单击按钮 ✓，完成操作。

另外，还有一种利用"轴"进行环形阵列的方法。下面以图 5.23.14 为例进行说明。

Step1. 将工作目录设置至 D:\proewf5.1\work\ch05.23，打开文件 axis_pattern.prt。

Step2. 在图 5.23.15 所示的模型树中单击 拉伸 2 特征，再右击，从弹出的快捷菜单中选择 阵列... 命令。

Step3. 选取阵列中心轴和阵列数目。

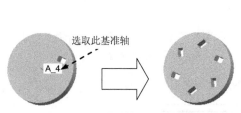

图 5.23.14　利用轴进行环形阵列

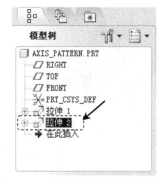

图 5.23.15　模型树

（1）在图 5.23.16 所示的操控板的阵列类型下拉列表中选择 轴 选项，再选取绘图区中模型的基准轴 A_4。

（2）在操控板中的阵列数量栏中输入数量值 6，在增量栏中输入角度增量值 60.0。

Step4. 在操控板中单击按钮 ✓，完成操作。

图 5.23.16　阵列操控板

5.24　特征的成组

图 5.24.1 所示的模型中的凸台由三个特征组成：实体旋转特征、倒角特征和圆角特征，如果要对这个带倒角和圆角的凸台进行阵列，必须将它们归成一组，这就是 Pro/ENGINEER 中特征成组（Group）的概念（注意：欲成为一组的数个特征在模型树中必须是连续的）。下面以此为例说明创建"组"的一般过程。

Step1. 将工作目录设置至 D:\proewf5.1\work\ch05.24，打开文件 group.prt。

Step2. 按住 Ctrl 键，在图 5.24.2a 所示的模型树中选取拉伸 2、倒圆角 1 和倒角 1 特征。

Step3. 选择下拉菜单 编辑(E) ➡ 组 命令（图 5.24.3），此时拉伸 2、倒圆角 1 和倒角 1 的特征合并为 组LOCAL GROUP （图 5.24.2b），至此完成组的创建。

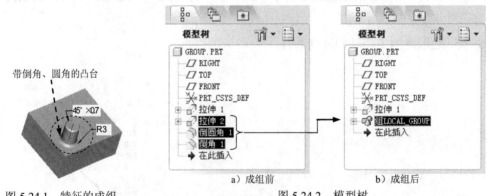

图 5.24.1　特征的成组

图 5.24.2　模型树

a）成组前　　　　b）成组后

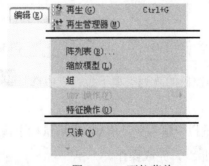

图 5.24.3　下拉菜单

5.25　扫　描　特　征

5.25.1　扫描特征简述

如图 5.25.1 所示，扫描（Sweep）特征是将一个截面沿着给定的轨迹"掠过"而生成的，所以也叫"扫掠"特征。要创建或重新定义一个扫描特征，必须给定两大特征要素，即扫描轨迹和扫描截面。

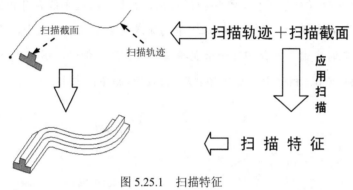

图 5.25.1　扫描特征

5.25.2　创建扫描特征的一般过程

下面以图 5.25.1 为例，说明创建扫描特征的一般过程。

Step1. 新建一个零件模型，将其命名为 sweep。

Step2. 选择下拉菜单 插入(I) ➡ 扫描(S) ▶ ➡ 伸出项(P)... 命令（如图 5.25.2 所示）。此时系统弹出图 5.25.3 所示的特征创建信息对话框，同时还弹出图 5.25.4 所示的 ▼ SWEEP TRAJ (扫描轨迹) 菜单。

图 5.25.4 所示 ▼ SWEEP TRAJ (扫描轨迹) **菜单中各命令的说明如下。**

- Sketch Traj (草绘轨迹)：在草绘环境中草绘扫描轨迹。
- Select Traj (选取轨迹)：选取现有曲线或边作为扫描轨迹。

Step3. 定义扫描轨迹。

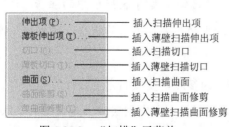

图 5.25.2　"扫描"子菜单

图 5.25.3　信息对话框

图 5.25.4　菜单管理器

（1）选择▼ SWEEP TRAJ（扫描轨迹）菜单中的 Sketch Traj（草绘轨迹）命令。

（2）定义扫描轨迹的草绘平面及其参照面：选择 Plane（平面）命令，选取 TOP 基准平面作为草绘面；选择 Okay（确定）➜ Right（右）➜ Plane（平面）命令，选取 RIGHT 基准平面作为参照面。系统进入草绘环境。

（3）定义扫描轨迹的参照：接受系统给出的默认参照 FRONT 和 RIGHT。

（4）绘制并标注扫描轨迹，如图 5.25.5 所示。

创建扫描轨迹时应注意下面几点，否则扫描可能失败。

● 对于"切口"（切削材料）类的扫描特征，其扫描轨迹不能自身相交。

● 相对于扫描截面的大小，扫描轨迹中的弧或样条半径不能太小，否则扫描特征在经过该弧时会由于自身相交而出现特征生成失败。例如，图 5.25.5 中的圆角半径 R12.0 和 R6.0，相对于后面将要创建的扫描截面不能太小。

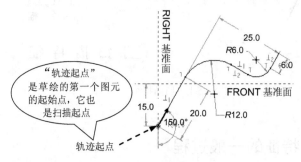

图 5.25.5　扫描轨迹

（5）完成轨迹的绘制和标注后，单击"草绘完成"按钮 ✔。完成以上操作后，系统自动进入扫描截面的草绘环境。

Step4. 创建扫描特征的截面。

说明：现在系统已经进入扫描截面的草绘环境。一般情况下，草绘区显示的情况如图 5.25.6 左边的部分所示。此时草绘平面与屏幕平行。前面在讲述拉伸（Extrude）特征和旋转（Revolve）特征时，都是建议在进入截面的草绘环境之前要定义截面的草绘平面，因此有的读者可能要问："现在创建扫描特征怎么没有定义截面的草绘平面呢？"其实，系统已自动为我们生成了一个草绘平面。现在请读者按住鼠标中键移动鼠标，把图形调整到图 5.25.6 右边部分所示的方位，此时草绘平面与屏幕不平行。请仔细阅读图 5.25.6 中的注释，便可明白系统是如何生成草绘平面的。如果想返回到草绘平面与屏幕平行的状态，请单击工具栏中的按钮 ⏎。

（1）定义截面的参照：此时系统自动以 L1 和 L2 为参照，使截面完全放置。

注：L1 和 L2 虽然不在对话框中的"参照"列表区显示，但它们实际上是截面的参照。

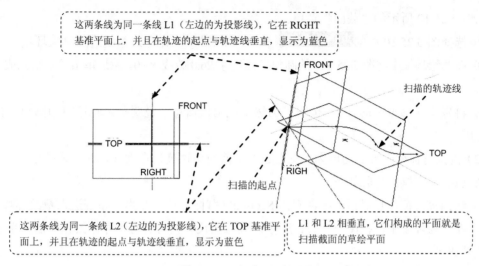

图 5.25.6　查看不同的方位

（2）绘制并标注扫描截面的草图。

说明：在草绘平面与屏幕平行和不平行这两种视角状态下，都可创建截面草图，它们各有利弊。在图 5.25.7 所示的草绘平面与屏幕平行的状态下创建草图，符合用户在平面上进行绘图的习惯；在图 5.25.8 所示的草绘平面与屏幕不平行的状态下创建草图，一些用户虽不习惯，但可清楚地看到截面草图与轨迹间的相对位置关系。建议读者在创建扫描特征（也包括其他特征）的二维截面草图时，交替使用这两种视角显示状态，在非平行状态下进行草图的定位；在平行的状态下进行草图形状的绘制和大部分标注。但在绘制三维草图时，草图的定位、形状的绘制和相当一部分标注需在非平行状态下进行。

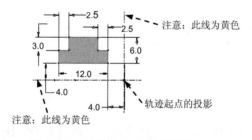

图 5.25.7　草绘平面与屏幕平行

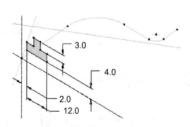

图 5.25.8　草绘平面与屏幕不平行

（3）完成截面的绘制和标注后，单击"草绘完成"按钮 ✔️。

Step5. 预览所创建的扫描特征。单击图 5.25.3 所示的信息对话框下部的 预览 按钮，此时信息区出现提示 🚫 不能构建特征几何图形。特征失败的原因可从所定义的轨迹和截面两个方面来查找。

（1）查找轨迹方面的原因：检查是不是图 5.25.5 中的尺寸 R6.0 太小，将它改成 R9.0 试试看。操作步骤如下。

① 在图 5.25.9 所示的扫描特征信息对话框中，双击 Trajectory（轨迹）这一元素后，系

统弹出图 5.25.10 所示的"截面"菜单。

②　选择图 5.25.10 中的 `Modify (修改)` ➜ `Done (完成)` 命令，系统进入草绘环境。

③　在草绘环境中将图 5.25.5 中的圆角半径尺寸 R6.0 改成 R9.0，然后单击"草绘完成"按钮 ✔ 。

④　再单击对话框中的 `预览` 按钮，仍然出现错误信息，说明不是轨迹中的圆角半径太小的原因。

（2）查找特征截面方面的原因：检查是不是截面距轨迹起点太远，或截面尺寸太大（相对于轨迹尺寸）。操作步骤如下。

①　在扫描特征信息对话框中，双击 Section（截面）这一元素，系统进入草绘环境。

②　在草绘环境中，按图 5.25.11 所示修改截面尺寸。将所有尺寸修改完毕后，单击草绘完成按钮 ✔ 。

③　再单击对话框中的 `预览` 按钮，扫描特征预览成功。

　　　　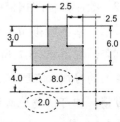

图 5.25.9　扫描特征信息对话框　　　图 5.25.10　"截面"菜单　　　图 5.25.11　修改截面尺寸

Step6. 完成扫描特征的创建。单击图 5.25.3 中特征信息对话框下部的 `确定` 按钮，完成扫描特征的创建。

5.26　混　合　特　征

5.26.1　混合特征简述

将一组不同的截面沿其边线用过渡曲面连接形成一个连续的特征，就是混合（Blend）特征。混合特征至少需要两个截面。图 5.26.1 所示的混合特征是由三个截面混合而成的。

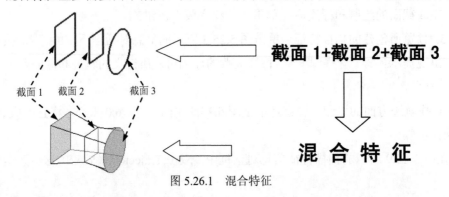

图 5.26.1　混合特征

5.26.2　创建混合特征的一般过程

下面以图 5.26.2 所示的平行混合特征为例，说明创建混合特征的一般过程。

图 5.26.2　平行混合特征

Step1. 新建一个零件模型，将其命名为 blend。

Step2. 选择下拉菜单 插入(I) ➡ 混合(B) ▶ ➡ 伸出项(P)...命令。

说明：完成此步操作后，系统弹出图 5.26.3 所示的 ▼ `BLEND OPTS (混合选项)` 菜单，该菜单分为 A、B、C 三个部分，各部分的基本功能介绍如下。

● A 部分

　　A 部分的作用是用于确定混合类型。

　　☑ `Parallel (平行)`：所有混合截面在相互平行的多个平行平面上。

　　☑ `Rotational (旋转的)`：混合截面绕 Y 轴旋转，最大角度可达 120°。每个截面都单独草绘并用截面坐标系对齐。

　　☑ `General (一般)`：一般混合截面可以绕 X 轴、Y 轴和 Z 轴旋转，也可以沿这三个轴平移。每个截面都单独草绘，并用截面坐标系对齐。

● B 部分

　　B 部分的作用是用于定义混合特征截面的类型。

　　☑ `Regular Sec (规则截面)`：特征截面使用截面草图。

　　☑ `Project Sec (投影截面)`：特征截面使用截面草图在选定曲面上的投影。该命令只用于平行混合。

● C 部分

　　　C 部分的作用是用于定义截面的来源。

　　☑ `Select Sec (选取截面)`：选择截面图元。该命令对平行混合无效。

　　☑ `Sketch Sec (草绘截面)`：草绘截面图元。

　　Step3. 定义混合类型、截面类型。选择 A 部分的 `Parallel (平行)` 命令、B 部分的 `Regular Sec (规则截面)` 命令、C 部分的 `Sketch Sec (草绘截面)` 命令，然后选择 `Done (完成)` 命令。

　　说明：完成此步操作后，系统弹出图 5.26.4 所示的特征信息对话框，还弹出图 5.26.5 所示的 ▼ `ATTRIBUTES (属性)` 菜单。该菜单下面有两个命令。

● `Straight (直)`：用直线段连接各截面的顶点，截面的边用平面连接。

- Smooth（光滑）：用光滑曲线连接各截面的顶点，截面的边用样条曲面光滑连接。

图 5.26.3　"混合选项"菜单　　　图 5.26.4　特征信息对话框　　　图 5.26.5　"属性"菜单

Step4. 定义混合属性。选择 ▼ ATTRIBUTES（属性）菜单中的 Straight（直）➡ Done（完成）命令。

Step5. 创建混合特征的第一个截面。

（1）定义混合截面的草绘平面及其垂直参照面：选择 Plane（平面）命令，选择 TOP 基准平面作为草绘平面；选择 Okay（确定）➡ Right（右）命令，选择 RIGHT 基准平面作为参照平面。

（2）定义草绘截面的参照：进入草绘环境后，接受系统给出的默认参照 FRONT 和 RIGHT。

（3）绘制并标注草绘截面，如图 5.26.6 所示。

提示：先绘制两条中心线，单击口按钮绘制长方形，进行对称约束，修改、调整尺寸。

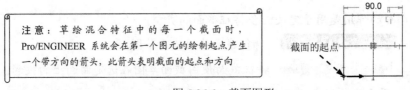

图 5.26.6　截面图形

Step6. 创建混合特征的第二个截面。

（1）在绘图区右击，从弹出的快捷菜单中选择 切换截面(T)命令（或选择下拉菜单草绘(S) ➡ 特征工具(U) ▸ ➡ 切换截面(T)命令）。

（2）绘制并标注草绘截面，如图 5.26.7 所示。

注意：由于第二个截面与第一个截面实际上是两个相互独立的截面，在进行对称约束时，必须重新绘制中心线。

Step7. 改变第二个截面的起点和起点的方向。

（1）选择图 5.26.8 所示的点，再右击，从弹出的快捷菜单中选择 起点(S)命令（或选择下拉菜单 草绘(S) ➡ 特征工具(U) ▸ ➡ 起点(S)命令）。

说明：系统默认的起始位置与草绘矩形时选择的第一顶点有关，如果截面起点位置已经处于图 5.26.8 所示的位置，可以不用修改。改变截面的起点和方向的原因如图 5.26.9 所示。

图 5.26.7　截面图形　　　　　　　　　　　图 5.26.8　定义截面起点

（2）如果想改变箭头的方向，再右击，从弹出的快捷菜单中选择 起点(S) 命令。

Step8. 创建混合特征的第三个截面。

（1）右击，从弹出的快捷菜单中选择 切换截面(T) 命令。

（2）绘制并标注草绘截面，如图 5.26.10 所示。

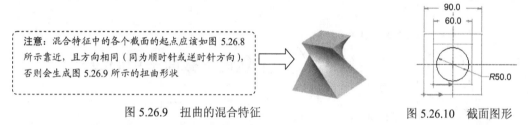

图 5.26.9　扭曲的混合特征　　　　　　　　　图 5.26.10　截面图形

Step9. 将第三个截面（圆）切分成四个图元。

注意：在创建混合特征的多个截面时，Pro/ENGINEER 要求各个截面的图元数（或顶点数）相同（当第一个截面或最后一个截面为一个单独的点时，不受此限制）。在本例中，前面两个截面都是长方形，它们都有四条直线（即四个图元），而第三个截面为一个圆，只是一个图元，没有顶点。所以这一步要做的是将第三个截面（圆）变成四个图元。

（1）单击 中的 按钮（或选择下拉菜单 编辑(E) ➡ 修剪(T) ▶ ➡ 分割(D) 命令）。

（2）分别在图 5.26.11 所示的四个位置选择四个点。

（3）绘制两条中心线，对四个点进行对称约束，修改、调整第一个点的尺寸。

Step10. 完成前面的所有截面后，单击草绘工具栏中的"完成"按钮 。

Step11. 输入截面间的距离。

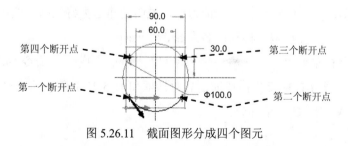

图 5.26.11　截面图形分成四个图元

（1）在系统 输入截面2的深度 的提示下，输入第二截面到第一截面的距离值 80.0，并按 Enter 键。

（2）在系统 输入截面3的深度 的提示下，输入第三截面到第二截面的距离值 60.0，并按 Enter 键。

Step12. 单击混合特征信息对话框中的 预览 按钮，预览所创建的混合特征。

Step13. 单击特征信息对话框中的 确定 按钮。至此，完成混合特征的创建。

5.27　螺旋扫描特征

5.27.1　螺旋扫描特征简述

如图 5.27.1 所示，将一个截面沿着螺旋轨迹线进行扫描，可形成螺旋扫描（Helical Sweep）特征。

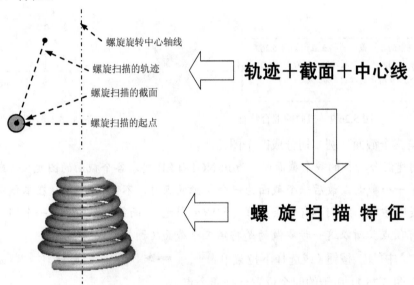

图 5.27.1　螺旋扫描特征

5.27.2　创建一个螺旋扫描特征

这里以图 5.27.1 所示的螺旋扫描特征为例，说明创建这类特征的一般过程。

Step1. 新建一个零件模型，将其命名为 helix_sweep。

Step2. 选择下拉菜单 插入(I) ➡ 螺旋扫描(H) ▶ ➡ 伸出项(P)... 命令。完成此步操作后，系统弹出图 5.27.2 所示的螺旋扫描特征信息对话框和图 5.27.3 所示的 ▼ ATTRIBUTES（属性）菜单，该菜单分为 A、B、C 三个部分。

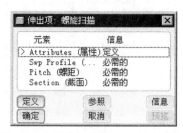

图 5.27.2　螺旋扫描特征信息对话框

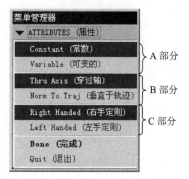

图 5.27.3　"属性"菜单

图 5.27.3 中的 ▼ ATTRIBUTES（属性）菜单的说明如下。

- A 部分
  - ☑ Constant（常数）：螺距为常数。
  - ☑ Variable（可变的）：螺距是可变的，并可由一个图形来定义。
- B 部分
  - ☑ Thru Axis（穿过轴）：截面位于穿过旋转轴的平面内。
  - ☑ Norm To Traj（垂直于轨迹）：横截面方向垂直于轨迹（或旋转面）。
- C 部分
  - ☑ Right Handed（右手定则）：使用右手定则定义轨迹。
  - ☑ Left Handed（左手定则）：使用左手定则定义轨迹。

Step3. 定义螺旋扫描的属性。依次在图 5.27.3 所示的菜单中，选择 A 部分的 Constant（常数）命令、B 部分的 Thru Axis（穿过轴）命令、C 部分的 Right Handed（右手定则）命令，然后选择 Done（完成）命令。

Step4. 定义螺旋的扫描线。

（1）定义螺旋扫描轨迹的草绘平面及其垂直参照平面：选择 Plane（平面）命令，选取 FRONT 基准平面作为草绘平面；选择 Okay（确定）➡ Right（右）命令，选取 RIHGT 基准平面作为参照平面。系统进入草绘环境。

（2）定义扫描轨迹的草绘参照：进入草绘环境后，接受系统给出的默认参照 RIGHT 和 TOP 基准平面。

（3）绘制和标注图 5.27.4 所示的轨迹线，然后单击草绘工具栏中的"完成"按钮 ✓。

Step5. 定义螺旋节距。在系统提示下输入节距值 8.0，并按 Enter 键。

Step6. 创建螺旋扫描特征的截面。进入草绘环境后，绘制和标注图 5.27.5 所示的截面——圆，然后单击草绘工具栏中的"完成"按钮 ✓。

注意：系统自动选取草绘平面并进行定向。在三维场景中绘制截面比较直观。

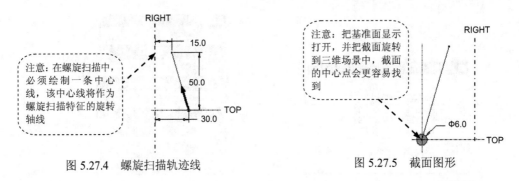

图 5.27.4　螺旋扫描轨迹线　　　　　图 5.27.5　截面图形

Step7. 预览所创建的螺旋扫描特征。单击螺旋扫描特征信息对话框中的 预览 按钮，预览所创建的螺旋扫描特征。

Step8. 完成螺旋扫描特征的创建。单击特征信息对话框中的 确定 按钮，至此完成螺旋扫描特征的创建。

5.28　Pro/ENGINEER 零件设计实际应用 1——连杆

应用概述

在本应用中，读者要重点掌握实体拉伸特征的创建过程，零件模型如图 5.28.1 所示。

Step1. 新建一个零件模型，将其命名为 connecting_rod。

Step2. 创建图 5.28.2 所示的实体拉伸特征 1。

（1）选择下拉菜单 插入(I) ➡ 拉伸(E)... 命令。

（2）定义草绘截面。

① 在绘图区右击，在弹出的快捷菜单中选择 定义内部草绘... 命令，系统弹出"草绘"对话框。

② 设置草绘平面与参照平面。选择 RIGHT 基准平面为草绘平面，选择 TOP 基准平面为参照平面，方向为 左；单击对话框中 草绘 按钮。

③ 此时系统进入截面草绘环境，绘制图 5.28.3 所示的截面草图；绘制完成后，单击"草绘完成"按钮 ✓。

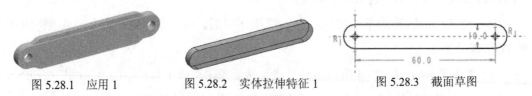

图 5.28.1　应用 1　　　　　图 5.28.2　实体拉伸特征 1　　　　　图 5.28.3　截面草图

（3）在操控板中选择深度类型 ⊟ （即两侧拉伸），输入深度值 4.0。

（4）在操控板中单击按钮 ∞，预览所创建的特征；单击"完成"按钮 ✓。

Step3. 创建图 5.28.4 所示的实体拉伸特征 2。

（1）选择下拉菜单 插入(I) ➡ 拉伸(E)... 命令。

（2）定义草绘截面。在绘图区右击，在弹出的快捷菜单中选择 定义内部草绘... 命令，系统弹出"草绘"对话框；选择 RIGHT 基准平面为草绘平面，选择 TOP 基准平面为参照平面，方向为 左 ；绘制图 5.28.5 所示的截面草图；绘制完成后，单击"草绘完成"按钮 ✓ 。

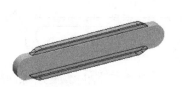

图 5.28.4　实体拉伸特征 2

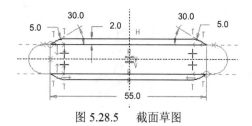

图 5.28.5　截面草图

（3）在操控板中选择深度类型 ⊟ （即两侧拉伸），输入深度值 2.5。

（4）在操控板中单击按钮 ∞ ，预览所创建的特征；单击"完成"按钮 ✓ 。

Step4. 创建图 5.28.6 所示的拉伸特征 3。单击"拉伸"命令按钮 ☐ 。确认"实体"按钮 ☐ 被按下，并按下操控板中的"切削"按钮 ☐ 。选取图 5.28.6 所示的零件表面作为草绘平面，接受系统默认的参照平面和方向。绘制图 5.28.7 所示的截面草图；深度类型为 ‖ （即"穿透"）。

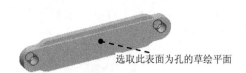

图 5.28.6　实体切削拉伸特征 3

图 5.28.7　截面草图

5.29　Pro/ENGINEER 零件设计实际应用 2——机体

应用概述

在本应用中，读者要重点掌握实体薄壁拉伸特征的创建过程，并应注意当在一个特征上添加特征时，重新选取草绘参照的技巧。零件模型如图 5.29.1 所示。

说明：本应用前面的详细操作过程请参见随书光盘中 video\ch05\ch05.29\reference\文件下的语音讲解文件 body01.avi。

Step1. 打开文件 D:\proewf5.1\work\ch05.29\body_ex.prt。

Step2. 添加图 5.29.2 所示的零件特征——实体拉伸特征 4。单击"拉伸"命令按钮 ☐ ；设置 CENTER 基准平面为草绘平面，TOP 基准平面为参照平面，方向为 左 ；进入截面草绘环境后，选择下拉菜单 草绘(S) ➡ 参照(R)... 命令，选取图 5.29.3 所示的两条边作为参照；绘制图 5.29.3 所示的特征截面图形；选取深度类型 ⊟ （对称拉伸），深度值为 12.0。

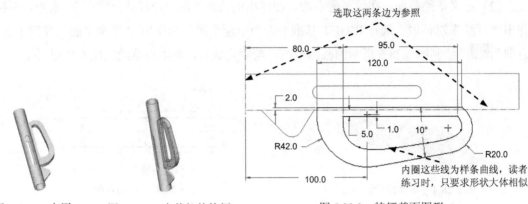

图 5.29.1　应用 2　　　图 5.29.2　实体拉伸特征 4　　　图 5.29.3　特征截面图形

5.30　Pro/ENGINEER 零件设计实际应用 3
——瓶口座

应用概述

　　本应用是瓶塞开启器中的零件——瓶口座（socket）的前几个特征，主要运用了实体拉伸、实体旋转、切削旋转等创建特征的命令。零件模型如图 5.30.1 所示。

　　说明：本应用的详细操作过程请参见随书光盘中 video\ch05.30\文件下的语音视频讲解文件。模型文件为 D:\proewf5.1\work\ch05.30\socket。

图 5.30.1　应用 3

5.31　Pro/ENGINEER 零件设计实际应用 4
——创建螺孔

应用概述

　　本应用着重讲解的是孔特征的创建过程，一个是螺孔，一个是直孔，读者要重点掌握孔类型的选取，以及孔的定位与选取参照的技巧。零件模型如图 5.31.1 所示。

　　说明：本应用的详细操作过程请参见随书光盘中 video\ch05.31\文件下的语音视频讲解文件。模型文件为 D:\proewf5.1\work\ch05.31\body_hole.prt。

图 5.31.1　应用 4

5.32　Pro/ENGINEER 零件设计实际应用 5
——驱动杆

应用概述

　　本应用要掌握的重点是：如何借助基准特征更快、更准确地创建所要的特征。三维模型如图 5.32.1 所示。

　　说明：本应用的详细操作过程请参见随书光盘中 video\ch05.32\ 文件下的语音视频讲解文件。模型文件为 D:\proewf5.1\work\ch05.32\actuating_rod.prt。

图 5.32.1　应用 5

5.33　Pro/ENGINEER 零件设计实际应用 6——曲轴

应用概述

　　本应用是一个特殊用途的轴，重点是基准特征的应用，看起来似乎需要用到高级特征命令才能完成模型的创建，其实用一些基本的特征命令（拉伸、旋转命令）就可完成。通过本例的练习，读者可以进一步掌握这些基本特征命令的使用技巧。零件模型如图 5.33.1 所示。

　　说明：本应用的详细操作过程请参见随书光盘中 video\ch05.33\ 文件下的语音视频讲解文件。模型文件为 D:\proewf5.1\work\ch05.33\drive_shaft.prt。

图 5.33.1　应用 6

5.34　Pro/ENGINEER 零件设计实际应用 7
——扇叶固定座

应用概述

　　本应用的零件模型如图 5.34.1 所示，难点主要集中在带倾斜角零件的创建及其阵列，读者要重点掌握基准平面的创建及组阵列的技巧和思路。

　　说明：本应用的详细操作过程请参见随书光盘中 video\ch05.34\ 文件下的语音视频讲解文件。模型文件为 D:\proewf5.1\work\ch05.34\fan_hub.prt。

图 5.34.1　应用 7

5.35   Pro/ENGINEER 零件设计实际应用 8——盖板

应用概述

　　本应用主要运用了实体拉伸、扫描、倒圆角和抽壳等命令。首先创建作为主体的拉伸及扫描实体，然后进行倒圆角，最后利用抽壳做成箱体。零件模型如图 5.35.1 所示。

　　说明：本应用的详细操作过程请参见随书光盘中 video\ch05.35\ 文件下的语音视频讲解文件。模型文件为 D:\proewf5.1\work\ch05.35\cover_up.prt。

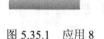

图 5.35.1　应用 8

5.36   Pro/ENGINEER 零件设计实际应用 9——漏斗

应用概述

　　本应用是一个比较综合的练习，其关键是模型中混合特征的创建。零件模型如图 5.36.1 所示。

　　说明：本应用的详细操作过程请参见随书光盘中 video\ch05.36\ 文件下的语音视频讲解文件。模型文件为 D:\proewf5.1\work\ch05.36\instance_top_cover.prt。

图 5.36.1　应用 9

5.37   Pro/ENGINEER 零件设计实际应用 10——钻头

应用概述

　　本应用介绍了一个钻头的创建过程（图 5.37.1），此过程的关键是要创建一个切口螺旋扫描特征，然后对其阵列。

　　说明：本应用的详细操作过程请参见随书光盘中 video\ch05.37\ 文件下的语音视频讲解文件。模型文件为 D:\proewf5.1\work\ch05.37\driller.prt。

图 5.37.1　应用 10

5.38   Pro/ENGINEER 零件设计实际应用 11 ——手机外壳

应用概述

　　本应用介绍了一个手机外壳的创建过程（图 5.38.1），此过程综合运用了拉伸、倒圆角、自动倒圆角、抽壳和扫描等命令。

说明：本应用的详细操作过程请参见随书光盘中
video\ch05.38\文件下的语音视频讲解文件。模型文件为
D:\proewf5.1\work\ch05.38\plastic_sheath.prt。

图 5.38.1　应用 11

5.39　Pro/ENGINEER 零件设计实际应用 12
——排气管

应用概述

　　本应用中使用的命令比较多，主要运用了拉伸、扫描、混合、倒圆角及抽壳等特征
命令，建模思路是先创建互相交叠的拉伸、扫描、混合
特征，再对其进行抽壳，从而得到模型的主体结构，其
中扫描、混合特征的综合使用是重点，务必保证草图的
正确性，否则此后的圆角将难以创建。该零件模型如图
5.39.1 所示。

说明：本应用的详细操作过程请参见随书光盘中
video\ch05.39\文件下的语音视频讲解文件。模型文件为
D:\proewf5.1\work\ch05.39\INSTANCE_MAIN_HOUSING.prt。

图 5.39.1　　应用 12

5.40　习　　题

1. 习题 1

　　概述：本练习是一个电气元件——电阻。在实际的产品设计中，创建电气元件往往要
进行简化，简化包括结构简化和材质简化。本练习中的电阻结构简化为旋转和扫描两个特
征，金属丝和电阻主体的材质简化为同一材质。零件模型如图 5.40.1 所示，操作步骤提示
如下。

Step1. 新建并命名零件的模型为 resistor.prt。

Step2. 创建图 5.40.2 所示的实体旋转特征。截面草图如图 5.40.3 所示。

图 5.40.1　电阻模型

图 5.40.2　实体旋转特征

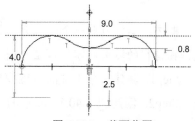

图 5.40.3　截面草图

Step3. 创建图 5.40.4 所示的扫描特征。轨迹草图如图 5.40.5 所示，截面草图如图 5.40.6 所示。

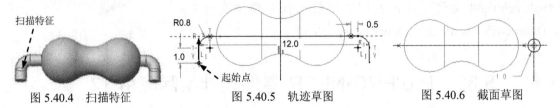

图 5.40.4　扫描特征　　　　图 5.40.5　轨迹草图　　　　图 5.40.6　截面草图

2．习题 2

概述：本练习是一个薄板混合特征，它由六个截面组成，零件模型如图 5.40.7 所示。

Step1. 新建并命名零件的模型为 cover.prt。

Step2. 选择下拉菜单 插入(I) ➡ 混合(B) ▸ ➡ 薄板伸出项(T)...命令。

Step3. 第一、二个截面如图 5.40.8 所示，第三、四个截面如图 5.40.9 所示，第五、六个截面如图 5.40.8 所示。

Step4. 薄板厚度值为 1.5。

Step5. 第二截面到第一截面的距离值为 100，第三截面到第二截面的距离值为 50，第四截面到第三截面的距离值为 100，第五截面到第四截面的距离值为 50，第六截面到第五截面的距离值为 100。

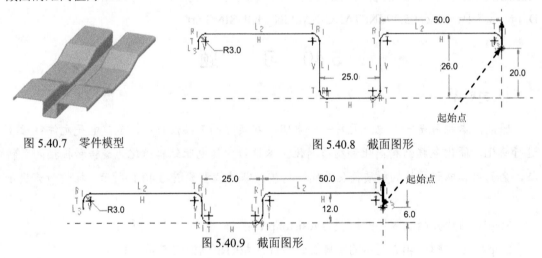

图 5.40.7　零件模型　　　　图 5.40.8　截面图形

图 5.40.9　截面图形

3．习题 3

概述：本练习是一个瓶塞开启器中的零件——抓起瓶塞的勾爪（claw），主要是练习螺旋扫描特征的运用，零件模型如图 5.40.10 所示。

Step1. 新建一个零件的三维模型，将零件的模型命名为 claw.prt。

Step2. 创建图 5.40.11 所示的零件基础特征——实体拉伸特征，截面草图如图 5.40.12 所示，深度值为 160.0。

Step3. 添加图 5.40.13 所示的倒角特征。

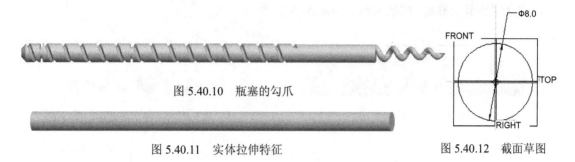

图 5.40.10 瓶塞的勾爪

图 5.40.11 实体拉伸特征

图 5.40.12 截面草图

Step4. 下面将创建图 5.40.14 所示的切削螺旋扫描特征。扫描轨迹线为图 5.40.15 所示的一条线段；定义螺旋节距值 8；螺旋的截面如图 5.40.16 所示。

图 5.40.13 倒角特征

图 5.40.14 切削螺旋扫描特征

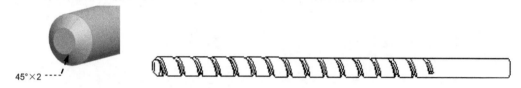

图 5.40.15 螺旋的扫描线

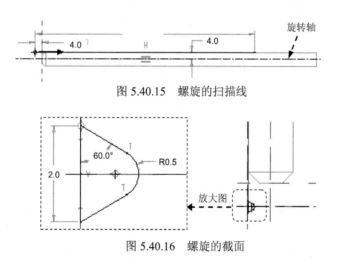

图 5.40.16 螺旋的截面

Step5. 添加图 5.40.17 所示的切削旋转特征，截面草图如图 5.40.18 所示。

图 5.40.17 切削旋转特征

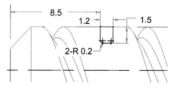

图 5.40.18 截面草图

Step6. 阵列 Step5 所创建的切削旋转特征，如图 5.40.19 所示。

Step7. 添加图 5.40.20 所示的伸出项螺旋扫描特征。扫描线为图 5.40.21 所示的一条线段，定义螺旋节距值 8，螺旋的截面如图 5.40.22 所示。

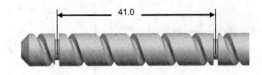

图 5.40.19　阵列特征

图 5.40.20　伸出项螺旋扫描特征

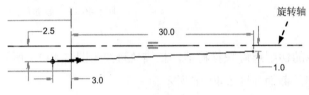

图 5.40.21　螺旋的扫描线

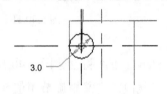

图 5.40.22　螺旋的截面

第6章 曲面设计

本章提要　　Pro/ENGINEER 的曲面造型工具对于创建复杂曲面零件非常有用。与一般实体零件的创建相比，曲面零件的创建过程和方法比较特殊，技巧性也很强，掌握起来不太容易，本章将介绍曲面造型的基本知识。主要内容包括：

- 平整、拉伸、旋转、边界曲面等基本曲面的创建。
- 曲面的复制。
- 曲面的切削。
- 曲面的修剪。
- 曲面的合并。
- 将曲面特征转化为实体特征。

6.1　曲面设计概述

Pro/ENGINEER 中的曲面（Surface）设计模块主要用于创建形状复杂的零件。这里要注意，曲面是没有厚度的几何特征，不要将曲面与实体里的薄壁特征相混淆，薄壁特征有一个壁的厚度值，薄壁特征本质上是实体，只不过它的壁很薄。

在 Pro/ENGINEER 中，通常将一个曲面或几个曲面的组合称为面组（Quilt）。

用曲面创建形状复杂的零件的主要过程如下。

（1）创建数个单独的曲面。

（2）对曲面进行修剪（Trim）、切削（Cut）、偏移（Offset）等操作。

（3）将各个单独的曲面合并（Merge）为一个整体的面组。

（4）将曲面（面组）转化为实体零件。

6.2　创 建 曲 面

6.2.1　曲面网格显示

选择下拉菜单 视图(V) ➡ 模型设置(E) ▶ ➡ 网格曲面(S)... 命令，系统弹出图 6.2.1 所示的"网格"对话框，利用该对话框可对曲面进行网格显示设置，如图 6.2.2 所示。

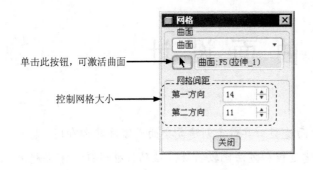

单击此按钮，可激活曲面

控制网格大小

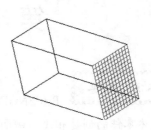

图 6.2.1 "网格"对话框   图 6.2.2 曲面网格显示

6.2.2 创建平整曲面——填充特征

编辑(E) 下拉菜单中的 填充(L)... 命令是用于创建平整曲面——填充特征，它创建的是一个二维平面特征。利用 拉伸(E)... 命令也可创建某些平整曲面，不过 拉伸(E)... 有深度参数而 填充(L)... 无深度参数（图 6.2.3）。

注意：填充特征的截面草图必须是封闭的。

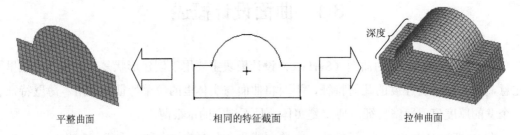

平整曲面   相同的特征截面   拉伸曲面

图 6.2.3 平整曲面与拉伸曲面

创建平整曲面的一般操作步骤如下。

Step1. 新建一个零件模型，将其命名为 surface_fill。

Step2. 选择下拉菜单 编辑(E) ➡ 填充(L)... 命令，此时屏幕上方出现图 6.2.4 所示的填充操控板。

图 6.2.4 填充操控板

Step3. 在绘图区中右击，从弹出的快捷菜单中选择 定义内部草绘... 命令；进入草绘环境后，创建一个封闭的截面草图，完成后单击按钮 ✓。

Step4. 在操控板中单击"完成"按钮 ✓，完成平整曲面特征的创建。

6.2.3　创建拉伸和旋转曲面

拉伸、旋转、扫描和混合等曲面的创建与实体基本相同。下面仅举例说明拉伸曲面和旋转曲面的创建过程。

1．创建拉伸曲面

图 6.2.5 所示的曲面特征为拉伸曲面，创建过程如下。

Step1. 新建一个零件模型，将其命名为 surface_extrude。

Step2. 选择 插入(I) ➡ 拉伸(E)... 命令，此时系统弹出图 6.2.6 所示的拉伸操控板。

图 6.2.5　不封闭曲面

图 6.2.6　拉伸操控板

Step3. 按下操控板中的"曲面类型"按钮 。

Step4. 定义草绘截面放置属性：右击，从弹出的菜单中选择 定义内部草绘... 命令；指定 FRONT 基准平面为草绘面，采用模型中默认的黄色箭头的方向为草绘视图方向，指定 RIGHT 基准平面为参照面，方向为 右 。

Step5. 创建特征截面。进入草绘环境后，首先接受默认参照，然后绘制图 6.2.7 所示的截面草图，完成后单击按钮 。

Step6. 定义曲面特征的"开放"或"闭合"。单击操控板中的 选项 ，在其界面中：

- 选中 ☑ 封闭端 复选框，使曲面特征的两端部封闭。注意：对于封闭的截面草图，才可选择该项（图 6.2.8）。
- 取消选中 ☐ 封闭端 复选框，可以使曲面特征的两端部开放（即不封闭）（图 6.2.5）。

Step7. 选取深度类型及其深度：选取深度类型 ，输入深度值 80.0 并按 Enter 键。

Step8. 在操控板中单击"完成"按钮▣，完成曲面特征的创建。

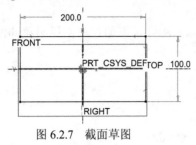

图 6.2.7　截面草图

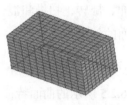

图 6.2.8　封闭曲面

2．创建旋转曲面

图 6.2.9 所示的曲面特征为旋转曲面，创建的操作步骤如下。

Step1. 新建一个零件模型，将其命名为 surface_revolve。

Step2. 选择下拉菜单 插入(I) ➡ ◦◦ 旋转(R)... 命令，按下操控板中的"曲面类型"按钮▢。

Step3. 定义草绘截面放置属性。指定 FRONT 基准平面为草绘面；RIGHT 基准平面为参照面，方向为 右 。

Step4. 创建特征截面：接受默认参照；绘制图 6.2.10 所示的特征截面（截面可以不封闭），注意必须有一条中心线作为旋转轴，完成后单击按钮▣。

图 6.2.9　旋转曲面

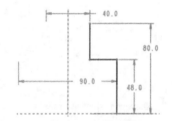

图 6.2.10　截面图形

说明：用户在创建旋转曲面截面草图的时候，必须利用"几何中心线"命令手动绘制旋转轴；如果用户在绘制截面草图的时候绘制一条几何中心线，系统会默认此几何中心线就是所创建的旋转曲面的旋转轴；如果用户在绘制截面草图的时候绘制两条及两条以上的几何中心线，这时系统会将用户绘制的第一条几何中心线作为旋转轴，用户也可以用手动来指定（右击要指定为旋转轴的几何中心线，然后选择"旋转轴"命令）所创建曲面的旋转轴。

Step5. 定义旋转类型及角度：选取旋转类型▣（即草绘平面以指定角度值旋转），角度值为 360.0。

Step6. 在操控板中单击"完成"按钮▣，完成曲面特征的创建。

6.2.4　创建边界混合曲面

边界混合曲面即是由若干参照图元（它们在一个或两个方向上定义曲面）所确定的混

合曲面。在每个方向上选定的第一个和最后一个图元定义曲面的边界。如果添加更多的参照图元（如控制点和边界），则能更精确、更完整地定义曲面形状。

选取参照图元的规则如下。

- 曲线、模型边、基准点、曲线或边的端点可作为参照图元使用。
- 在每个方向上，都必须按连续的顺序选择参照图元。
- 对于在两个方向上定义的混合曲面来说，其外部边界必须形成一个封闭的环，这意味着外部边界必须相交。

1. 创建边界混合曲面的一般过程

下面以图 6.2.11 为例介绍创建边界混合曲面的一般过程。

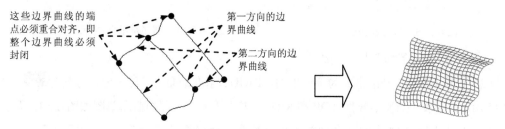

图 6.2.11　创建边界曲面

Step1. 设置工作目录和打开文件。

（1）选择下拉菜单 文件(F) ━━▶ 设置工作目录(W)... 命令，将工作目录设置至 D:\proewf5.1\work\ch06.02。

（2）选择下拉菜单 文件(F) ━━▶ 打开(O)... 命令，打开文件 surface_boundary_blended.prt。

Step2. 选择 插入(I) ━━▶ 边界混合(B)... 命令，屏幕上方出现图 6.2.12 所示的操控板。

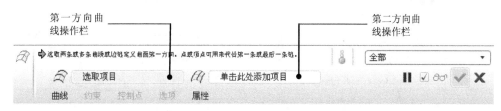

图 6.2.12　操控板

Step3. 定义第一方向的边界曲线。按住 Ctrl 键，分别选取图 6.2.11 所示的第一方向的三条边界曲线。

Step4. 定义第二方向的边界曲线。在操控板中单击 图标后面的第二方向曲线操作栏中的"单击此处添加项目"字符，按住 Ctrl 键，分别选取第二方向的两条边界曲线。

Step5. 在操控板中单击"完成"按钮 ，完成边界曲面的创建。

2. 边界曲面的练习

本练习将介绍用"边界混合曲面"的方法，创建图 6.2.13 所示的鼠标盖曲面的详细操作流程。

Stage1. 创建基准曲线

Step1. 新建一个零件的三维模型，将其命名为 mouse_cover。

Step2. 创建图 6.2.14 所示的基准曲线 1，相关提示如下。

图 6.2.13 鼠标盖曲面

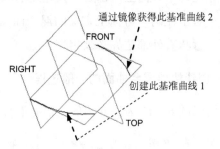

图 6.2.14 创建基准曲线 1、2

（1）单击"草绘基准曲线"按钮 。

（2）设置 FRONT 基准平面为草绘平面，RIGHT 基准平面为参照平面，方向为 右，如图 6.2.15 所示；接受系统默认参照 TOP 和 RIGHT 基准平面；特征的截面草图如图 6.2.16 所示。

Step3. 将图 6.2.14 中的基准曲线 1 进行镜像，获得基准曲线 2，相关提示如下。

（1）选择下拉菜单 编辑(E) ➡ 特征操作(O) 命令。

（2）在菜单管理器中选择 Copy (复制) ➡ Mirror (镜像) ➡ Select (选取) ➡ Independent (独立) ➡ Done (完成) 命令。

图 6.2.15 "草绘"对话框

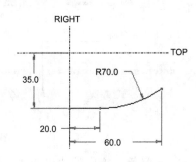

图 6.2.16 截面草图

（3）选择 Select (选取) 命令，再选择要镜像复制的源特征（图 6.2.14）；选择 Done (完成) 命令。

（4）选择 Plane (平面) 命令，再选择 TOP 基准平面为镜像中心平面；选择 Done (完成) 命令。

Step4. 创建图 6.2.17 所示的基准曲线 3，相关提示如下。

（1）创建基准平面 DTM1，使其平行于 RIGHT 基准平面并且过基准曲线 1 的顶点，对话框如图 6.2.18 所示。

（2）单击"草绘基准曲线"命令按钮 。设置 DTM1 基准平面为草绘平面，TOP 基准平面为参照平面，方向为 右；接受系统给出的默认参照；特征的截面草图如图 6.2.19 所示。

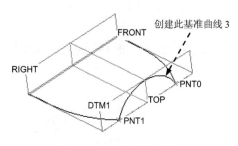

图 6.2.17 创建基准曲线 3

图 6.2.18 "基准平面"对话框

注意： 草绘时，为了绘制方便，将草绘平面旋转、调整到图 6.2.19 所示的空间状态。另外要将基准曲线 3 的顶点与基准曲线 1、2 的顶点对齐，为了确保对齐，应该创建基准点 PNT1 和 PNT0，它们分别过基准曲线 1、2 的顶点，如图 6.2.20 所示。然后选取这两个基准点作为草绘参照，创建这两个基准点的操作提示如下。

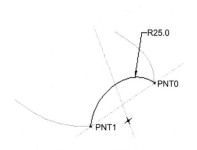

图 6.2.19 截面草图

图 6.2.20 "基准点"对话框

① 创建基准点时，无须退出草绘环境，直接单击"创建基准点"按钮 。

② 选择基准曲线 1 或 2 的顶点；单击"基准点"对话框中的 确定 按钮。

Step5. 创建图 6.2.21 所示的基准曲线 4，相关提示如下：单击"草绘基准曲线"命令按钮 ；设置 FRONT 基准平面为草绘平面，RIGHT 基准平面为参照平面，方向为 右；特征的截面草图如图 6.2.22 所示（为了便于将基准曲线 4 的顶点与基准曲线 1、2 的顶点对齐并且相切，有必要选取基准曲线 1、2 为草绘参照）。

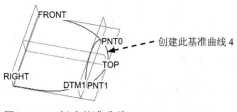

图 6.2.21 创建基准曲线 4

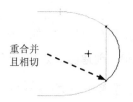

图 6.2.22 截面草图

Step6. 创建图 6.2.23 所示的基准曲线 5。

相关提示：草绘平面为 RIGHT 基准平面，截面草图如图 6.2.24 所示。

Stage2. 创建边界曲面 1

如图 6.2.25 所示，该鼠标盖零件模型包括两个边界曲面，下面是创建边界曲面 1 的操作步骤。

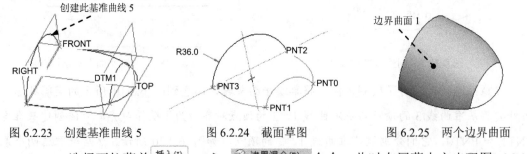

图 6.2.23　创建基准曲线 5　　　图 6.2.24　截面草图　　　图 6.2.25　两个边界曲面

Step1. 选择下拉菜单 插入(I) ➡ 边界混合(B)... 命令，此时在屏幕上方出现图 6.2.26 所示的操控板。

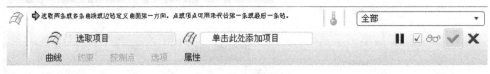

图 6.2.26　操控板

Step2. 选取边界曲线。在操控板中单击 曲线 按钮，系统弹出图 6.2.27 所示的"曲线"界面，按住 Ctrl 键，选择图 6.2.28 所示的第一方向的两条曲线；单击"第二方向"区域中的"单击此处..."字符，然后按住 Ctrl 键，选择图 6.2.28 所示的第二方向的两条曲线，此时的界面如图 6.2.29 所示。

Step3. 在操控板中单击按钮 √ 60°，预览所创建的曲面，确认无误后，再单击"完成"按钮 √。

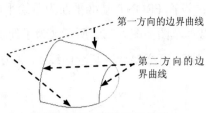

图 6.2.27　"曲线"界面　　　　　　图 6.2.28　选取边界曲线

Stage3. 创建图 6.2.30 所示的边界曲面 2

Step1. 选择下拉菜单 插入(I) ➡ 边界混合(B)... 命令。

Step2. 按住 Ctrl 键，依次选择图 6.2.31 所示的基准曲线 4 和基准曲线 3 为方向 1 的边界曲线。

图 6.2.29 "曲线"界面

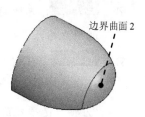

图 6.2.30 边界曲面 2

Step3. 设置边界条件。在操控板中单击 约束 按钮，在图 6.2.32 所示的"约束"界面中将"方向 1"的"最后一条链"的"条件"设置为 相切，然后单击图 6.2.32 所示的区域，在系统 ➡选取位于加亮边界元件上的曲面. 的提示下，选取图 6.2.31 所示的边界曲面 1。

Step4. 单击操控板中的完成按钮 ✔。

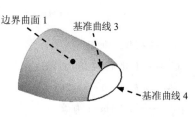

图 6.2.31 选取边界曲线

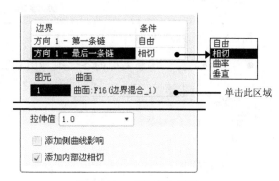

图 6.2.32 "约束"界面

6.2.5 偏移曲面

编辑(E) 下拉菜单中的 ⚟ 偏移(O)... 命令用于创建偏移的曲面。注意要激活 ⚟ 偏移(O)... 工具，首先必须选取一个曲面。偏移操作由图 6.2.33 所示的操控板完成。

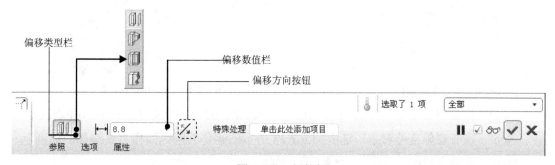

图 6.2.33 操控板

曲面"偏距"操控板的说明。

- 参照 : 用于指定要偏移的曲面，操作界面如图 6.2.34 所示。
- 选项 : 用于指定要排除的曲面等，操作界面如图 6.2.35 所示。

☑ 垂直于曲面：偏距方向将垂直于原始曲面（默认项）。

☑ 自动拟合：系统自动将原始曲面进行缩放，并在需要时平移它们。不需要其他的用户输入。

☑ 控制拟合：在指定坐标系下将原始曲面进行缩放并沿指定轴移动，以创建"最佳拟合"偏距。要定义该元素，选择一个坐标系，并通过在"X 轴""Y 轴""Z 轴"选项之前放置检查标记，选择缩放的允许方向（图 6.2.36）。

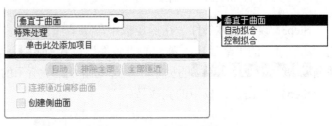

图 6.2.34 "参照"界面　　　　　　　　图 6.2.35 "选项"界面

● 偏移类型：偏移类型的各选项如图 6.2.37 所示。

图 6.2.36 选择"控制拟合"　　　　　图 6.2.37 偏移类型

1. 标准偏移

标准偏移是从一个实体的表面创建偏移的曲面（图 6.2.38），或者从一个曲面创建偏移的曲面（图 6.2.39）。操作步骤如下。

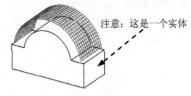

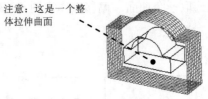

图 6.2.38 实体表面偏移　　　　　　　图 6.2.39 曲面面组偏移

Step1. 将工作目录设置至 D:\proewf5.1\work\ch06.02，打开文件 surface_offset.prt。

Step2. 选取要偏移的对象。选取图 6.2.38 所示的实体的圆弧面作为要偏移的曲面。

Step3. 选择下拉菜单 编辑(E) ➡ 偏移(O)... 命令。

Step4. 定义偏移类型。在操控板的偏移类型栏中选取 （标准）。

Step5. 定义偏移值。在操控板的偏移数值栏中输入偏移距离。

Step6. 在操控板中单击按钮 ，预览所创建的偏移曲面，然后单击按钮 ，完成操作。

2．拔模偏移

曲面的拔模偏移就是在曲面上创建带斜度侧面的区域偏移。拔模偏移特征可用于实体表面或面组。下面介绍在图 6.2.40 所示的面组上创建拔模偏移的操作过程。

Step1. 将工作目录设置至 D:\proewf5.1\work\ch06.02，打开文件 surface_draft_offset.prt。

Step2. 选取图 6.2.40 所示的要拔模偏移的面组。

Step3. 选择下拉菜单 编辑(E) ➡ 偏移(O)... 命令。

Step4. 定义偏移类型：在操控板的偏移类型栏中选取 （即带有斜度的偏移）。

Step5. 定义偏移控制属性：单击操控板中的 选项 ，选取 垂直于曲面 。

Step6. 定义偏移选项属性：在操控板中选取 侧曲面垂直于 为 ◉ 曲面 ，选取 侧面轮廓 为 ◉ 直 。

Step7. 草绘拔模区域。在绘图区右击，选择 定义内部草绘... 命令；设置 FRONT 基准平面为草绘平面，RIGHT 基准平面为参照平面，方向为 左 ；接受系统给出的默认参照；创建图 6.2.41 所示的封闭草绘几何（可以绘制多个封闭草绘几何）。

图 6.2.40　拔模偏移　　　　　　　　　　　　　　图 6.2.41　截面图形

Step8. 输入偏移值 6.0；输入侧面的拔模角度值 10.0，并单击 按钮，系统使用该角度相对于它们的默认位置对所有侧面进行拔模。此时的操控板界面如图 6.2.42 所示。

Step9. 在操控板中单击按钮 ✓ 66 ，预览所创建的偏移曲面，然后单击按钮 ✓ ，至此完成操作。

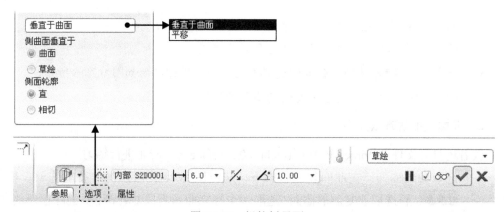

图 6.2.42　操控板界面

6.2.6 复制曲面

编辑(E) 下拉菜单中的 复制(C) 命令用于曲面的复制，复制的曲面与源曲面形状和大小相同。曲面的复制功能在模具设计中定义分型面时特别有用。注意要激活 复制(C) 工具，首先必须选取一个曲面。

1. 曲面复制的一般过程

在 Pro/ENGINNER 野火版 5.0 中，曲面复制的操作过程如下。

Step1. 在屏幕上方的"智能选取"栏中选择"几何"或"面组"选项，然后在模型中选取某个要复制的曲面。

Step2. 选择下拉菜单 编辑(E) ➡ 复制(C) 命令。

Step3. 选择下拉菜单 编辑(E) ➡ 粘贴(P) 命令，系统弹出图 6.2.43 所示的操控板，在该操控板中选择合适的选项（按住 Ctrl 键，可选取其他要复制的曲面）。

Step4. 在操控板中单击"完成"按钮 ，则完成曲面的复制操作。

图 6.2.43 所示操控板的说明如下。

参照 按钮: 设定复制参照。操作界面如图 6.2.44 所示。

选项 按钮

- ◉ 按原样复制所有曲面 单选项: 按照原来样子复制所有曲面。
- ◉ 排除曲面并填充孔 单选项: 复制某些曲面，可以选择填充曲面内的孔。操作界面如图 6.2.45 所示。

图 6.2.43 操控板　　　　　　　　　图 6.2.44 "复制参照"界面

- ☑ 排除轮廓: 选取要从当前复制特征中排除的曲面。
- ☑ 填充孔/曲面: 在选定曲面上选取要填充的孔。
- ◉ 复制内部边界 单选项: 仅复制边界内的曲面。操作界面如图 6.2.46 所示。
- ☑ 边界曲线: 定义包含要复制的曲面的边界。

2. 曲面选取的方法介绍

读者可打开文件 D:\proewf5.1\work\ch06.02\surface_copy.prt 进行练习。

- 选取独立曲面: 在曲面复制状态下，选取图 6.2.47 所示的"智能选取"栏中的 曲面 ，再选取要复制的曲面。选取多个独立曲面需按 Ctrl 键; 要去除已选的曲面，只需单击此面即可，如图 6.2.48 所示。

图 6.2.45 排除曲面并填充孔

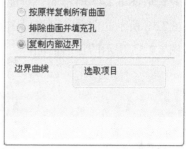

图 6.2.46 复制内部边界

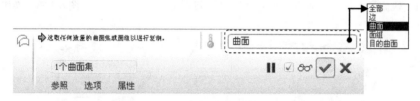

图 6.2.47 "智能选取"栏

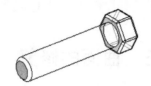

图 6.2.48 选取要复制的曲面

- 通过定义种子曲面和边界曲面来选择曲面：这种方法将选取从种子曲面开始向四周延伸直到边界曲面的所有曲面（其中包括种子曲面，但不包括边界曲面）。如图 6.2.49 所示，左键单击选取螺钉的底部平面，使该曲面成为种子曲面，然后按住键盘上的 Shift 键，同时左键单击螺钉头的顶部平面，使该曲面成为边界曲面，完成这两个操作后，则从螺钉的底部平面到螺钉头的顶部平面间的所有曲面都将被选取（不包括螺钉头的顶部平面），如图 6.2.50 所示。

图 6.2.49 定义"种子"面

图 6.2.50 完成曲面的复制

- 选取面组曲面：在图 6.2.47 所示的"智能选取栏"中选择"面组"选项，再在模型上选择一个面组，面组中的所有曲面都将被选取。
- 选取实体曲面：在图形区右击，系统弹出图 6.2.51 所示的快捷菜单，选择 <u>实体曲面</u> 命令，实体中的所有曲面都将被选取。
- 选取目的曲面：在模型中的多个相关联的曲面组成目的曲面。

首先选取图 6.2.47 所示的"智能选取栏"中的"目的曲面"，然后再选取某一曲面。如选取图 6.2.52 所示的曲面，可形成图 6.2.53 所示的目的曲面；如选取图 6.2.54 所示的曲面，可形成图 6.2.55 所示的目的曲面。

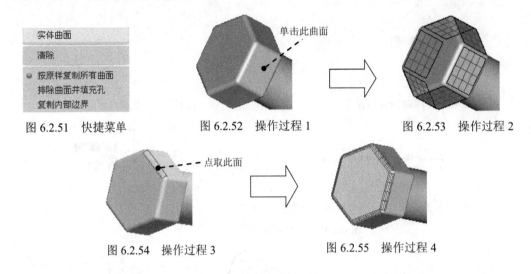

图 6.2.51　快捷菜单　　　　　图 6.2.52　操作过程 1　　　　　图 6.2.53　操作过程 2

图 6.2.54　操作过程 3　　　　　图 6.2.55　操作过程 4

6.3　曲面的修剪

曲面的修剪（Trim）就是将选定曲面上的某一部分剪除掉，它类似于实体的切削（Cut）功能。曲面的修剪有许多方法，下面将分别介绍。

6.3.1　一般的曲面修剪

在 拉伸(E)… 、 旋转(R)… 、 扫描混合(S)… 和 可变截面扫描(V)… 命令操控板中按下"曲面类型"按钮 及"切削特征"按钮 ，或选择 扫描(S) 、 混合(B) 、 螺旋扫描(H) 命令下的 曲面修剪(S)… 命令，可产生一个"修剪"曲面，用这个"修剪"曲面可将选定曲面上的某一部分剪除掉。注意：产生的"修剪"曲面只用于修剪，而不会出现在模型中。

下面以对图 6.3.1 中的鼠标盖进行修剪为例，说明基本形式的曲面修剪的一般操作过程。

a）修剪前　　　　　　　　　　b）修剪后

图 6.3.1　曲面的修剪

Step1. 将工作目录设置至 D:\proewf5.1\work\ch06.03，打开文件 surface_trim.prt。

Step2. 单击"拉伸"命令按钮 ，此时系统弹出拉伸特征操控板，如图 6.3.2 所示。

Step3. 按下操控板中的"曲面类型"按钮 及"切削"按钮 。

图 6.3.2 拉伸特征操控板

Step4. 选择要修剪的曲面，如图 6.3.3 所示。

Step5. 定义修剪曲面特征的截面要素：设置 TOP 基准平面为草绘平面，RIGHT 基准平面为参照平面，方向为 左；特征截面如图 6.3.4 所示。

Step6. 在操控板中选取两侧深度类型均为 ⚌ （穿过所有）；切削方向如图 6.3.5 所示。

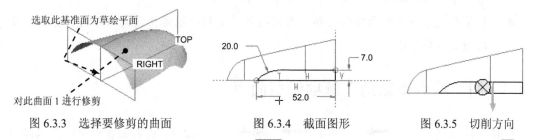

图 6.3.3 选择要修剪的曲面　　图 6.3.4 截面图形　　图 6.3.5 切削方向

Step7. 在操控板中单击"预览"按钮 ，查看所创建的特征，然后单击按钮 ，完成操作。

6.3.2 用面组或曲线修剪面组

通过选择下拉菜单 编辑(E) ➡ 修剪(T)... 命令，可以用另一个面组、基准平面或沿一个选定的曲线链来修剪面组。其操控板界面如图 6.3.6 所示。

图 6.3.6 操控板

下面以图 6.3.7 为例，说明其操作过程。

Step1. 将工作目录设置至 D:\proewf5.1\work\ch06.03，打开文件 surface_sweep_trim.prt。

Step2. 选取要修剪的曲面，如图 6.3.7 所示。

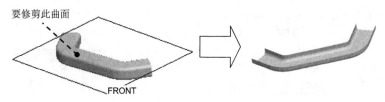

图 6.3.7 修剪面组

Step3. 选择下拉菜单 编辑(E) ➡ ✂修剪(I)... 命令，系统弹出修剪操控板。

Step4. 在系统 ➡ 选取任意平面、曲线链或曲面以用作修剪对象. 的提示下，选取修剪对象，此例中选取 FRONT 基准平面作为修剪对象。

Step5. 确定要保留的部分。一般采用默认的箭头方向。

Step6. 在操控板中单击按钮 ✓ ∞ ，预览修剪的结果；单击按钮 ✓ ，则完成修剪。

如果用曲线进行曲面的修剪，要注意如下几点。

● 修剪面组的曲线可以是基准曲线，或者是模型内部曲面的边线，或者是实体模型边的连续链。

● 用于修剪的基准曲线应该位于要修剪的面组上。

● 如果曲线未延伸到面组的边界，系统将计算其到面组边界的最短距离，并在该最短距离方向继续修剪。

6.3.3　用"顶点倒圆角"选项修剪面组

选择下拉菜单 插入(I) ➡ 高级(V) ➡ 顶点倒圆角(X)... 命令，可以创建一个圆角来修剪面组，如图 6.3.8 所示。

a）顶点倒圆角前　　　　　　　　　　　　　　　　b）顶点倒圆角后

图 6.3.8　用"顶点倒圆角"选项修剪面组

操作步骤如下。

Step1. 先将工作目录设置至 D:\proewf5.1\work\ch06.03，然后打开文件 surface_trim_adv.prt。

Step2. 选择下拉菜单 插入(I) ➡ 高级(V) ➡ 顶点倒圆角(X)... 命令，此时系统弹出图 6.3.9 所示的特征信息对话框及图 6.3.10 所示的"选取"对话框。

图 6.3.9　特征信息对话框　　　　　　　　　　图 6.3.10　"选取"对话框

Step3. 在系统 ![选取求交的基准面组.] 的提示下，选取图 6.3.8 中要修剪的面组。

Step4. 此时系统提示 ![选取要倒圆角/圆角的拐角顶点.]，按住 Ctrl 键不放，选取图 6.3.8 中的两个顶点并单击"选取"对话框中的 确定 按钮。

Step5. 在系统 输入修整半径 的提示下，输入半径值 2.0，并按 Enter 键。

Step6. 单击对话框的 预览 按钮，预览所创建的顶点圆角，然后单击 确定 按钮完成操作。

6.4　薄曲面的修剪

薄曲面的修剪（Thin Trim）也是一种曲面的修剪方式，它类似于实体的薄壁切削功能。在 拉伸(E)... 、旋转(R)... 、扫描混合(S)... 和 可变截面扫描(V)... 命令操控板中按下"曲面类型"按钮 、"切削特征"按钮 及"薄壁"按钮 ，或选择 扫描(S) 、混合(B) 、螺旋扫描(H) 命令下的 薄曲面修剪(T)... 命令，产生一个"薄壁"曲面，用这个"薄壁"曲面将选定曲面上的某一部分剪除掉。同样，产生的"薄壁"曲面只用于修剪，而不会出现在模型中，如图 6.4.1 所示。

a）薄曲面修剪前　　　　　　　　　　　b）薄曲面修剪后

图 6.4.1　薄曲面的修剪

6.5　曲面的合并与延伸操作

6.5.1　曲面的合并

选择下拉菜单 编辑(E) ➡ 合并(G)... 命令，可以对两个相邻或相交的曲面（或者面组）进行合并（Merge）。

合并后的面组是一个单独的特征，"主面组"将变成"合并"特征的父项。如果删除"合并"特征，原始面组仍保留。在"组件"模式中，只有属于相同元件的曲面，才可用曲面合并。

1. 合并两个面组

下面以一个例子来说明合并两个面组的操作过程。

Step1. 将工作目录设置至 D:\proewf5.1\work\ch06.05，打开文件 surface_merge_01.prt。

Step2. 按住 Ctrl 键，选取要合并的两个面组（曲面）。

Step3. 选择下拉菜单 编辑(E) ➡ 合并(G)… 命令，系统弹出"曲面合并"操控板，如图 6.5.1 所示。

图 6.5.1 中操控板各命令按钮的说明如下。

A: 合并两个相交的面组，可有选择性地保留原始面组的各部分。

B: 合并两个相邻的面组，一个面组的一侧边必须在另一个面组上。

C: 改变要保留的第一面组的侧。

D: 改变要保留的第二面组的侧。

图 6.5.1 操控板

Step4. 选择合适的按钮，定义合并类型。默认时，系统使用 相交 合并类型。

- 相交 单选项：即交截类型，合并两个相交的面组。通过单击图 6.5.1 中的 C 按钮或 D 按钮，可指定面组相应的部分包括在合并特征中，如图 6.5.2 所示。

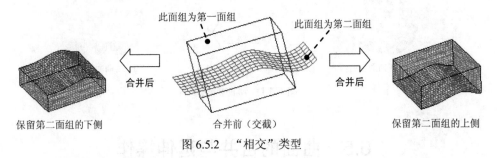

图 6.5.2 "相交"类型

- 连接 单选项：即连接类型，合并两个相邻面组，其中一个面组的边完全落在另一个面组上。如果一个面组超出另一个，通过单击图 6.5.1 中的 C 按钮或 D 按钮，可指定面组的哪一部分包括在合并特征中，如图 6.5.3 所示。

图 6.5.3 "连接"类型

Step5. 单击 ✓∞ 按钮，预览合并后的面组，确认无误后，单击"完成"按钮 ✓ 。

2. 合并多个面组

下面以图 6.5.4 所示的模型为例，说明合并多个面组的操作过程。

Step1. 将工作目录设置至 D:\proewf5.1\work\ch06.05，打开文件 surface_merge_02.prt。

Step2. 按住 Ctrl 键，选取要合并的四个面组（曲面）。

Step3. 选择下拉菜单 编辑(E) ➡ 合并(G)... 命令，系统弹出"曲面合并"操控板，如图 6.5.5 所示。

Step4. 单击 ☑ 66° 按钮，预览合并后的面组，确认无误后，单击"完成"按钮☑。

注意：

● 如果多个面组相交，将无法合并。

● 所选面组的所有边不得重叠，而且必须彼此邻接。

● 面组会以选取时的顺序放在 面组 列表框中。不过，如果使用区域选取，面组 列表框中的面组会根据它们在"模型树"上的特征编号加以排序。

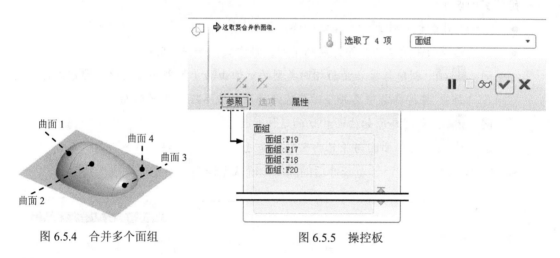

图 6.5.4　合并多个面组　　　　　　　图 6.5.5　操控板

6.5.2　曲面的延伸

曲面的延伸（Extend）就是将曲面延长某一距离或延伸到某一平面，延伸部分曲面与原始曲面类型可以相同，也可以不同。下面以图 6.5.6 所示为例，说明曲面延伸的一般操作过程。

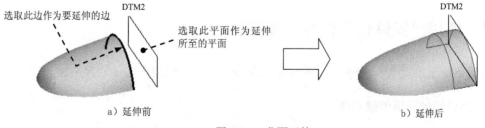

图 6.5.6　曲面延伸

Step1. 将工作目录设置至 D:\proewf5.1\work\ch06.05，打开文件 surface_extend.prt。

Step2. 在"智能选取"栏中选取 几何 选项（图 6.5.7），然后选取图 6.5.6a 中的边作为要延伸的边。

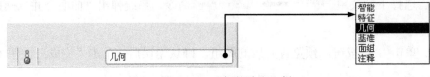

图 6.5.7   "智能选取"栏

Step3. 选择下拉菜单 编辑(E) ➡ 延伸(X)... 命令，此时出现图 6.5.8 所示的操控板。

Step4. 在操控板中按下按钮 （延伸类型为"至平面"）。

Step5. 选取延伸中止面，如图 6.5.6a 所示。

延伸类型说明。

- ： 将曲面边延伸到一个指定的终止平面。
- ： 沿原始曲面延伸曲面，包括下列三种方式，如图 6.5.9 所示。
    - ☑ 相同 ： 创建与原始曲面相同类型的延伸曲面（如平面、圆柱、圆锥或样条曲面）。将按指定距离并经过其选定的原始边界延伸原始曲面。
    - ☑ 相切 ：创建与原始曲面相切的延伸曲面。
    - ☑ 逼近 ： 延伸曲面与原始曲面形状逼近。

Step6. 单击 ✔ 60 按钮，预览延伸后的面组，确认无误后，单击"完成"按钮 ✔ 。

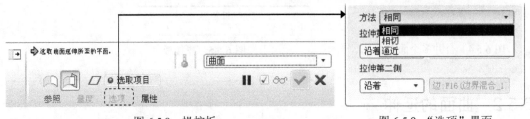

图 6.5.8   操控板   图 6.5.9   "选项"界面

6.6   将曲面面组转化为实体或实体表面

6.6.1   使用"实体化"命令创建实体

选择下拉菜单 编辑(E) ➡ 实体化(Y)... 命令，可将面组用作实体边界来创建实体。

1. 用封闭的面组创建实体

如图 6.6.1 所示，把一个封闭的面组转化为实体特征，操作过程如下。

Step1. 将工作目录设置至 D:\proewf5.1\work\ch06.06，打开文件 surface_solid-1.prt。

图 6.6.1　用封闭的面组创建实体

Step2. 选取要将其变成实体的面组。

Step3. 选择下拉菜单 编辑(E) ➡ 实体化(Y)... 命令，出现图 6.6.2 所示的操控板。

Step4. 单击按钮✔，完成实体化操作。完成后的模型树如图 6.6.3 所示。

注意：使用该命令前，需将模型中所有分离的曲面"合并"成一个封闭的整体面组。

图 6.6.2　操控板　　　　　　　　　　　图 6.6.3　模型树

2. 用"曲面"创建实体表面

如图 6.6.4 所示，可以用一个面组替代实体表面的一部分，替换面组的所有边界都必须位于实体表面上，操作过程如下。

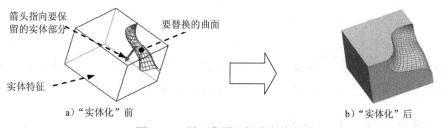

图 6.6.4　用"曲面"创建实体表面

Step1. 将工作目录设置至 D:\proewf5.1\work\ch06.06，打开 surface_solid_replace.prt。

Step2. 选取要将其变成实体的曲面。

Step3. 选择下拉菜单 编辑(E) ➡ 实体化(Y)... 命令，此时出现图 6.6.5 所示的操控板。

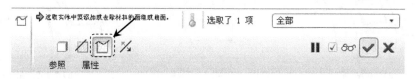

图 6.6.5　操控板

Step4. 确认实体保留部分的方向。

Step5. 单击"完成"按钮✔，完成实体化操作。

6.6.2 使用"偏移"命令创建实体

在 Pro/ENGINEER 中，可以用一个面组替换实体零件的某一整个表面，如图 6.6.6 所示。其操作过程如下：

Step1. 将工作目录设置至 D:\proewf5.1\work\ch06.06，打开文件 surface_surface_patch.prt。

Step2. 选取要被替换的一个实体表面，如图 6.6.6a 所示。

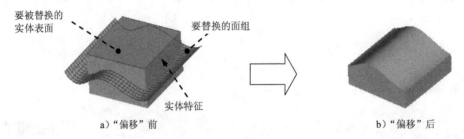

图 6.6.6 用"偏移"命令创建实体

Step3. 选择下拉菜单 编辑(E) ➡ ⬆偏移(O)... 命令，此时出现图 6.6.7 所示的操控板。

Step4. 定义偏移特征类型。在操控板中选取 ⬆（替换曲面）类型。

图 6.6.7 操控板

Step5. 在系统 选取要偏移的面组或曲面. 的提示下，选取要替换的面组，如图 6.6.6a 所示。

Step6. 单击按钮✔，完成替换操作，如图 6.6.6b 所示。

6.6.3 使用"加厚"命令创建实体

Pro/ENGINEER 软件可以将开放的曲面（或面组）转化为薄板实体特征，图 6.6.8 所示即为一个转化的例子，其操作过程如下。

图 6.6.8 用"加厚"创建实体

Step1. 将工作目录设置至 D:\proewf5.1\work\ch06.06，打开文件 surface_mouse_solid.prt。

Step2. 选取要将其变成实体的面组。

Step3. 选择下拉菜单 编辑(E) ➡ □加厚(K)... 命令，系统弹出图 6.6.9 所示的特征操控板。

Step4. 选取加材料的侧，输入薄板实体的厚度值 1.1，选取偏距类型为 垂直于曲面 。

Step5. 单击按钮 ✓，完成加厚操作。

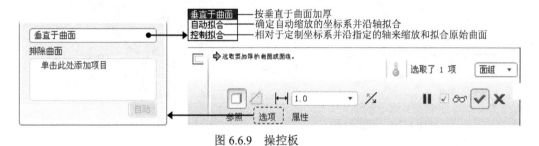

图 6.6.9 操控板

6.7 Pro/ENGINEER 曲面设计实际应用 1
——电吹风外壳

应用概述

本应用介绍了一款电吹风外壳的曲面设计过程。曲面零件设计的一般方法是先创建一系列基准曲线，然后利用所创建的基准曲线构建几个独立的曲面，再利用合并等工具将独立的曲面变成一个整体曲面，最后将整体曲面变成实体模型。电吹风外壳模型如图 6.7.1 所示。

Step1. 新建一个零件的三维模型，将其命名为 blower。

Step2. 创建图 6.7.2 所示的基准曲线 1。

（1）单击工具栏上的"草绘基准曲线"按钮 。

图 6.7.1 应用 1

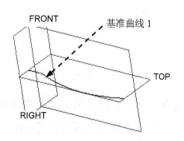

图 6.7.2 创建基准曲线 1

（2）定义草绘截面放置属性：设置 TOP 基准平面为草绘面；采用默认的草绘视图方向；

RIGHT 基准平面为草绘平面的参照；方向为 右 ；单击 草绘 按钮。

（3）创建草绘图。接受默认草绘参照，然后绘制图 6.7.3 所示的截面草图，完成后单击按钮 ✔ 。

Step3. 镜像基准曲线 1，得到图 6.7.4 所示的基准曲线 1_1。

（1）选择下拉菜单 编辑(E) ➡ 特征操作(O) 命令，在弹出的菜单中选择 Copy (复制) ➡ Mirror (镜像) ➡ Select (选取) ➡ Independent (独立) ➡ Done (完成) 命令。

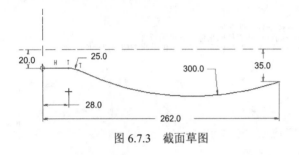

图 6.7.3 截面草图

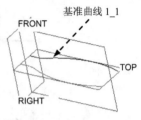

图 6.7.4 创建基准曲线 1_1

（2）选择 Select (选取) 命令，再选择前面创建的基准曲线 1，选择菜单管理器中的 Done (完成) 命令。

（3）选择 Plane (平面) 命令，再选择 FRONT 基准平面为镜像中心平面，选择 Done (完成) 命令。

Step4. 创建图 6.7.5 所示的基准曲线 2。

（1）单击"草绘基准曲线"按钮 ⊠ 。

（2）定义草绘截面放置属性：设置 RIGHT 基准平面为草绘面；采用默认的草绘视图方向；TOP 基准平面为草绘平面的参照；方向为 顶 ；单击 草绘 按钮。

（3）创建草绘图。接受默认草绘参照，再选取基准曲线 1 和基准曲线 1_1 的端点为草绘参照，然后绘制图 6.7.6 所示的截面草图，完成后单击按钮 ✔ （注意：圆弧的两个端点分别与基准曲线 1 和基准曲线 1_1 的端点对齐）。

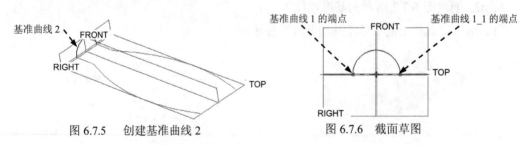

图 6.7.5 创建基准曲线 2　　　　　图 6.7.6 截面草图

Step5. 创建图 6.7.7 所示的基准平面 DTM1。

（1）单击"创建基准平面"按钮 ▭ ，系统弹出图 6.7.8 所示的"基准平面"对话框。

（2）如图 6.7.7 所示，选取 RIGHT 基准平面，然后在"基准平面"对话框的"平移"文本框中输入值 160.0，单击对话框中的 确定 按钮。

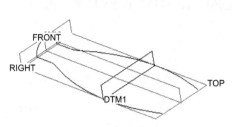

图 6.7.7 创建基准平面 DTM1

图 6.7.8 "基准平面"对话框

Step6. 创建图 6.7.9 所示的基准点 PNT0。

（1）单击"创建基准点"按钮，系统弹出图 6.7.10 所示的"基准点"对话框。

（2）如图 6.7.9 所示，选择基准曲线 1，按住 Ctrl 键，再选择基准面 DTM1，在"基准点"对话框中单击 确定 按钮。

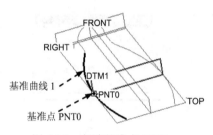

图 6.7.9 创建基准点 PNT0

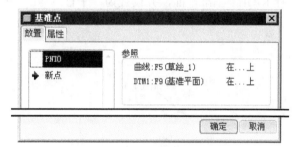

图 6.7.10 "基准点"对话框

Step7. 创建图 6.7.11 所示的基准点 PNT1。

（1）单击"创建基准点"按钮，系统弹出图 6.7.12 所示的"基准点"对话框。

（2）如图 6.7.11 所示，选择基准曲线 1_1，按住 Ctrl 键，再选择基准面 DTM1，在"基准点"对话框中单击 确定 按钮。

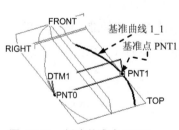

图 6.7.11 创建基准点 PNT1

图 6.7.12 "基准点"对话框

Step8. 创建图 6.7.13 所示的基准曲线 3。

（1）单击"草绘基准曲线"按钮。

（2）定义草绘截面放置属性：设置 DTM1 基准平面为草绘面；采用默认的草绘视图方向；TOP 基准平面为草绘平面的参照，方向为顶；单击 草绘 按钮。

（3）进入草绘环境后，接受默认草绘参照，然后绘制图 6.7.14 所示的截面草图，完成后单击 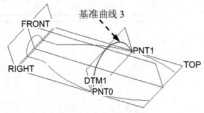 按钮（注意：圆弧的两个端点分别与基准点 PNT0 和基准点 PNT1 对齐）。

图 6.7.13　创建基准曲线 3

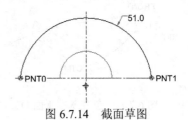

图 6.7.14　截面草图

Step9. 创建图 6.7.15 所示的基准平面 DTM2。

（1）单击"创建基准平面"按钮 □，系统弹出图 6.7.16 所示的"基准平面"对话框。

（2）如图 6.7.15 所示，选择基准曲线 1_1 的端点，设置为"穿过"；按住 Ctrl 键，再选择 RIGHT 基准平面，并设置为"平行"；在"基准平面"对话框中单击 确定 按钮。

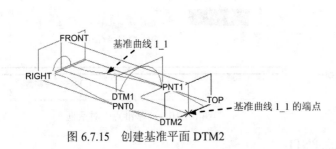

图 6.7.15　创建基准平面 DTM2

图 6.7.16　"基准平面"对话框

Step10. 创建图 6.7.17 所示的基准曲线 4。

（1）单击"草绘基准曲线"按钮 。

（2）定义草绘截面放置属性：设置 DTM2 基准平面为草绘平面；采用默认的草绘视图方向；TOP 基准平面为草绘平面的参照，方向为 顶；单击 草绘 按钮。

（3）进入草绘环境后，接受默认草绘参照，再选取基准曲线 1 和基准曲线 1_1 的端点为草绘参照，然后绘制图 6.7.18 所示的截面草图，完成后单击 按钮（注意：圆弧的两个端点分别与基准曲线 1 和基准曲线 1_1 的端点对齐）。

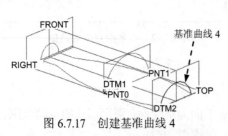

图 6.7.17　创建基准曲线 4

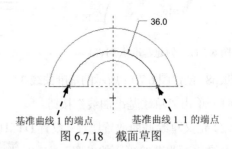

图 6.7.18　截面草图

Step11. 创建图 6.7.19 所示的基准曲线 5。

（1）单击"草绘基准曲线"按钮。

（2）定义草绘截面放置属性：设置 TOP 基准平面为草绘面；采用默认的草绘视图方向；RIGHT 基准平面为草绘平面的参照，方向为 右；单击 草绘 按钮。

（3）接受默认草绘参照，再选取基准曲线 1 和基准曲线 1_1 的端点为草绘参照，然后绘制图 6.7.20 所示的截面草图，完成后单击 ✔ 按钮（注意：圆弧的两个端点分别与基准曲线 1 和基准曲线 1_1 的端点对齐）。

Step12. 将基准平面 DTM1、DTM2 隐藏。在模型树中选取 DTM1，右击，从弹出的快捷菜单中选择 隐藏 命令；单击"屏幕刷新"按钮 ，这样基准平面 DTM1 将不显示。用同样的方法隐藏基准平面 DTM2。

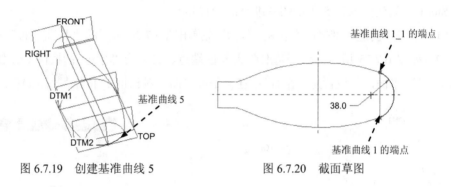

图 6.7.19　创建基准曲线 5　　　　　　　图 6.7.20　截面草图

Step13. 创建图 6.7.21 所示的基准曲线 6。

（1）单击"草绘基准曲线"按钮。

（2）定义草绘截面放置属性：设置 TOP 基准平面为草绘平面；采用默认的草绘视图方向；RIGHT 基准平面为草绘平面的参照，方向为 右；单击 草绘 按钮。

（3）接受默认草绘参照，然后绘制图 6.7.22 所示的截面草图，完成后单击 ✔ 按钮。

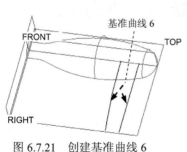
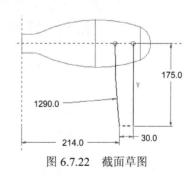

图 6.7.21　创建基准曲线 6　　　　　　　图 6.7.22　截面草图

Step14. 创建图 6.7.23 所示的基准曲线 7。

（1）单击"草绘基准曲线"按钮。

（2）定义草绘截面放置属性：设置 FRONT 基准平面为草绘平面；采用默认的草绘视图方向；RIGHT 基准平面为草绘平面的参照，方向为 右；单击 草绘 按钮。

（3）接受默认草绘参照，再选取基准曲线 6 的端点为草绘参照，然后绘制图 6.7.24 所示的截面草图，完成后单击 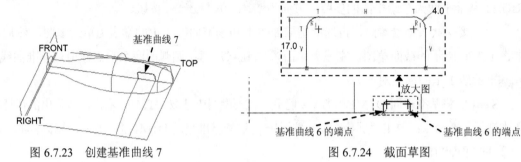 按钮。

图 6.7.23　创建基准曲线 7

图 6.7.24　截面草图

Step15. 创建图 6.7.25 所示的基准平面 DTM3。

（1）单击"创建基准平面"按钮 ▢，系统弹出图 6.7.26 所示的"基准平面"对话框。

（2）如图 6.7.25 所示，选择基准曲线 6 的端点，设置为"穿过"；按住 Ctrl 键，再选择 FRONT 基准平面，并设置为"平行"；在"基准平面"对话框中单击 确定 按钮。

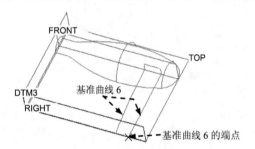

图 6.7.25　创建基准平面 DTM3

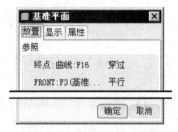

图 6.7.26　"基准平面"对话框

Step16. 创建图 6.7.27 所示的基准曲线 8。

（1）单击"草绘基准曲线"按钮 ✎。

（2）定义草绘截面放置属性：设置 DTM3 基准平面为草绘平面；采用默认的草绘视图方向；RIGHT 基准平面为草绘平面的参照，方向为 右；单击 草绘 按钮。

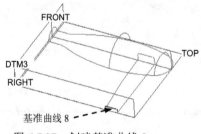

图 6.7.27　创建基准曲线 8

（3）接受默认草绘参照，再选取基准曲线 6 的端点为草绘参照，然后绘制图 6.7.28 所示的截面草图，完成后单击 按钮。

Step17. 创建图 6.7.29 所示的边界曲面 1。

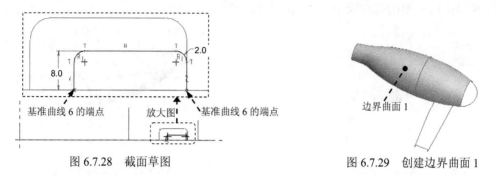

图 6.7.28　截面草图　　　　　　　图 6.7.29　创建边界曲面 1

（1）选择下拉菜单 插入(I) ➡ 边界混合(B)... 命令，此时出现图 6.7.30 所示的操控板。

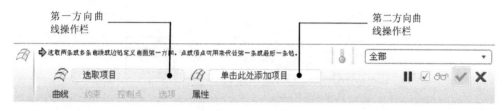

图 6.7.30　操控板

（2）定义边界曲线。

① 选择第一方向曲线。按住 Ctrl 键，依次选择基准曲线 1、基准曲线 1_1（图 6.7.31）为第一方向边界曲线。

② 选择第二方向曲线。单击操控板中的第二方向曲线操作栏，按住 Ctrl 键，依次选择基准曲线 2、基准曲线 3 和基准曲线 4（图 6.7.32）为第二方向边界曲线。

（3）单击操控板中的"完成"按钮 ✔️。

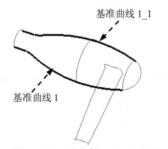

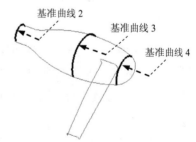

图 6.7.31　选择第一方向曲线　　　　图 6.7.32　选择第二方向曲线

Step18. 创建图 6.7.33 所示的边界曲面 2。

（1）选择下拉菜单 插入(I) ➡ 边界混合(B)... 命令。

（2）定义边界曲线。按住 Ctrl 键，依次选择基准曲线 4 和基准曲线 5（图 6.7.34）为第一方向边界曲线。

（3）设置相切。在图 6.7.35 所示的操控板中单击 约束 按钮，在弹出界面的第一列表区域中，将 方向 1 - 第一条链 设置为 相切；然后单击第二列表区域，在图 6.7.34 所示的模型中

选取边界曲面 1；单击操控板中的"完成"按钮✔️。

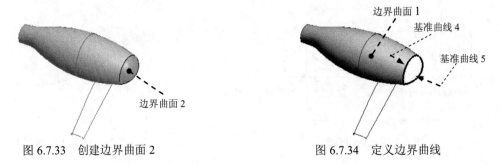

图 6.7.33　创建边界曲面 2　　　　　　　　图 6.7.34　定义边界曲线

Step19. 将图 6.7.36 所示的边界曲面 1 与边界曲面 2 进行合并，合并后的曲面编号为面组 12。

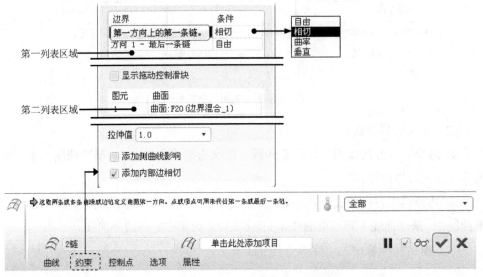

图 6.7.35　操控板

（1）按住 Ctrl 键，选取要合并的两个曲面（边界曲面 1 和边界曲面 2），然后选择下拉菜单 编辑(E) ➡ 🗗 合并(G)... 命令，此时出现图 6.7.37 所示的"曲面合并"操控板。

（2）单击 ✅ 𝟞𝟞 按钮，预览合并后的面组；确认无误后，单击"完成"按钮✔️。

图 6.7.36　创建面组 12　　　　　　　　　图 6.7.37　操控板

Step20. 创建图 6.7.38 所示的边界曲面 3。

（1）选择下拉菜单 插入(I) ➡ 🗗 边界混合(B)... 命令。

（2）定义边界曲线。

① 选择第一方向曲线。按住 Ctrl 键，依次选择基准曲线 6_1 和基准曲线 6_2（图 6.7.39）为第一方向边界曲线。

② 选择第二方向曲线。单击操控板中的第二方向曲线操作栏，按住 Ctrl 键，依次选择基准曲线 7 和基准曲线 8（图 6.7.40）为第二方向边界曲线。

（3）单击操控板中的"完成"按钮 ✓ 。

Step21. 将边界曲面 3 与面组 12 进行合并，合并后的曲面编号为面组 123。

（1）先按住 Ctrl 键，选取图 6.7.41 所示的边界曲面 3 和面组 12，再选择下拉菜单 编辑(E) ➡ 合并(G)... 命令。

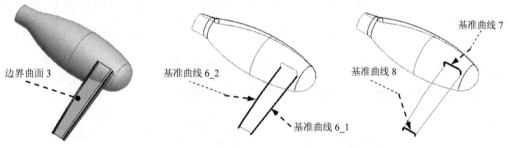

图 6.7.38　创建边界曲面 3　　　图 6.7.39　选择第一方向曲线　　　图 6.7.40　选择第二方向曲线

（2）箭头方向如图 6.7.42 所示；单击 ✓ ∞ 按钮，预览合并后的面组，确认无误后，单击"完成"按钮 ✓ 。合并后的结果如图 6.7.43 所示。

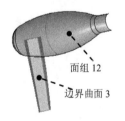 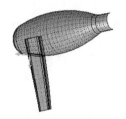 

图 6.7.41　创建面组 123　　　　图 6.7.42　箭头方向　　　　　图 6.7.43　合并后

Step22. 创建图 6.7.44 所示的平整曲面。

（1）选择 编辑(E) ➡ 填充(L)... 命令，屏幕上方出现图 6.7.45 所示的操控板。

（2）在操控板中单击 参照 按钮，在弹出的界面中单击 定义... 按钮；设置草绘平面为 DTM3，草绘平面的参照为 RIGHT 基准平面，方向为 右 ；利用"使用边"命令，绘制图 6.7.46 所示的截面草图。

Step23. 将平整曲面与面组 123 进行合并，合并后的曲面编号为面组 1234。详细操作步骤参见 Step19。

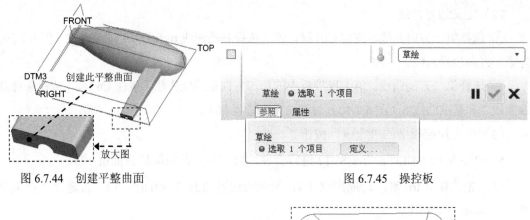

图 6.7.44　创建平整曲面　　　　　　　　　　图 6.7.45　操控板

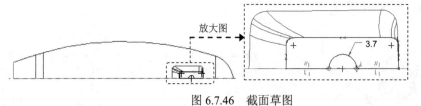

图 6.7.46　截面草图

Step24. 在面组 1234 上创建图 6.7.47 所示的局部偏移。

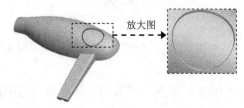

图 6.7.47　创建局部偏移

（1）选取面组 1234。

（2）选择下拉菜单 编辑(E) ➡ 偏移(O)... 命令，系统出现图 6.7.48 所示的操控板。

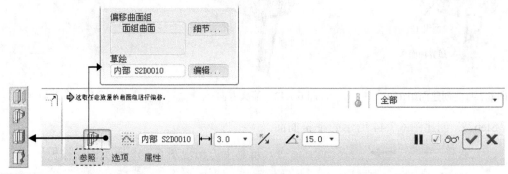

图 6.7.48　操控板

（3）定义偏移类型：在操控板的偏移类型栏中选取 （即带有斜度的偏移）。

（4）定义偏移属性：单击操控板中的 选项 按钮，选择 垂直于曲面 命令，然后选中 侧曲面垂直于 中的 ◉ 曲面 单选项，选取 侧面轮廓 中的 ◉ 直 单选项。

（5）定义草绘属性。单击操控板中的 参照 按钮，在弹出的界面中单击 定义... 按钮；系统弹出"草绘"对话框，设置草绘平面为 TOP 基准平面，参照平面为 RIGHT 基准平面，方向为 右 ，然后单击 草绘 按钮；绘制图 6.7.49 所示的截面草图，完成后单击 ✔ 按钮，退出草绘环境。

（6）输入偏距值 3.0、斜角值 15.0，完成后的操控板界面如图 6.7.50 所示；单击"完成"按钮 ✔ 。

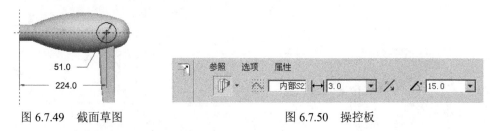

图 6.7.49　截面草图　　　　　　　　图 6.7.50　操控板

Step25. 创建图 6.7.51 所示的切口拉伸曲面。

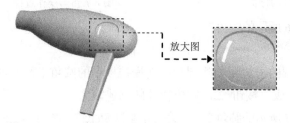

图 6.7.51　创建切口拉伸曲面

（1）选择下拉菜单 插入(I) ➡ 拉伸(E)... 命令，系统出现图 6.7.52 所示的操控板，在操控板中按下"曲面特征类型"按钮 和"去除材料"按钮 ，选取图形区中的面组为修剪对象。

图 6.7.52　操控板

（2）在操控板中单击 放置 按钮，在弹出的"放置"界面中单击 定义... 按钮。然后设置草绘平面为 TOP 基准平面，参照平面为 RIGHT 基准平面；方向为 右 ；特征截面如图 6.7.53 所示；深度类型为 （穿过所有）。

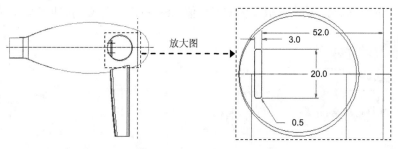

图 6.7.53　截面草图

Step26. 创建图 6.7.54 所示的切口拉伸曲面的阵列特征。

（1）在模型树中右击上一步创建的切口拉伸曲面特征后，选择 阵列... 命令。

（2）在操控板中选择以"尺寸"方式控制阵列，然后选取图 6.7.55 中的第一方向阵列引导尺寸 52.0，再在"方向 1"的"增量"文本栏中输入值-5.5；在操控板中第一方向的阵列个数栏中输入值 7.0；单击"完成"按钮✔。

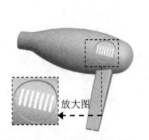

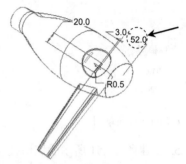

图 6.7.54　创建阵列特征　　　　　　　图 6.7.55　操作过程

Step27. 创建图 6.7.56 所示的圆角 1。

（1）选择下拉菜单 插入(I) ➡ 倒圆角(O)... 命令。

（2）在模型上选择圆的内边线创建圆角；在操控板中的圆角半径文本框中输入值 2.5，并按 Enter 键；单击"完成"按钮✔，完成特征的创建。

Step28. 创建图 6.7.57 所示的圆角 2，相关操作参见 Step27，圆角半径值为 1。

Step29. 创建图 6.7.58 所示的圆角 3，圆角半径值为 3。

Step30. 创建图 6.7.59 所示的圆角 4，圆角半径值为 1.5。

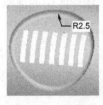

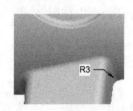

图 6.7.56　创建圆角 1　　图 6.7.57　创建圆角 2　　图 6.7.58　创建圆角 3　　图 6.7.59　创建圆角 4

Step31. 将曲面加厚，如图 6.7.60 所示。

（1）选取要将其变成实体的面组 1234。

（2）选择下拉菜单 编辑(E) ➡ 加厚(K)... 命令，系统弹出图 6.7.61 所示的操控板。

（3）选取加材料的侧；输入薄板实体的厚度值 1.6；单击"完成"按钮✔，完成加厚操作。

图 6.7.60　曲面加厚　　　　　　　　　　　　　图 6.7.61　操控板

Step32. 创建一个拉伸特征，将模型一侧切平，如图 6.7.62 所示。

图 6.7.62　切削特征

（1）选择下拉菜单 插入(I)　➡️　🗂️拉伸(E)... 命令，系统出现图 6.7.63 所示的操控板，在操控板中按下"实体特征类型"按钮□和"去除材料"按钮▨。

图 6.7.63　操控板

（2）右击，从菜单中选择 定义内部草绘... 命令。设置 RIGHT 基准平面为草绘平面，TOP 基准平面为草绘平面的参照；方向为 顶；特征截面如图 6.7.64 所示；深度类型为 ⇌（穿过所有），深度值为 600.0。

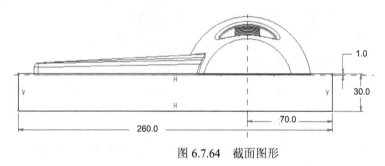

图 6.7.64　截面图形

6.8　Pro/ENGINEER 曲面设计实际应用 2
——微波炉调温旋钮

应用概述

　　本应用是日常生活中常见的微波炉调温旋钮。首先创建实体旋转特征和基准曲线，通过镜像命令得到基准曲线，构建出边界混合曲面，再利用边界混合曲面来塑造实体，然后进行倒圆角、抽壳从而得到最终模型。零件模型如图 6.8.1 所示。

　　说明：本应用的详细操作过程请参见随书光盘中 video\ch06.08\文件下的语音视频讲解文件。模型文件为 D:\proewf5.1\work\ch06.08\gas_oven_switch.prt。

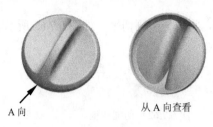

A 向   从 A 向查看

图 6.8.1   应用 2

6.9   Pro/ENGINEER 曲面设计实际应用 3
——淋浴喷头盖

应用概述

    本应用涉及部分的零件特征，同时用到了初步的曲面命令，是做得比较巧妙的一个淋浴头盖，其中的旋转曲面与加厚特征都是首次出现，而填充阵列的操作性比较强，需要读者用心体会。零件模型如图 6.9.1 所示。

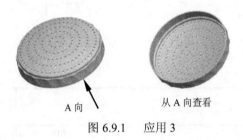

A 向   从 A 向查看

图 6.9.1   应用 3

    说明：本应用的详细操作过程请参见随书光盘中 video\ch06.09\文件下的语音视频讲解文件。模型文件为 D:\proewf5.1\work\ch06.09\muzzle_cover.prt。

6.10   Pro/ENGINEER 曲面设计实际应用 4
——通风软管

应用概述

    本应用的创建方法技巧性较强，主要有两点：其一，由两个固定了位置的接口端及空间基准点来定义基准曲线；其二，使用关系式并结合 trajpar 参数来控制截面参数的变化（Trajpar 是 Pro/ENGINEER 的内部轨迹参数，它是从 0 到 1 的一个变量，呈线性变化，代表扫出特征的长度百分比），并由可变截面扫描曲面得到扫描轨迹。零件模型如图 6.10.1 所示。

    说明：本应用的详细操作过程请参见随书光盘中 video\ch06.10\文件下的语音视频讲解文件。模型文件为 D:\proewf5.1\work\ch06.10\air_pipe.prt。

图 6.10.1 应用 4

6.11 Pro/ENGINEER 曲面设计实际应用 5
——淋浴把手

应用概述

  本应用是一个典型的曲面建模实例，先使用基准平面、基准轴和基准点等创建基准曲线，再利用基准曲线构建边界混合曲面，然后再合并、倒圆角以及加厚。零件模型如图 6.11.1 所示。

  说明： 本应用的详细操作过程请参见随书光盘中 video\ch06.11\文件下的语音视频讲解文件。模型文件为 D:\proewf5.1\work\ch06.11\MUZZLE_HANDLE.PRT。

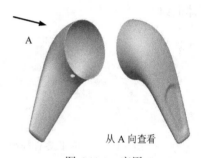

A

从 A 向查看

图 6.11.1 应用 5

6.12 Pro/ENGINEER 曲面设计实际应用 6
——叶轮

应用概述

  本应用的关键点是创建叶片，首先利用复制和偏距方式创建曲面，再利用这些曲面及创建的基准平面，结合草绘、投影等方式创建所需要的基准曲线，由这些基准曲线创建边界混合曲面，最后通过加厚、阵列等命令完成整个模型。零件模型如图 6.12.1 所示。

图 6.12.1 应用 6

  说明： 本应用的详细操作过程请参见随书光盘中 video\ch06.12\文件下的语音视频讲解文件。模型文件为 D:\proewf5.1\work\ch06.12\IMPELLER.PRT。

6.13　习　　题

利用边界混合曲面、扫描曲面、阵列、曲面合并以及曲面加厚实体化等功能，创建图
6.13.1 所示的千叶板零件模型（模型尺寸读者可自行确定）。操作提示如下。

Step1. 模型名称为 sheet。

Step2. 创建图 6.13.2 所示的边界曲面。

Step3. 创建图 6.13.3 所示的扫描曲面。

Step4. 对 Step3 中创建的扫描曲面进行阵列，如图 6.13.4 所示。

Step5. 将 Step2 所创建的边界曲面与阵列中的每个扫描曲面依次合并，最后形成一个整
体面组。

图 6.13.1　千叶板零件模型

图 6.13.2　创建边界曲面

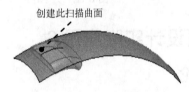

图 6.13.3　创建扫描曲面

图 6.13.4　阵列特征

第7章 装配设计

本章提要 一个产品往往是由多个零件组合（装配）而成的，零件的组合是在装配模块中完成的。通过本章的学习，读者可以了解 Pro/ENGINEER 装配设计的一般过程，掌握一些基本的装配技巧。主要内容包括：

- 各种装配约束的基本概念。
- 装配约束的编辑定义。
- 在装配体中修改零件。
- 在装配体中复制和阵列元件。
- 在装配体中进行层操作。
- 模型的外观处理。

7.1 装 配 约 束

在 Pro/ENGINEER 装配环境中，通过定义装配约束，可以指定一个元件相对于装配体（组件）中其他元件（或特征）的放置方式和位置。装配约束的类型包括配对（Mate）、对齐（Align）和插入（Insert）等约束。一个元件通过装配约束添加到装配体中后，它的位置会随着与其有约束关系的元件改变而相应改变，而且约束设置值作为参数可随时修改，并可与其他参数建立关系方程，这样整个装配体实际上是一个参数化的装配体。

关于装配约束，请注意以下几点。

- 一般来说，建立一个装配约束时，应选取元件参照和组件参照。元件参照和组件参照是元件和装配体中用于约束定位和定向的点、线、面。例如，通过对齐（Align）约束将一根轴放入装配体的一个孔中，轴的中心线就是元件参照，而孔的中心线就是组件参照。

- 系统一次只添加一个约束。例如，不能用一个"对齐"约束将一个零件上两个不同的孔与装配体中的另一个零件上的两个不同的孔对齐，必须定义两个不同的对齐约束。

- 要对一个元件在装配体中完整地指定放置和定向（即完整约束），往往需要定义数个装配约束。

- 在 Pro/ENGINEER 中装配元件时，可以将多于所需的约束添加到元件上。即使从数学的角度来说，元件的位置已完全约束，还可能需要指定附加约束，以确保装配件达到设计意图。建议将附加约束限制在 10 个以内，系统最多允许指定 50 个约束。

7.1.1　"配对"约束

"配对（Mate）"约束可使两个装配元件中的两个平面重合并且朝向相反，如图 7.1.1b 所示；用户也可输入偏距值，使两个平面离开一定的距离，如图 7.1.2 所示。

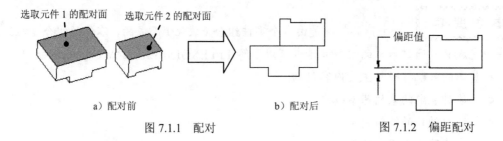

图 7.1.1　配对　　　　　　　　　　图 7.1.2　偏距配对

7.1.2　"对齐"约束

用"对齐（Align）"约束可使两个装配元件中的两个平面（图 7.1.3a）重合并且朝向相同，如图 7.1.3b 所示；也可输入偏距值，使两个平面离开一定的距离，如图 7.1.3c 所示。"对齐"约束也可使两条轴线同轴，如图 7.1.4 所示，或者两个点重合。另外，"对齐"约束还能使两条边共线或两个旋转曲面对齐。

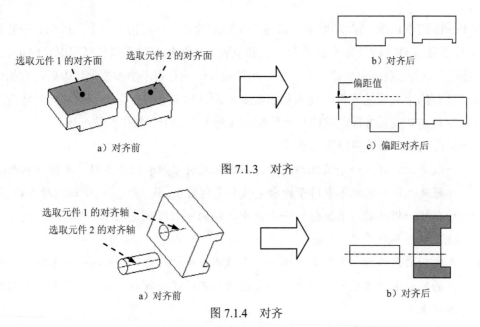

图 7.1.3　对齐

图 7.1.4　对齐

注意：

● 使用"配对"和"对齐"时，两个参照必须为同一类型（如平面对平面、旋转曲面对旋转曲面、点对点、轴线对轴线）。旋转曲面指的是通过旋转一个截面，或者拉伸一个圆弧/圆而形成的一个曲面。只能在放置约束中使用下列曲面：平面、圆柱面、圆锥面、环面和球面。

- 使用"配对"和"对齐"并输入偏距值后，系统将显示偏距方向，对于反向偏距，要用负偏距值。

7.1.3 "插入"约束

"插入（Insert）"约束可使两个装配元件中的两个旋转面的轴线重合，注意：两个旋转曲面的直径不要求相等。当轴线选取无效或不方便选取时，可以用这个约束，如图 7.1.5 所示。

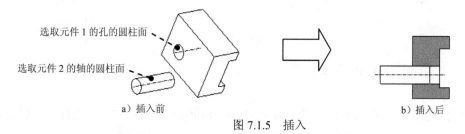

图 7.1.5 插入

7.1.4 "相切"约束

用"相切（Tangent）"约束可控制两个曲面相切，如图 7.1.6 所示。

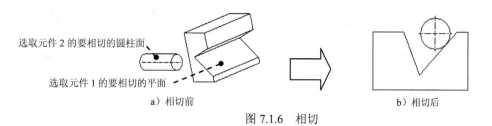

图 7.1.6 相切

7.1.5 "坐标系"约束

用"坐标系（Coord Sys）"约束可将两个元件的坐标系对齐，或者将元件的坐标系与装配件的坐标系对齐，即一个坐标系中的 X 轴、Y 轴、Z 轴与另一个坐标系中的 X 轴、Y 轴、Z 轴分别对齐，如图 7.1.7 所示。

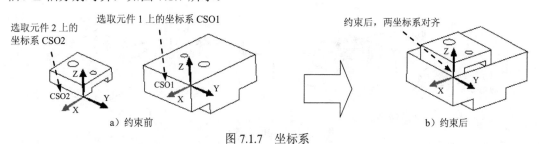

图 7.1.7 坐标系

7.1.6 "线上点"约束

用"线上点（Pnt On Line）"约束可将一条线与一个点对齐。"线"可以是零件或装配件上的边线、轴线或基准曲线；"点"可以是零件或装配件上的顶点或基准点，如图 7.1.8 所示。

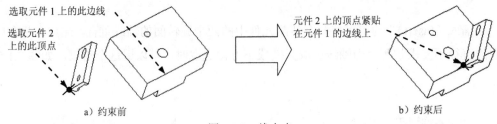

图 7.1.8 线上点

7.1.7 "曲面上的点"约束

用"曲面上的点（Pnt On Srf）"约束可使一个曲面和一个点对齐。"曲面"可以是零件或装配件上的基准平面、曲面特征或零件的表面；"点"可以是零件或装配件上的顶点或基准点，如图 7.1.9 所示。

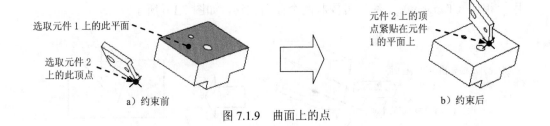

图 7.1.9 曲面上的点

7.1.8 "曲面上的边"约束

用"曲面上的边（Edge On Srf）"约束可将一个曲面与一条边线对齐。"曲面"可以是零件或装配件中的基准平面、表面或曲面面组；"边线"为零件或装配件上的边线，如图 7.1.10 所示。

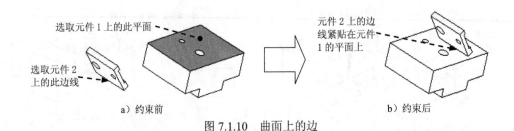

图 7.1.10 曲面上的边

7.1.9　"默认"约束

"默认"约束也称为"缺省"约束，可以用该约束将元件上的默认坐标系与装配环境的默认坐标系对齐。当向装配环境中引入第一个元件（零件）时，常常对该元件实施这种约束形式。

7.1.10　"固定"约束

"固定"约束也是一种装配约束形式，可以用该约束将元件固定在图形区的当前位置。当向装配环境中引入第一个元件（零件）时，也可对该元件实施这种约束形式。

7.2　创建新的装配模型的一般过程

下面以瓶塞开启器产品中的一个装配体模型——驱动杆装配（actuating_rod_asm）为例（图 7.2.1），说明装配体创建的一般过程。

7.2.1　新建一个装配三维模型

Step1. 选择下拉菜单 文件(F) ➡ 设置工作目录(W)... 命令，将工作目录设置至 D:\proewf5.1\work\ch07.02。

Step2. 单击"新建文件"按钮 □，在弹出的文件"新建"对话框中，进行下列操作。

（1）选中 类型 选项组下的 ◉ □ 组件 单选项。

（2）选中 子类型 选项组下的 ◉ 设计 单选项。

（3）在 名称 文本框中输入文件名 actuating_rod_asm。

（4）通过取消 ☑ 使用缺省模板 复选框中的"√"号，来取消"使用默认模板"。后面将介绍如何定制和使用装配默认模板。

（5）单击该对话框中的 确定 按钮。

Step3. 选取适当的装配模板。在系统弹出的"新文件选项"对话框（图 7.2.2）中进行下列操作。

（1）在模板选项组中，选取 mmns_asm_design 模板命令。

（2）对话框中的两个参数 DESCRIPTION 和 MODELED_BY 与 PDM 有关，一般不对此进行操作。

（3）□ 复制相关绘图 复选框一般不进行操作。

（4）单击该对话框中的 确定 按钮。

图 7.2.1 驱动杆装配   图 7.2.2 "新文件选项"对话框

完成这一步操作后，系统进入装配模式（环境），此时在图形区可看到三个正交的装配基准平面（图 7.2.3）。

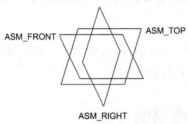

图 7.2.3 三个默认的基准平面

7.2.2 装配第一个零件

在装配模式下，要创建一个新的装配件，首先必须创建三个正交的装配基准平面，然后才可把其他元件添加到装配环境中。

创建三个正交的装配基准平面的方法：进入装配模式后，单击"基准面"按钮 □（或者选择下拉菜单 插入(I) ➡ 模型基准(D) ▸ ➡ □ 平面(L)... 命令）。

如果不创建三个正交的装配基准平面，那么基础元件就是放置到装配环境中的第一个零件、子组件或骨架模型，此时无须定义位置约束，元件只按默认放置。如果用互换元件来替换基础元件，则替换元件也总是按默认放置。

说明：本例中，由于选取了 mmns_asm_design 模板命令，系统便自动创建三个正交的装配基准平面，无须再创建装配基准平面。

Step1. 引入第一个零件。

（1）在图 7.2.4 和图 7.2.5 所示的下拉菜单中选择 插入(I) ➡ 元件(C) ▸ ➡ 装配(A)... 命令。

元件(C) ▸ 菜单下的几个命令的说明如下。

- 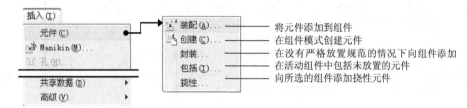 装配(A)... ：将已有的元件（零件、子装配件或骨架模型）装配到装配环境中。用"元件放置"对话框，可将元件完整地约束在装配件中。

- 创建(C)... ：选择此命令，可在装配环境中创建不同类型的元件，零件、子装配件、骨架模型及主体项目，也可创建一个空元件。

- 封装... ：选择此命令可将元件不加装配约束地放置在装配环境中，它是一种非参数形式的元件装配。关于元件的"封装"详见后面的章节。

- 包括(I)... ：选择此命令，可在活动组件中包括未放置的元件。

- 挠性... ：选择此命令可以向所选的组件添加挠性元件（如弹簧）。

图 7.2.4　"插入"菜单　　　　　　　　图 7.2.5　"元件"子菜单

（2）此时系统弹出文件"打开"对话框，选择驱动杆零件模型文件 actuating_rod.prt，然后单击 打开 按钮。

Step2. 完全约束放置第一个零件。完成上步操作后，系统弹出图 7.2.6 所示的元件放置操控板，在该操控板中单击 放置 按钮，在"放置"界面的 约束类型 下拉列表中选择 缺省 选项，将元件按默认放置，此时 状态 区域显示的信息为 完全约束 ；单击操控板中的 ✔ 按钮。

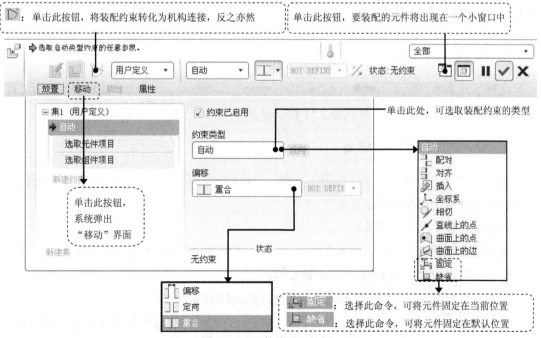

图 7.2.6　元件放置操控板

注意：还有如下两种完全约束放置第一个零件的方法。

- 选择 ▓▓▓固定 选项，将其固定，完全约束放置在当前的位置。
- 也可以让第一个零件中的某三个正交的平面与装配环境中的三个正交的基准平面
  （ASM_TOP、ASM_FRONT、ASM_RIGHT）配对或对齐，以实现完全约束放置。

"放置"界面中各按钮的说明如图 7.2.7 所示。

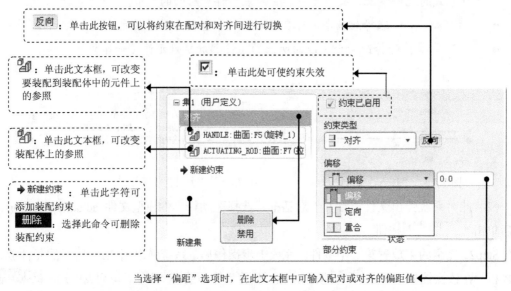

图 7.2.7　"放置"界面

7.2.3　装配第二个零件

1. 引入第二个零件

选择下拉菜单 插入(I) ➡ 元件(C) ▶ ➡ 装配(A)... 命令；然后在弹出的文件
"打开"对话框中选取手柄零件模型文件 handle.prt，单击 打开 ▼ 按钮。

2. 放置第二个零件前的准备

将第二个零件引入后，可能与第一个零件相距较远，或者其方向和方位不便于进行装
配放置。解决这个问题的方法有两种。

方法一：移动元件（零件）

Step1. 在元件放置操控板中单击 移动 按钮，系统弹出图 7.2.8 所示的"移动"界面。

Step2. 在 运动类型 下拉列表中选择 平移 选项。

图 7.2.8 所示的 运动类型 下拉列表中各选项的说明如下。

- 定向模式：使用定向模式定向元件。单击装配元件，然后按住鼠标中键即可对元件
  进行定向操作。

- **平移**：沿所选的运动参照平移要装配的元件。
- **旋转**：沿所选的运动参照旋转要装配的元件。
- **调整**：将要装配元件的某个参照图元（如平面）与装配体的某个参照图元（如平面）对齐或配对。它不是一个固定的装配约束，而只是非参数性地移动元件。但其操作方法与固定约束的"配对"或"对齐"类似。

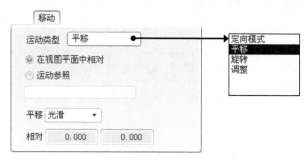

图 7.2.8 　"移动"界面（一）

Step3. 选取运动参照。在"移动"界面中选中 ⊙ 在视图平面中相对 单选项。

说明：在图 7.2.9 所示的"移动"界面中选中 运动参照 单选项，在屏幕下部的智能选取栏中有如下选项。

图 7.2.9 　"移动"界面（二）

- **全部**：可以选择"曲面""基准平面""边""轴""顶点""基准点""坐标系"作为运动参照。
- **曲面**：选择一个曲面作为运动参照。
- **基准平面**：选择一个基准平面作为运动参照。
- **边**：选择一个边作为运动参照。
- **轴**：选择一个轴作为运动参照。
- **顶点**：选择一个顶点作为运动参照。

- **基准点**：选择一个基准点作为运动参照。
- **坐标系**：选择一个坐标系的某个坐标轴作为运动方向，即要装配的元件可沿着 X、Y、Z 轴移动，或绕其转动（该选项是旋转装配元件较好的方法之一）。

图 7.2.10 所示的"移动"界面中各选项和按钮的说明如下。

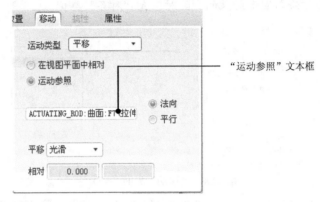

图 7.2.10　"移动"界面（三）

- **在视图平面中相对** 单选项：相对于视图平面（即显示器屏幕平面）移动元件。
- **运动参照** 单选项：相对于元件或参照移动元件。选中此单选项激活"参照"文本框。
- "运动参照"文本框：搜集元件移动的参照。运动与所选参照相关。最多可收集两个参照。选取一个参照后，便激活 **法向** 和 **平行** 单选项。
  - ☑ **法向**：垂直于选定参照移动元件。
  - ☑ **平行**：平行于选定参照移动元件。
- **运动类型** 选项：包括"平移"（Translation）、"旋转"（Rotation）和"调整参照"（Adjust Reference）三种主要运动类型。
- **相对** 区域：显示元件相对于移动操作前位置的当前位置。

Step4. 在绘图区按住鼠标左键，并移动鼠标，可看到装配元件（如手柄零件模型）随着鼠标的移动而平移，将其从图 7.2.11 中的位置平移到图 7.2.12 中的位置。

Step5. 与前面的操作相似，在"移动"界面的 **运动类型** 下拉列表中选择 **旋转**，然后选中 **在视图平面中相对** 单选项，将手柄从图 7.2.12 所示的状态旋转至图 7.2.13 所示的状态，此时的位置状态比较便于装配元件。

Step6. 在元件放置操控板中单击 **放置** 按钮，系统弹出"放置"界面。

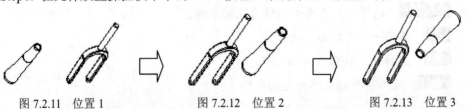

图 7.2.11　位置 1　　　　图 7.2.12　位置 2　　　　图 7.2.13　位置 3

方法二：打开辅助窗口

在图 7.2.6 所示的元件放置操控板中，单击按钮⬚即可打开一个包含要装配元件的辅助窗口，如图 7.2.14 所示。在此窗口中可单独对要装入的元件（如手柄零件模型）进行缩放（中键滚轮）、旋转（中键）和平移（Shift＋中键）。这样就可以将要装配的元件调整到方便选取装配约束参照的位置。

3．完全约束放置第二个零件

当引入元件到装配件中时，系统将选择"自动"放置，如图 7.2.6 所示。从装配体和元件中选择一对有效参照后，系统将自动选择适合指定参照的约束类型。约束类型的自动选择可省去手动从约束列表中选择约束的操作步骤，从而有效地提高工作效率。但某些情况下，系统自动指定的约束不一定符合设计意图，需要重新进行选取。这里需要说明一下，本书中的例子，都是采用手动选择装配的约束类型，这主要是为了方便讲解，使讲解内容条理清楚。

Step1. 定义第一个装配约束。

（1）在"放置"界面的 约束类型 下拉列表中选择 配对 选项，如图 7.2.15 所示。

（2）分别选取两个元件上要配对的面（图 7.2.16）。选取手柄上的配对面时，应该采用"从列表中拾取"的方法，然后在 偏移 下拉列表中选择 偏距 ，配对面间的距离值为 0。

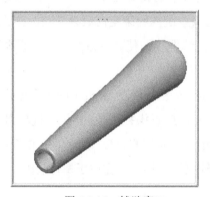

图 7.2.14　辅助窗口

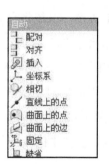

图 7.2.15　装配放置列表

注意：

● 为了保证参照选择的准确性，建议采用列表选取的方法选取参照。

● 此时"放置"界面的 状态 选项组下显示的信息为 部分约束 ，所以还得继续添加装配约束，直至显示 完全约束 。

Step2. 定义第二个装配约束。

（1）在图 7.2.17 所示的"放置"界面中单击"新建约束"字符，在 约束类型 下拉列表中选择 对齐 约束类型。

（2）分别选取两个元件上要对齐的轴线（图 7.2.16），此时界面下部的 状态 中显示的信息为 完全约束 。

Step3. 单击元件放置操控板中的 ✓ 按钮，完成所创建的装配体。

图 7.2.16　选取配对面和对齐　　　　　　图 7.2.17　"放置"界面

7.3　允 许 假 设

在装配过程中，Pro/ENGINEER 会自动启用"允许假设"功能，通过假设存在某个装配约束，使元件自动地被完全约束，从而帮助用户高效率地装配元件。 ✓ 允许假设 复选框位于操控板中"放置"界面的 状态 选项组，用以切换系统的约束定向假设开关。在装配时，只要能够做出假设，系统将自动选中 ✓ 允许假设 复选框（即使之有效）。"允许假设"的设置是针对具体元件的，并与该元件一起保存。

例如：在图 7.3.1 所示的例子中，现要将图中的一个螺钉装配到板上的一个过孔里，在分别添加一个平面配对约束和一个对齐约束后，元件放置操控板中的 状态 选项组就显示 完全约束 ，如图 7.3.2 所示，这是因为系统自动启用了"允许假设"。假设存在第三个约束，该约束限制螺钉在孔中的径向位置，这样就完全约束了该螺钉，完成了螺钉装配。

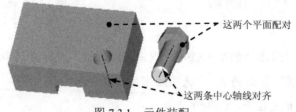

图 7.3.1　元件装配

有时系统假设的约束，虽然能使元件完全约束，但有可能并不符合设计意图，如何处理这种情况呢？可以先取消选中 ☐ 允许假设 复选框，添加和明确定义另外的约束，使元件重新完全约束；如果不定义另外的约束，用户可以使元件在"假定"位置保持包装状态，也可以将其拖出假定的位置，使其在新位置上保持包装状态（当再次单击 ☑ 允许假设 复选框时，元件会自动回到假设位置）。请看图 7.3.3 所示的例子。

图 7.3.2 元件放置操控板

先将元件 1 引入装配环境中，并使其完全约束。然后引入元件 2，并分别添加"配对"约束和"对齐"约束，此时 状态 选项组下的 ☑ 允许假设 复选框被自动选中，并且系统在对话框中显示 完全约束 信息。两个元件的装配效果如图 7.3.4 所示，而我们的设计意图如图 7.3.5 所示。

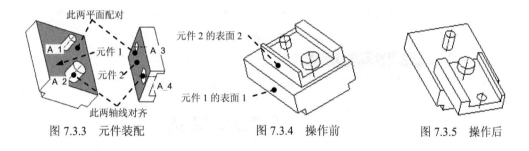

图 7.3.3 元件装配   图 7.3.4 操作前   图 7.3.5 操作后

请按下面的操作方法进行练习。

Step1. 设置工作目录和打开文件。

（1）选择下拉菜单 文件(F) ➡ 设置工作目录(W)... 命令，将工作目录设置至 D:\proewf5.1\work\ch07.03。

（2）选择下拉菜单 文件(F) ➡ 打开(O)... 命令，打开文件 ALLOW_IF_02.ASM。

Step2. 编辑定义元件 ALLOW_IF_02_02.PRT，在系统弹出的图 7.3.6 所示的元件放置操控板中进行如下操作。

（1）在元件放置操控板中单击 放置 按钮，在弹出的"放置"界面中取消选中 ☐ 允许假设 复选框。

（2）设置元件的定向。

① 在"放置"界面中单击"新建约束"字符。

② 约束类型 为 配对，在 偏移 下拉列表中选择 定向 （图 7.3.7）。

图 7.3.6　元件放置操控板

③ 分别选取元件 1 上的表面 1 以及元件 2 上的表面 2。注意：此时系统可能自动将约束类型设置为 对齐 类型，如果这样就需要将 对齐 约束类型改为 配对 约束类型，如图 7.3.8 所示。

（3）在元件放置操控板中单击 按钮。

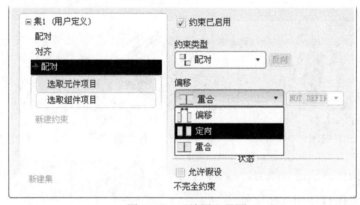

图 7.3.7　"放置"界面（一）

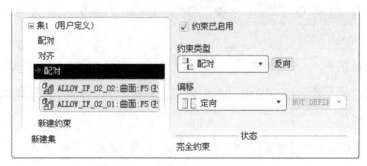

图 7.3.8　"放置"界面（二）

7.4　元件的复制

可以对完成装配后的元件进行复制。例如：现需要对图 7.4.1 中的螺钉元件进行复制，如图 7.4.2 所示。下面举例说明其一般操作过程。

Step1. 将工作目录设置至 D:\proewf5.1\work\ch07.04，打开文件 asm_component_copy.asm。

Step2. 作为元件复制的准备工作，先创建一个图 7.4.1 所示的坐标系。

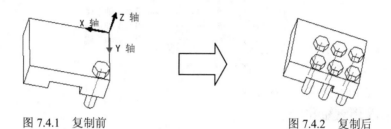

图 7.4.1　复制前　　　　　　　　　　　　图 7.4.2　复制后

Step3. 选择下拉菜单 编辑(E) ➡ 元件操作(O) 命令。

Step4. 在弹出的图 7.4.3 所示的菜单管理器中选择 Copy (复制) 命令。

Step5. 选择图 7.4.3 所示的"元件"菜单中的 Select (选取) 命令，并选择刚创建的坐标系。

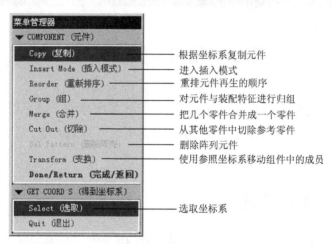

图 7.4.3　"元件"菜单

Step6. 选择要复制的螺钉元件，并在"选取"对话框中单击 确定 按钮。

Step7. 选择复制类型：在图 7.4.4 所示的"复制"子菜单中选择 Translate (平移) 命令。

Step8. 在 X 轴方向进行平移复制。

（1）在图 7.4.4 所示的菜单中选择 X Axis (X轴) 命令。

（2）在系统 ⇨ 输入 平移的距离x方向: 的提示下，输入沿 X 轴的移动距离值 25.0，并单击 ✓ 按钮。

（3）选择 Done Move (完成移动) 命令。

（4）在系统 ⇨ 输入沿这个复合方向的实例数目: 的提示下，输入沿 X 轴的实例个数 3，并单击 ✓ 按钮。

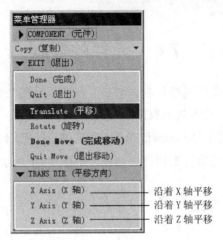

图 7.4.4　"复制"子菜单

Step9. 在 Y 轴方向进行平移复制。

（1）选择 Y Axis (Y轴)命令。

（2）在系统提示下，输入沿 Y 轴的移动距离值-35.0，并单击✓按钮。

（3）选择 Done Move (完成移动)命令。

（4）在系统提示下，输入沿 Y 轴的实例个数 2，并单击✓按钮。

Step10. 选择图 7.4.4 所示菜单中的 Quit Move (退出移动)命令，选择 Done (完成)命令。

7.5　元　件　阵　列

与在零件模型中特征的阵列（Pattern）一样，在装配体中，也可以进行元件的阵列（Pattern），装配体中的元件包括零件和子装配件。元件阵列的类型主要包括"参照阵列""尺寸阵列"。

7.5.1　元件的"参照阵列"

如图 7.5.1、图 7.5.2、图 7.5.3 所示，元件"参照阵列"是以装配体中某一零件中的特征阵列为参照，来进行元件的阵列。图 7.5.3 中的六个阵列螺钉，是参照装配体中元件 1 上的六个阵列孔进行创建的，所以在创建"参照阵列"之前，应提前在装配体的某一零件中创建参照特征的阵列。

图 7.5.1　装配前　　　　　　图 7.5.2　装配后　　　　　　图 7.5.3　元件阵列

在 Pro/ENGINEER 中，用户还可以用参考阵列后的元件为另一元件创建"参照阵列"。

例如：在图 7.5.3 所示的例子中，如果已使用"参照阵列"选项创建了六个螺钉阵列，则可以再一次使用"参照阵列"命令将螺母阵列装配到螺钉上。

下面介绍创建元件 2 的"参照阵列"的操作过程。

Step1. 将工作目录设置至 D:\proewf5.1\work\ch07.05，打开文件 asm_pattern_ ref.asm。

Step2. 在图 7.5.4 所示的模型树中单击 BOLT.PRT（元件 2），右击，从弹出的图 7.5.5 所示的快捷菜单中选择 阵列... 命令。

图 7.5.4　模型树　　　　　　　　　　　　　　　图 7.5.5　快捷菜单

注意：另一种进入的方式是选择下拉菜单 编辑(E) ➡ 阵列(P)... 命令。

Step3. 在阵列操控板（图 7.5.6）的阵列类型框中选取 参照，单击"完成"按钮 ✓。此时，系统便自动参照元件 1 中的孔的阵列，创建图 7.5.3 所示的元件阵列。如果修改阵列中的某一个元件，则系统就会像在特征阵列中一样修改每一个元件。

图 7.5.6　阵列操控板

7.5.2　元件的"尺寸阵列"

如图 7.5.7 所示，元件的"尺寸阵列"是使用装配中的约束尺寸创建阵列，所以只有使用诸如"配对偏距""对齐偏距"这样的约束类型才能创建元件的"尺寸阵列"。创建元件的"尺寸阵列"，遵循在"零件"模式中阵列特征的同样规则。这里请注意：如果要重定义阵列化的元件，必须在重定义元件放置后再重新创建阵列。

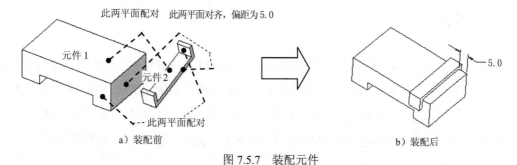

图 7.5.7　装配元件

下面开始创建元件 2 的尺寸阵列，操作步骤如下。

Step1. 将工作目录设置至 D:\proewf5.1\work\ch07.05，打开 component_pattern.asm。

Step2. 在模型树中选取元件 2，右击，从弹出的快捷菜单中选择 阵列... 命令。

Step3. 系统提示 ➡ 选取要在第一方向上改变的尺寸。，选取图 7.5.8 中的尺寸 5.0。

Step4. 在出现的增量尺寸文本框中输入值 10.0，并按 Enter 键，如图 7.5.8 所示。也可单击阵列操控板中的 尺寸 按钮，在弹出的图 7.5.9 所示的"尺寸"界面中进行相应的设置或修改。

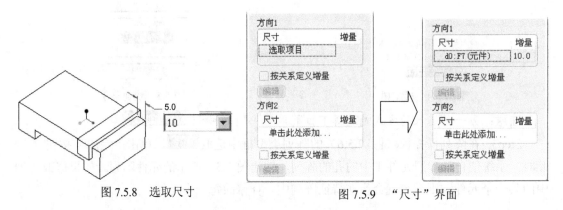

图 7.5.8　选取尺寸　　　　　　图 7.5.9　"尺寸"界面

Step5. 在阵列操控板中输入实例总数值 4，如图 7.5.10 所示。

Step6. 单击阵列操控板中的"完成"按钮 ✓，此时即得到图 7.5.11 所示的元件 2 的阵列。

图 7.5.10　阵列操控板　　　　　　　　图 7.5.11　阵列后

7.6　装配体中元件的打开、删除和修改等操作

7.6.1　概述

完成一个装配体后，可以对该装配体中的任何元件（包括零件和子装配件）进行下面的操作：元件的打开与删除、元件尺寸的修改、元件装配约束偏距值的修改（如配对约束和对齐约束偏距的修改）、元件装配约束的重定义等。这些操作命令一般从模型树中获取。

下面以修改装配体 asm_exercise2.asm 中的 body_cap.prt 零件为例，说明其操作方法。

Step1. 将工作目录设置至 D：\proewf5.1\work\ch07.06，打开文件 asm_exercise2.asm。

Step2. 在图 7.6.1 所示的装配模型树界面中单击 🔧▾ ➡ 🔧▾ 树过滤器(F)... ，然后选中 "显示"选项组下的 ☑特征 复选框。这样每个零件中的特征都将在模型树中显示。

Step3. 如图 7.6.2 所示，单击模型树中 ⊞ ☐ BODY_CAP.PRT 前面的"＋"号。

Step4. 在模型树中右击要修改的特征(比如 ⊹旋转 1)，如图 7.6.3 所示，系统弹出图 7.6.4 所示的快捷菜单，从该菜单中即可选取所需的编辑、编辑定义等命令，对所选取的特征进行相应操作。

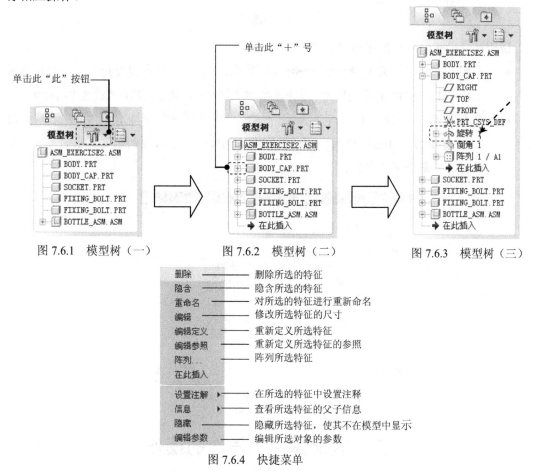

图 7.6.1　模型树（一）　　　　图 7.6.2　模型树（二）　　　　图 7.6.3　模型树（三）

图 7.6.4　快捷菜单

7.6.2　修改装配体中零件的尺寸

在装配体 asm_exercise2.asm 中，如果要将零件 body_cap 中的尺寸 13.5 改成 13.0，如图 7.6.5 所示，操作方法如下。

Step1. 显示要修改的尺寸：在图 7.6.3 所示的模型树中，单击零件 BODY_CAP.PRT 中的 "⊹旋转 1"特征，然后右击，选择 编辑(E)命令，系统即显示图 7.6.5 所示的该特征的尺寸。

Step2. 双击要修改的尺寸 13.5，输入新尺寸值 13.0，然后按 Enter 键。

Step3. 装配模型的再生：右击零件 ⊞ ☐ BODY_CAP.PRT ，在弹出的菜单中选择 再生 命令。注意：修改装配模型后，必须进行"再生"操作，否则模型不能按修改的要求更新。

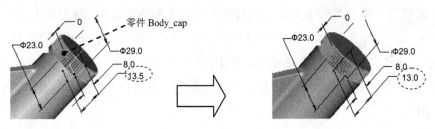

图 7.6.5　修改尺寸

说明：装配模型的再生有两种方式。

- 再生：选择下拉菜单 编辑(E) ➡ 再生(G) 命令（或者在模型树中右击要进行再生的元件，然后从弹出的快捷菜单中选取 再生 命令），此方式只再生被选中的对象。
- 定制再生：选择下拉菜单 编辑(E) ➡ 再生管理器(M) 命令，此时系统弹出图 7.6.6 所示的"再生管理器"对话框，通过此对话框可以控制需要再生的元素，默认情况下是全不选中的。

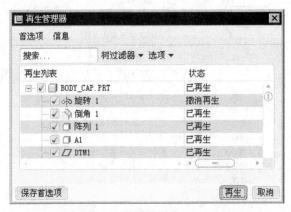

图 7.6.6　"再生管理器"对话框

7.7　装配体中"层"的操作

当向装配体中引入更多的元件时，屏幕中的基准面、基准轴等太多，这就要用"层"的功能，将暂时不用的基准元素遮蔽起来。

可以对装配体中的各元件分别进行层的操作，下面以装配体 asm_exercise2.asm 为例，说明对装配体中的元件进行层操作的方法。

Step1. 先将工作目录设置至 D:\proewf5.1\work\ch07.07，然后打开装配文件 asm_exercise2.asm。

Step2. 在工具栏中按下"层"按钮 ⬚，此时在导航区显示图 7.7.1 所示的装配层树。

Step3. 选取对象。从装配模型下拉列表中选取零件 BODY.PRT，如图 7.7.2 所示。此时 body 零件所有的层显示在层树中，如图 7.7.3 所示。

Step4. 对 body 零件中的层进行诸如隐藏、新建层以及设置层的属性等操作。

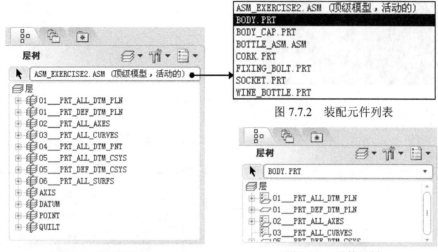

图 7.7.1 装配层树

图 7.7.2 装配元件列表

图 7.7.3 零件层树

7.8 模型的外观处理

模型的外观处理包括对模型进行着色、纹理处理、透明设置等。模型的外观将与模型一同保存，但当模型打开时，其外观不会载入到外观列表中，可以打开已保存的外观文件，将该文件中的外观添加到外观列表中。

下面以一个花瓶（vase）零件模型为例，说明对该模型进行外观处理的一般过程。

Step1. 将工作目录设置至 D:\proewf5.1\work\ch07.08，打开文件 vase.prt。

Step2. 在工具栏中按下"外观库"的命令按钮 中的，此时系统图 7.8.1 所示的"外观颜色"对话框。

Step3. 在调色板中添加一种外观设置。

（1）在弹出的图 7.8.1 所示的"外观颜色"对话框的 模型 中右击，在弹出的快捷菜单中选择 新建 命令，此时系统弹出图 7.8.2 所示的"外观编辑器"对话框,并输入新增加的外观名称。

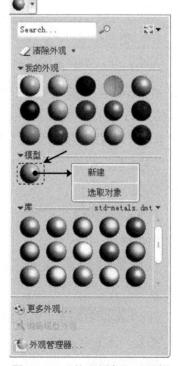

图 7.8.1 "外观颜色"对话框

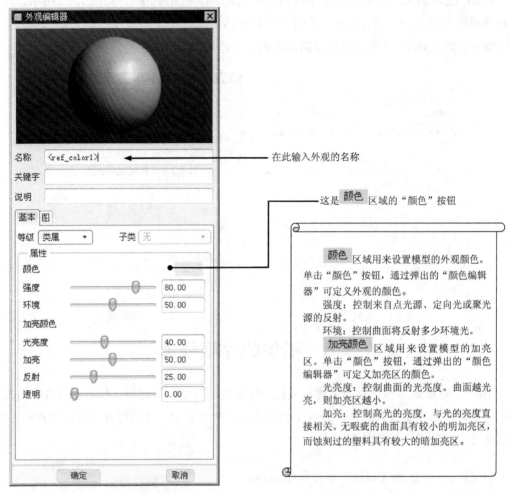

图 7.8.2 "外观编辑器"对话框（"基本"选项卡）

（2）外观的基本设置。可通过 颜色 区域设置模型的外观颜色，在 加亮颜色 区域中设置模型加亮区的显示。下面说明前者的操作方法。

① 单击 颜色 区域中的"颜色"按钮，如图 7.8.2 所示。

② 定义颜色。在弹出的图 7.8.3 所示的"颜色编辑器"对话框中，通过下列方法设置所需要的颜色。

- 打开 ▼ 颜色轮盘，先在轮盘上选取一种颜色，然后通过下面的微调滑线进行较精确的调整。

- 打开 ▶ 混合调色板，先单击调色板的一角，然后从颜色轮盘中选择一种颜色以用于混合。

- 打开 ▼ RGB/HSV滑块，可以输入 HSV（色调、饱和度和数值）或者用 RGB（红、绿和蓝）值来定义颜色，也可以移动滑块来获得所需的颜色。

③ 定义了外观颜色后,在图 7.8.2 所示的"外观编辑器"对话框中,通过 外观 区域的滑块可以调整光线对模型外观颜色的影响。

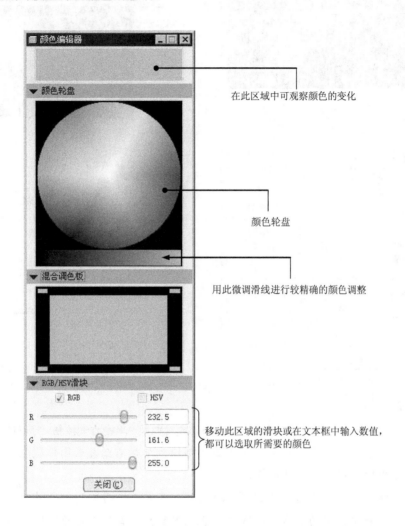

图 7.8.3 "颜色编辑器"对话框

（3）外观的高级设置。在图 7.8.4 所示的"外观编辑器"对话框中打开 基本 选项卡,可以设置外观的反射和透明属性。

说明

● 反射:控制局部对空间的反射程度。阴暗的外观比光亮的外观对空间的反射要少。例如,织品比金属反射要少。

● 透明:控制透过曲面可见的程度。

（4）外观的映射设置。在图 7.8.5 所示的"外观编辑器"对话框中打开 图 选项卡,可以设置外观的凸缘、颜色纹理和贴花属性。

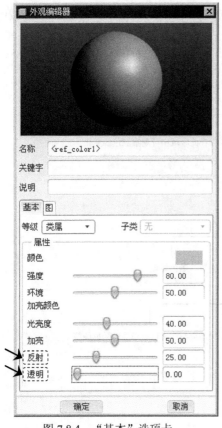

图 7.8.4　"基本"选项卡

图 7.8.5　"图"选项卡

说明

- 凹凸：利用此选项可构建出曲面的粗糙度效果。单击右侧按钮，可以选取一个图像文件。
- 颜色纹理：用于在零件或曲面上制作一个材质图片或图像模型。单击右侧按钮，可以选取一个材质文件。
- 贴花：利用此选项可在零件的表面上放置一种图案，如公司的徽标。贴花时，可以指定特定的区域，区域内部填充图案并覆盖其下面的外观，而没有贴花之处则显示其下面的外观。单击右侧按钮，可以选取一个图形文件。

Step4. 将调色板中的某种外观设置应用到零件模型和装配体模型上。

用户可设置包括装配件、元件、零件或曲面的外观。如果将纹理指定作为外观的一部分，则可将该外观分配给零件、面组或曲面。装配件和元件的纹理被忽略。模型外观设置的操作过程如下。

（1）在"外观编辑器"对话框中单击 确定 按钮，此时鼠标在图形区显示"毛笔"状态。

说明：通过此"毛笔"可以在图形区选择模型的曲面为着色对象。

（2）选取要设置此外观的对象。在模型树中选择 VASE.PRT 或按住 Ctrl 键选择模型的表面，单击"选取"对话框中的 确定 按钮。图 7.8.6 所示为花瓶模型的几种外观。

a）一般颜色外观

b）纹理外观

c）贴图外观

图 7.8.6　花瓶的几种不同的外观

7.9　Pro/ENGINEER 装配设计综合实际应用

本应用详细讲解了减振器的整个设计过程，该过程是先将连接轴、减振弹簧、驱动轴、限位轴、下挡环及上挡环设计完成后，再在装配环境中将它们组装起来，最后在装配环境中创建。零件组装模型如图 7.9.1 所示。

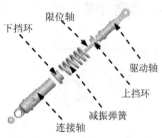

图 7.9.1　组装模型及分解图

说明：本应用的详细操作过程请参见随书光盘中 video\ch07.09\文件下的语音视频讲解文件。模型文件为 D:\proewf5.1\work\ch07.09\DAMPER.ASM。

7.10　习　　题

1. 习题 1

将工作目录设置至 D:\proewf5.1\work\ch07.09，将零件 reverse_block.prt 和 stop_rod.prt 装配起来，如图 7.10.1 所示；装配约束如图 7.10.2 所示。

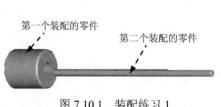

图 7.10.1　装配练习 1

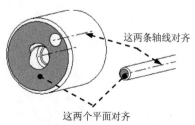

图 7.10.2　元件装配约束

2．习题 2（图 7.10.3）

Step1. 将工作目录设置至 D:\proewf5.1\work\ch07.09，打开装配模型文件 asm_sp1_ok.asm。

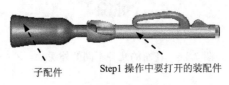

子配件　　　　　　Step1 操作中要打开的装配件

图 7.10.3　装配练习 2

Step2. 装配子装配件：打开子装配件 asm_sp2_ok.asm；定义第一个装配约束 ![对齐]，如图 7.10.4 所示；定义第二个装配约束 ![相切]。

注意：如果此时瓶子的方向与设计意图相反，要使其反向，需再添加一个 ![相切] 约束。约束参照与前面的 ![相切] 约束参照一样。

Step3. 选择 ![固定] 选项，将其固定，如图 7.10.5 所示。

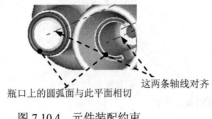
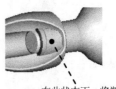

瓶口上的圆弧面与此平面相切　这两条轴线对齐　　　　　在此状态下，将瓶子固定在当前位置

图 7.10.4　元件装配约束　　　　　　　　图 7.10.5　元件固定

第8章　模型的测量与分析

本章提要　本章内容包括空间点、线、面间距离和角度的测量，曲线长度的测量，面积的测量，模型的质量属性分析，装配的干涉检查，曲线的曲率分析以及曲面、曲线的曲率分析等，这些测量和分析功能在产品的零件和装配设计中经常用到。

8.1　模型的测量

8.1.1　测量距离

下面以一个简单的模型为例，说明距离测量的一般操作过程和测量类型。

Step1. 将工作目录设置至 D:\proewf5.1\work\ch08.01，打开文件 distance.prt。

Step2. 选择下拉菜单 分析(A) ➡ 测量(M) ▸ ➡ 距离(D) 命令，系统弹出"距离"对话框。

Step3. 测量面到面的距离。

（1）在图 8.1.1 所示的"距离"对话框中打开 分析 选项卡。

（2）先选取图 8.1.2 所示的模型表面 1，然后选取图 8.1.2 所示的模型表面 2。

（3）在图 8.1.1 所示的 分析 选项卡的结果区域中，可查看测量后的结果。

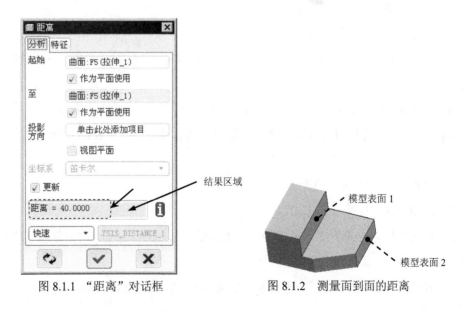

图 8.1.1　"距离"对话框　　　　图 8.1.2　测量面到面的距离

说明：可以在 分析 选项卡的结果区域中查看测量结果，也可以在模型上直接显示测量或分析结果。

Step4. 测量点到面的距离，如图 8.1.3 所示。操作方法参见 Step3。

Step5. 测量点到线的距离，如图 8.1.4 所示。操作方法参见 Step3。

Step6. 测量线到线的距离，如图 8.1.5 所示。操作方法参见 Step3。

Step7. 测量点到点的距离，如图 8.1.6 所示。操作方法参见 Step3。

Step8. 测量点到坐标系距离，如图 8.1.7 所示。操作方法参见 Step3。

Step9. 测量点到曲线的距离，如图 8.1.8 所示。操作方法参见 Step3。

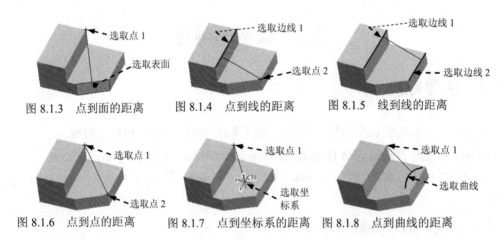

图 8.1.3　点到面的距离　　图 8.1.4　点到线的距离　　图 8.1.5　线到线的距离

图 8.1.6　点到点的距离　　图 8.1.7　点到坐标系的距离　　图 8.1.8　点到曲线的距离

Step10. 测量点与点间的投影距离，投影参照为平面。在图 8.1.9 所示的"距离"对话框中打开 分析 选项卡，进行下列操作。

（1）选取图 8.1.10 所示的点 1。

（2）选取图 8.1.10 所示的点 2。

（3）在"投影方向"文本框中的"单击此处添加项目"字符上单击，然后选取图 8.1.10 中的模型表面 3。

（4）在图 8.1.9 所示的 分析 选项卡的结果区域中，可查看测量的结果。

Step11. 测量点与点间的投影距离（投影参照为直线）。在图 8.1.11 所示的"距离"对话框中打开 分析 选项卡，进行下列操作。

（1）选取图 8.1.12 所示的点 1。

（2）选取图 8.1.12 所示的点 2。

（3）单击"投影方向"文本框中的"单击此处添加项目"字符，然后选取图 8.1.12 中的模型边线 3。

（4）在图 8.1.11 所示的 分析 选项卡的结果区域中，可查看测量的结果。

图 8.1.9 "距离"对话框

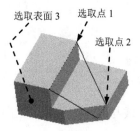

图 8.1.10 投影参照为平面

图 8.1.11 "距离"对话框

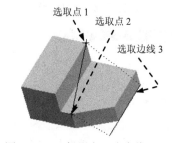

图 8.1.12 投影参照为直线

8.1.2 测量角度

Step1. 将工作目录设置至 D:\proewf5.1\work\ch08.01，打开文件 angle.prt。

Step2. 选择下拉菜单 分析(A) ➡ 测量(M) ▸ ➡ △ 角度(N) 命令。

Step3. 在弹出的"角"对话框中打开 分析 选项卡，如图 8.1.13 所示。

Step4. 测量面与面间的角度。

（1）选取图 8.1.14 所示的模型表面 1。

（2）选取图 8.1.14 所示的模型表面 2。

（3）在图 8.1.13 所示的 分析 选项卡的结果区域中，可查看测量的结果。

图 8.1.13 "角"对话框

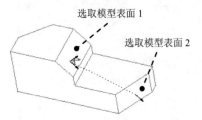

图 8.1.14 测量面与面间的角度

Step5. 测量线与面间的角度。在图 8.1.15 所示的"角"对话框中打开 分析 选项卡，进行下列操作。

（1）选取图 8.1.16 所示的模型表面 1。

（2）选取图 8.1.16 所示的边线 2。

（3）在图 8.1.15 所示的 分析 选项卡的结果区域中，可查看测量的结果。

Step6. 测量线与线间的角度。在图 8.1.17 所示的"角"对话框中打开 分析 选项卡，进行下列操作。

（1）选取图 8.1.18 所示的边线 1。

（2）选取图 8.1.18 所示的边线 2。

（3）在图 8.1.17 所示的 分析 选项卡的结果区域中，可查看测量的结果。

图 8.1.15 "角"对话框

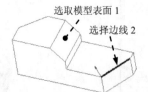

图 8.1.16 测量线与面间的角度

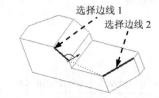

图 8.1.18 测量线与线间的角度

图 8.1.17 "角"对话框

8.1.3 测量曲线长度

Step1. 将工作目录设置至 D:\proewf5.1\work\ch08.01，打开文件 curve_len.prt。

Step2. 选择下拉菜单 分析(A) ➡ 测量(M) ▸ ➡ 长度(L) 命令。

Step3. 在弹出的 "长度" 对话框中打开 分析 选项卡，如图 8.1.19 所示。

Step4. 测量多个相连的曲线的长度。

（1）在 分析 选项卡中单击 细节... 按钮，弹出图 8.1.20 所示的 "链" 对话框。

说明： 当只需要测量一条曲线时，只要选取要测量的曲线，就会在结果区域中查看到测量的结果，不需要点击 细节... 按钮来定义 "链" 对话框。

（2）首先选取图 8.1.21 所示的边线 1，再按住 Shift 键，选取图 8.1.21 所示的边线 2。

（3）单击 "链" 对话框中的 确定 按钮，回到 "长度" 对话框。

（4）在图 8.1.19 所示的 分析 选项卡的结果区域中，可查看测量的结果。

Step5. 测量曲线特征的总长。在图 8.1.22 所示的 "长度" 对话框中打开 分析 选项卡，进行下列操作。

图 8.1.19　 "长度" 对话框

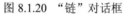
图 8.1.20　 "链" 对话框

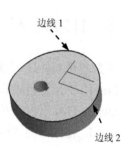
图 8.1.21　测量模型边线

（1）单击 曲线 文本框中 "选取项目" 字符，在模型树中选取图 8.1.23 所示的草绘曲线特征。

（2）在图 8.1.22 所示的 分析 选项卡的结果区域中，可查看测量的结果。

图 8.1.22　 "长度" 对话框

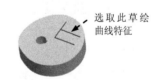
图 8.1.23　测量草绘曲线

8.1.4　测量面积

Step1. 将工作目录设置至 D:\proewf5.1\work\ch08.01，打开文件 area.prt。

Step2. 选择下拉菜单 分析(A) ➡ 测量(M) ▸ ➡ 📊 面积(R) 命令。

Step3. 在弹出的 "区域" 对话框中打开 分析 选项卡，如图 8.1.24 所示。

Step4. 测量曲面的面积。

（1）单击几何文本框中的"选取项目"字符，然后选取图 8.1.25 所示的模型表面。

（2）在图 8.1.24 所示的 分析 选项卡的结果区域中，可查看测量的结果。

图 8.1.24　"区域"对话框

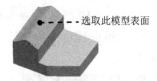

图 8.1.25　测量面积

8.1.5　计算两坐标系间的转换值

模型测量功能还可以对任意两个坐标系间的转换值进行计算。

Step1. 将工作目录设置至 D:\proewf5.1\work\ch08.01，打开文件 csys.prt。

Step2. 选择下拉菜单 分析(A) ➡ 测量(M) ▸ ➡ 变换(T) 命令。

Step3. 在弹出的"转换"对话框中打开 分析 选项卡，如图 8.1.26 所示。

Step4. 选取测量目标。

（1）在工具栏中按下"坐标系开/关"按钮，显示坐标系。

（2）依次选取图 8.1.27 所示的坐标系 1 和坐标系 2。

（3）在图 8.1.26 所示的 分析 选项卡的结果区域中，可查看测量的结果。

图 8.1.26　"转换"对话框

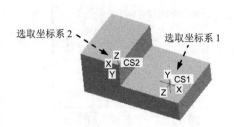

图 8.1.27　计算两坐标系间的转化值

8.2　模型的基本分析

8.2.1　模型的质量属性分析

通过模型质量属性分析，可以获得模型的体积、总的表面积、质量、重心位置、惯性力矩以及惯性张量等数据。下面简要说明其操作过程。

　　Step1. 将工作目录设置至 D:\proewf5.1\work\ch08.02，打开文件 mass.prt。

　　Step2. 选择下拉菜单 分析(A) ➡ 模型(L) ▸ ➡ ⚖ 质量属性(M) 命令。

　　Step3. 在弹出的"质量属性"对话框中打开 分析 选项卡，如图 8.2.1 所示。

图 8.2.1　"质量属性"对话框

　　Step4. 按下工具栏中的"坐标系开/关"按钮 ⚹，显示坐标系。

　　Step5. 在 坐标系 区域取消选中 □ 使用缺省设置 复选框（否则系统自动选取默认的坐标系），然后选取图 8.2.2 所示的坐标系。

　　Step6. 在图 8.2.3 所示的 分析 选项卡的结果区域中，显示出分析后的各项数据。

　　说明：这里模型质量的计算采用默认的密度，如果要改变模型的密度，可选择下拉菜单 文件(F) ➡ 属性(I) 命令。

8.2.2　剖截面质量属性分析

　　通过剖截面（X 截面）质量属性分析，可以获得模型上某个剖截面的面积、重心位置、惯性张量以及截面模数等数据。

　　Step1. 将工作目录设置至 D:\proewf5.1\work\ch08.02，打开文件 x_section.prt。

　　Step2. 选择下拉菜单 分析(A) ➡ 模型(L) ▸ ➡ 剖面质量属性(X) 命令。

　　Step3. 在弹出的"剖面属性"对话框中打开 分析 选项卡，如图 8.2.3 所示。

　　Step4. 按下"坐标系开/关"按钮 ⚹，显示坐标系；按下"基准平面开/关"按钮 ▱，显示基准平面。

　　Step5. 在 分析 选项卡的 名称 下拉列表中选择 XSEC0001 剖截面。

　　说明： XSEC0001 是提前创建的一个剖截面。

Step6. 在 坐标系 区域中取消选中 □使用缺省设置 复选框，然后选取图 8.2.4 所示的坐标系。

Step7. 在图 8.2.3 所示的 分析 选项卡的结果区域中，显示出分析后的各项数据。

图 8.2.3　"剖面属性"对话框

图 8.2.2　模型质量属性分析

图 8.2.4　剖截面质量属性分析

8.2.3　配合间隙

通过配合间隙分析，可以计算模型中任意两个曲面之间的最小距离，如果模型中布置有电缆，配合间隙分析还可以计算曲面与电缆之间、电缆与电缆之间的最小距离。下面简要说明其操作过程。

Step1. 将工作目录设置至 D:\proewf5.1\work\ch08.02，打开文件 clearance.prt。

Step2. 选择下拉菜单 分析(A) ➡ 模型(L) ▸ ➡ 配合间隙(P) 命令。

Step3. 在弹出的"配合间隙"对话框中打开 分析 选项卡，如图 8.2.5 所示。

Step4. 在 几何 区域的 起始 文本框中单击"选取项目"字符，然后选择图 8.2.6 所示的模型表面 1。

Step5. 在 几何 区域的 至 文本框中单击"选取项目"字符，然后选择图 8.2.6 所示的模型表面 2。

图 8.2.5　"配合间隙"对话框

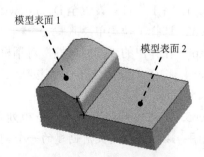

图 8.2.6　成对间隙分析

Step6. 在图 8.2.5 所示的 分析 选项卡的结果区域中，显示出分析后的结果。

说明：Pro/ENGINEER 系统中有一个线缆模块（Cabling），通过该模块可以在装配模型中创建电缆。

8.2.4　装配干涉检查

在实际的产品设计中，当产品中的各个零部件组装完成后，设计人员往往比较关心产品中各个零部件间的干涉情况：有没有干涉？哪些零件间有干涉？干涉量是多大？而通过 模型(L) ▶ 子菜单中的 全局干涉 命令可以解决这些问题。下面以一个简单的装配体模型为例，说明干涉分析的一般操作过程。

Step1. 将工作目录设置至 D:\proewf5.1\work\ch08.02，打开文件 interference.asm。

Step2. 在装配模块中，选择下拉菜单 分析(A) ➡ 模型(L) ▶ ➡ 全局干涉 命令。

Step3. 在弹出的"全局干涉"对话框中打开 分析 选项卡，如图 8.2.7 所示。

Step4. 由于 设置 区域中的 仅零件 单选项已经被选中（接受系统默认的设置），此步操作可以省略。

Step5. 单击 分析 选项卡下部的"计算当前分析以供预览"按钮 ∞ 。

Step6. 在图 8.2.7 所示的 分析 选项卡的结果区域中，可看到干涉分析的结果：干涉的零件名称、干涉的体积大小，同时在图 8.2.8 所示的模型上可看到干涉的部位以红色加亮的方式显示。如果装配体中没有干涉的元件，则系统在信息区显示 没有干涉零件。。

图 8.2.7　"分析"选项卡

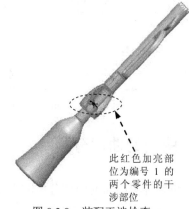

此红色加亮部位为编号 1 的两个零件的干涉部位

图 8.2.8　装配干涉检查

8.3　曲线与曲面的曲率分析

8.3.1　曲线的曲率分析

下面简要说明曲线的曲率分析的操作过程。

Step1. 将工作目录设置至 D:\proewf5.1\work\ch08.03，打开文件 curve.prt。

Step2. 选择下拉菜单 分析(A) ➡ 几何(G) ▸ ➡ 曲率(C) 命令。

Step3. 在图 8.3.1 所示的"曲率"对话框的 分析 选项卡中进行下列操作。

（1）单击 几何 文本框中的"选取项目"字符，然后选取要分析的曲线。

（2）在 质量 文本框中输入质量值 9.00。

（3）在 比例 文本框中输入比例值 50.00。

（4）其余均按默认设置，此时在绘图区中显示图 8.3.2 所示的曲率图，通过显示的曲率图可以查看该曲线的曲率走向。

Step4. 在 分析 选项卡的结果区域中，可查看曲线的最大曲率和最小曲率，如图 8.3.1 所示。

图 8.3.1　"曲率"对话框

图 8.3.2　曲率图

8.3.2　曲面的曲率分析

下面简要说明曲面的曲率分析的操作过程。

Step1. 将工作目录设置至 D:\proewf5.1\work\ch08.03，打开文件 surface.prt。

Step2. 选择下拉菜单 分析(A) ➡ 几何(G) ▸ ➡ 着色曲率(H) 命令。

Step3. 在图 8.3.3 所示的"着色曲率"对话框中打开 分析 选项卡，单击 曲面 文本框中的"选取项目"字符，然后选取要分析的曲面，此时曲面上呈现出一个彩色分布图（图 8.3.4），同时系统弹出"颜色比例"对话框（图 8.3.5）。彩色分布图中的不同颜色代表不同的曲率大小，颜色与曲率大小的对应关系可以从"颜色比例"对话框中查阅。

Step4. 在 分析 选项卡的结果区域中，可查看曲面的最大高斯曲率和最小高斯曲率。

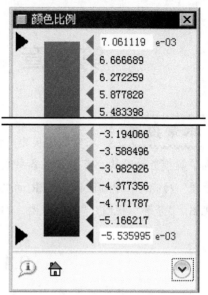

图 8.3.3　"着色曲率"对话框　　　　图 8.3.4　要分析的曲面　　　　图 8.3.5　"颜色比例"对话框

第9章 模型的视图管理

本章提要 在实际应用中，为了设计更加方便、进一步提高工作效率或为了更清晰地了解模型的结构，可以建立各种视图并加以管理，这就要用到 Pro/ENGINEER 的"视图管理"功能。在 Pro/ENGINEER 的"视图管理器"中，可以管理"简化表示"视图、"样式"视图、"分解"视图、"层"视图、"定向"视图，以及这些视图的组合视图。

9.1 定 向 视 图

定向（Orient）视图功能可以将组件以指定的方位进行摆放，以便观察模型或为将来生成工程图做准备。图 9.1.1 是装配体 asm_exercise2.asm 定向视图的例子，下面说明创建定向视图的操作方法。

图 9.1.1 定向视图

1. 创建定向视图

Step1. 将工作目录设置至 D:\proewf5.1\work\ch09.01，打开文件 asm_exercise2.asm。

Step2. 选择下拉菜单 视图(V) ➡ 视图管理器(W) 命令；在"视图管理器"对话框的 定向 选项卡中单击 新建 按钮，命名新建视图为 view_course，并按 Enter 键。

Step3. 选择 编辑▾ ➡ 重定义 命令，系统弹出"方向"对话框；在 类型 下拉列表中选取 按参照定向，如图 9.1.2 所示。

Step4. 定向组件模型。

（1）定义放置参照 1：在 参照1 下面的下拉列表中选择 前，再选取图 9.1.3 中的模型表面。该步操作的意义是使所选模型表面朝前，即与屏幕平行且面向操作者。

（2）定义放置参照 2：在 参照2 下面的列表中选择 右，再选取图中的模型表面，即将所选模型表面放置在右边。

Step5. 单击 确定 按钮，关闭"方向"对话框，再单击"视图管理器"对话框的 关闭 按钮。

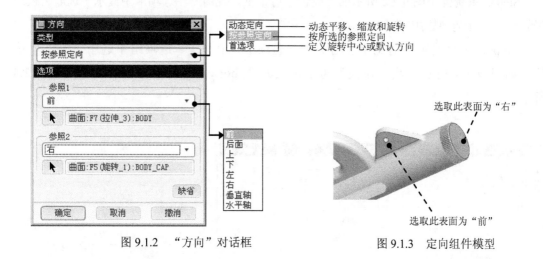

图 9.1.2　"方向"对话框　　　　　　图 9.1.3　定向组件模型

2．设置不同的定向视图

用户可以为装配体创建多个定向视图，每一个都对应于装配体的某个局部或层，在进行不同局部的设计时，可将相应的定向视图设置到当前工作区中，操作方法是在"视图管理器"对话框的 定向 选项卡中选择相应的视图名称，然后双击；或选中视图名称后，选择 选项▼ ➡ ➡ 设置为活动 命令。

9.2　样 式 视 图

样式（Style）视图可以将指定的零部件遮蔽起来，或以线框和隐藏线等样式显示。
图 9.2.1 是装配体 asm_exercise2.asm 样式视图的例子，下面说明创建样式视图的操作方法。

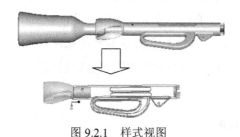

图 9.2.1　样式视图

1．创建样式视图

Step1．将工作目录设置至 D:\proewf5.1\work\ch09.02，打开文件 asm_exercise2.asm。
Step2．选择下拉菜单 视图(V) ➡ 视图管理器(V) 命令，在"视图管理器"对话框的 样式 选项卡中单击 新建 按钮，输入样式视图的名称 style_course，并按 Enter 键。

Step3. 系统弹出图 9.2.2 所示的"编辑"对话框，此时 遮蔽 选项卡中提示"选取将被遮蔽的元件"，在模型树中选取 bottle_asm。

Step4. 在"编辑"对话框中打开 显示 选项卡，在 方法 选项组中选中 ● 线框 单选项，如图 9.2.3 所示，然后在模型树中选取元件 body，此时模型树的显示如图 9.2.4 所示。

图 9.2.2   "编辑"对话框   图 9.2.3   "显示"选项卡   图 9.2.4   模型树

图 9.2.3 中"显示"选项卡的 方法 区域中各选项的说明如下。

- ● 线框 单选项：将所选元件以"线条框架"的形式显示，显示其所有的线，对线的前后位置关系不加以区分，如图 9.2.1 所示。
- ◎ 隐藏线 单选项：与"线框"方式的区别在于它区别线的前后位置关系，将被遮挡的线以"灰色"线表示。
- ◎ 消隐 单选项：将所选元件以"线条框架"的形式显示，但不显示被遮挡的线。
- ◎ 着色 单选项：以"着色"方式显示所选元件。
- ◎ 透明 单选项：以"透明"方式显示所选元件。

Step5. 单击"编辑"对话框中的按钮 ✓，完成视图的编辑，再单击"视图管理器"对话框中的 关闭 按钮。

2. 设置不同的样式视图

用户可以为装配体创建多个样式视图，每一个都对应于装配体的某个局部，在进行不同局部的设计时，可将相应的样式视图设置到当前工作区中。操作方法：在"视图管理器"对话框的 样式 选项卡中，选择相应的视图名称，然后双击，或选中视图名称后，选择 选项 ▼ ➡ ➡ 设置为活动 命令。此时在当前视图名称前有一个红色箭头指示。

9.3　剖截面（X 截面）

9.3.1　剖截面概述

剖截面（X-Section）也称 X 截面、横截面，它的主要作用是查看模型剖切的内部形状和结构，在零件模块或装配模块中创建的剖截面，可用于在工程图模块中生成剖视图。

在 Pro/ENGINEER 中，剖截面分两种类型。

- "平面"剖截面：用单个平面对模型进行剖切，如图 9.3.1 所示。
- "偏距"剖截面：用草绘的曲面对模型进行剖切，如图 9.3.2 所示。

图 9.3.1　"平面"剖截面　　　　　　　图 9.3.2　"偏距"剖截面

选择下拉菜单 视图(V) ➡ 视图管理器(W) 命令，在弹出的对话框中单击 剖面 标签，即可进入剖截面操作界面，操作界面中各命令的说明如图 9.3.3 所示。

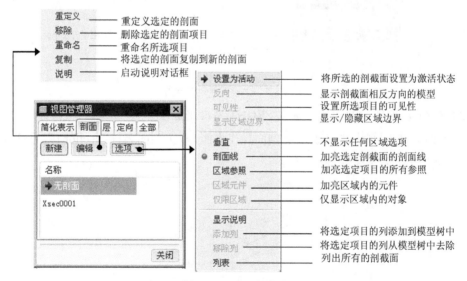

图 9.3.3　设置剖截面

9.3.2　创建一个"平面"剖截面

下面以零件模型机体 body 为例，说明创建图 9.3.1 所示的"平面"剖截面的一般操作过程。

Step1. 将工作目录设置至 D：\proewf5.1\work\ch09.03，打开文件 body_section1.prt。

Step2. 选择下拉菜单 视图(V) ➡ 视图管理器(M) 命令。

Step3. 单击 剖面 标签，在图 9.3.3 所示的剖面操作界面中单击 新建 按钮，输入名称 section1，并按 Enter 键。

Step4. 选择截面类型。在弹出的图 9.3.4 所示的菜单管理器中，选择默认的 Planar (平面) ➡ Single (单一) 命令，并选择 Done (完成) 命令。

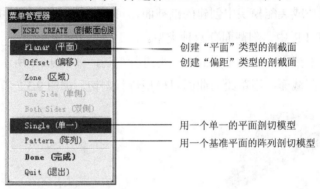

图 9.3.4 "剖截面创建"菜单

Step5. 定义剖切平面。

（1）在图 9.3.5 所示的 ▼ SETUP PLANE (设置平面) 菜单中选择 Plane (平面) 命令。

图 9.3.5 "设置平面"菜单

（2）在图 9.3.6 所示的模型中选取 FRONT 基准平面。

（3）此时系统返回图 9.3.3 所示的剖面操作界面，双击剖面名称"section1"，在 ➡ Section1 状态下，模型上显示新建的剖面。

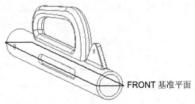

FRONT 基准平面

图 9.3.6 选取剖切平面

Step6. 修改剖截面的剖面线间距。

（1）在剖面操作界面中，选取要修改的剖截面名称 section1，然后选择 编辑▼ ➡ 重定义 命令。

（2）在图 9.3.7 所示的 ▼ XSEC MODIFY (剖截面修改) 菜单中，选择 Hatching (剖面线) 命令。

图 9.3.7　"剖截面修改"菜单

（3）在图 9.3.8 所示的 ▼ XSEC MODIFY（剖截面修改）菜单中，选择 Spacing（间距）命令。

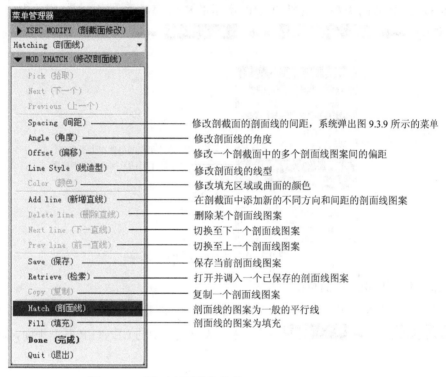

图 9.3.8　"修改剖面线"菜单

（4）在图 9.3.9 所示的 ▼ MODIFY MODE（修改模式）菜单中，连续选择 Half（一半）命令，观察零件模型中剖面线间距的变化，直到调到合适的间距，然后选择 Done（完成）➡ Done/Return（完成/返回）命令。

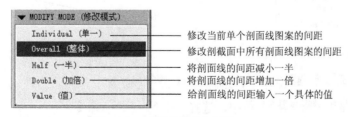

图 9.3.9　"修改模式"菜单

Step7. 此时系统返回图 9.3.3 所示的剖面操作界面，单击 关闭 按钮。

9.3.3 创建一个"偏距"剖截面

下面还是以零件模型机体 body 为例，说明创建图 9.3.2 所示的"偏距"剖截面的一般操作过程。

Step1. 将工作目录设置至 D:\proewf5.1\work\ch09.03，打开文件 body_section2.prt。

Step2. 选择下拉菜单 视图(V) ➡️ 视图管理器(M) 命令。

Step3. 单击 剖面 标签，在其选项卡中单击 新建 按钮，输入名称 section2，并按 Enter 键。

Step4. 选择截面类型。在图 9.3.10 所示的 ▼ XSEC CREATE (剖截面创建) 菜单中，依次选择 Offset (偏移) ➡️ Both Sides (双侧) ➡️ Single (单一) ➡️ Done (完成) 命令。

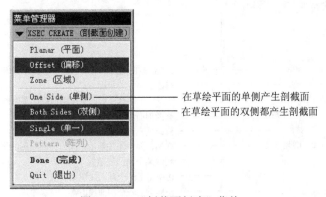

图 9.3.10 "剖截面创建"菜单

Step5. 绘制偏距剖截面草图。

（1）定义草绘平面：在图 9.3.11 所示的 ▼ SETUP SK PLN (设置草绘平面) 菜单中，选择 Setup New (新设置) ➡️ Plane (平面) 命令，然后选取模型中的 CENTER 基准平面，如图 9.3.12 所示。

图 9.3.11 "设置草绘平面"菜单

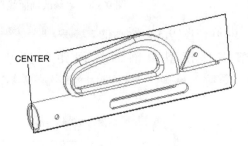

图 9.3.12 选取草绘平面

（2）在 ▼ DIRECTION (方向) 菜单中，选择 Okay (确定) 命令。

（3）在 ▼ SKET VIEW (草绘视图) 菜单中，选择 Default (缺省) 命令。

（4）为了使剖截面通过图 9.3.13 所示的圆心，在"参照"对话框中需选择该圆为参照。

（5）绘制图 9.3.13 所示的偏距剖截面草图，完成后单击"完成"按钮 ✓。

Step6. 如有必要，可按前面介绍的方法修改剖截面的剖面线间距。

Step7. 在剖面操作界面中单击 关闭 按钮。

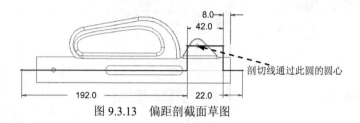

剖切线通过此圆的圆心

图 9.3.13　偏距剖截面草图

9.3.4　创建装配的剖截面

下面以图 9.3.14 为例，说明创建装配件剖截面的一般操作过程。

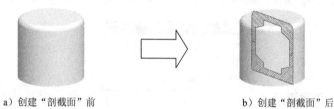

a）创建"剖截面"前　　　　　　　　　b）创建"剖截面"后

图 9.3.14　装配件的剖截面

Step1. 将工作目录设置至 D:\proewf5.1\work\ch09.03，打开文件 lip_asm.asm。

Step2. 选择下拉菜单 视图(V) ➡ 视图管理器(M) 命令。

Step3. 输入截面名称。在图 9.3.15 所示的 剖面 选项卡中单击 新建 按钮，接受系统默认的名称，并按 Enter 键。

Step4. 选择截面类型。在图 9.3.16 所示的 ▼ XSEC OPTS (剖截面选项) 菜单中，选择 Model (模型) ➡ Planar (平面) ➡ Single (单一) ➡ Done (完成) 命令。

Step5. 选取装配基准平面。

（1）在 ▼ SETUP PLANE (设置平面) 菜单中选择 Plane (平面) 命令。

（2）在系统 ➡选取或创建装配基准 的提示下，将鼠标指针移至图 9.3.17 所示的位置并右击，选择 从列表中拾取 命令，然后在图 9.3.18 所示的列表中选择 F1(ASM_RIGHT) 选项，并单击 确定(Q) 按钮。

注意：在选取基准平面时，必须选取装配件的基准平面；如果在图 9.3.18 所示的"从列表中拾取"对话框中选择 RIGHT:F1(基准平面):LIP_OUTER 选项，即选择零件模型 LIP_INNER 的 RIGHT 基准平面，系统将不接受此基准平面，同时在消息区提示 ➡对组件截面必须使用组件基准。（这里应该翻译成"对装配件截面必须使用装配件基准"）。

Step6. 设置剖面线。

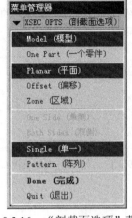
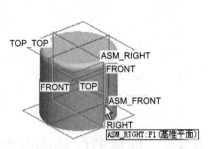

图 9.3.15　"X 截面"选项卡　　图 9.3.16　"剖截面选项"菜单　　图 9.3.17　选取装配基准平面

（1）在图 9.3.19 所示的 剖面 选项卡中选择 Xsec0001，然后选择 编辑 ▼ ➡ 重定义 命令。

（2）在图 9.3.20 所示的 ▼ XSEC MODIFY (剖截面修改) 菜单中，选择 Hatching (剖面线) 命令。

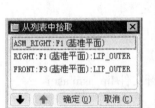

图 9.3.18　"从列表中拾取"对话框　　图 9.3.19　"剖面"选项卡　　图 9.3.20　"剖截面修改"菜单

（3）在图 9.3.21 所示的 ▼ MOD XHATCH (修改剖面线) 菜单中，选择 Pick (拾取) ➡ Hatch (剖面线) 命令，然后在绘图区选取零件 lip_outer.prt，此时该零件的剖面线加亮显示；然后在 ▼ MOD XHATCH (修改剖面线) 菜单中选择 Angle (角度) 命令。

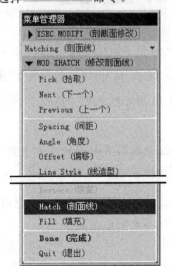

图 9.3.21　"修改剖面线"菜单

（4）在图 9.3.22 所示的 ▼ MODIFY MODE (修改模式) 菜单中选择 135 (135) ，然后选择 Done (完成) ➡ Done/Return (完成/返回) 命令。

Step7. 定向模型方位。在图 9.3.23 所示的"视图管理器"对话框中打开 定向 选项卡，然后右击 V2 ，选择 ➔ 设置为活动 命令。

Step8. 查看剖截面。在"视图管理器"对话框中打开 剖面 选项卡，选择 Xsec0001 ，此时绘图区中显示装配件的剖截面，如图 9.3.24 所示。

Step9. 在"视图管理器"对话框中单击 关闭 按钮。

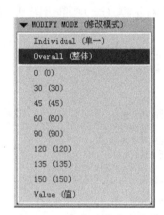

图 9.3.22　"修改模式"菜单

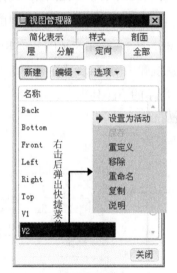

图 9.3.23　"视图管理器"对话框

a）V2 视图方位

b）三维视图方位

图 9.3.24　装配件的剖截面

9.4　简　化　表　示

对于复杂的装配体的设计，存在下列问题：

（1）重绘、再生和检索的时间太长。

（2）在设计局部结构时，感觉图面太复杂、太乱，不利于局部零部件的设计。

为了解决这些问题，可以利用简化表示（Simplfied Rep）功能，将设计中暂时不需要的零部件从装配体的工作区中移除，从而可以减少装配体的重绘、再生和检索的时间，并且简化装配体。例如，在设计轿车的过程中，设计小组在设计车厢里的座椅时，并不需要发动机、油路系统和电气系统，这样就可以用简化表示的方法将这些暂时不需要的零部件从工作区中移除。

9.4.1　创建简化表示的一般过程

图 9.4.1 是装配体 asm_exercise2.asm 简化表示的例子，下面说明创建简化表示的操作方法。

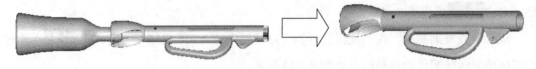

图 9.4.1　简化表示

Step1. 将工作目录设置至 D:\proewf5.1\work\ch09.04，打开文件 asm_exercise2.asm。

Step2. 选择 视图(V) ➡ 视图管理器(V) 命令；在"视图管理器"对话框的 简化表示 选项卡中（图 9.4.2）单击 新建 按钮，输入简化表示的名称 Rep_Course，并按 Enter 键。

Step3. 完成上步操作后，系统弹出图 9.4.3 所示的"编辑"对话框（一），单击图 9.4.3 所示的位置，系统弹出图 9.4.3 所示的下拉列表。

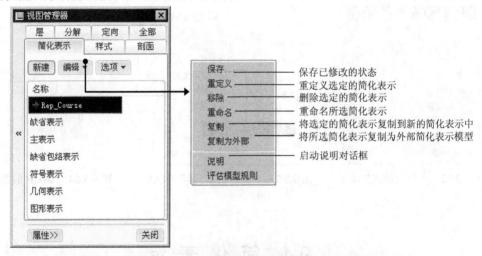

图 9.4.2　"视图管理器"对话框

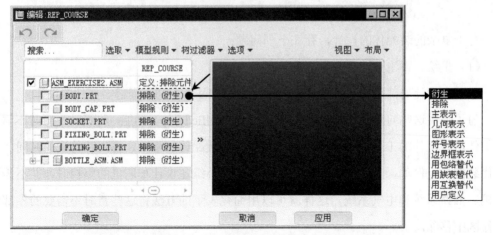

图 9.4.3　"编辑"对话框（一）

Step4. 在"编辑"对话框中进行图 9.4.4 所示的设置。

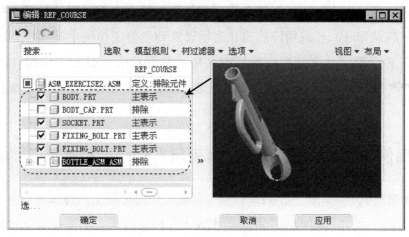

图 9.4.4　"编辑"对话框（二）

Step5. 单击"编辑"对话框中的按钮 确定(0)，完成视图的编辑，然后单击"视图管理器"对话框中的 关闭 按钮。

图 9.4.3 所示的下拉列表中的部分说明如下。

- 衍生 选项：表示系统默认的简化表示方法。

- 排除 选项：从装配体中排除所选元件，接受排除的元件将从工作区中移除，但是在模型树上还保留它们。

- 主表示 选项："主表示"的元件与正常元件一样，可以对其进行正常的各种操作。

- 几何表示 选项："几何表示"的元件不能被修改，但其中的几何元素（点、线、面）保留，所以在操作元件时也可参照它们。与"主表示"相比，"几何表示"的元件检索时间较短、占用的内存较少。

- 图形表示 选项："图形表示"的元件不能被修改，而且其元件中不含有几何元素（点、线、面），所以在操作元件时也不能参照它们。这种简化方式常用于大型装配体中的快速浏览，它比"几何表示"需要更少的检索时间且占用更少内存。

- 符号表示 选项：用简单的符号来表示所选取的元件。"符号表示"的元件可保留参数、关系、质量属性和族表信息，并出现在材料清单中。

- 用包络替代 选项：将所选取的元件用包络替代。包络是一种特殊的零件，它通常由简单几何创建，与所表示的元件相比，它们占用的内存更少。包络零件不出现在材料清单中。

- 用族表替代 选项：将所选取的元件用族表替代。

- 用互换替代 选项：将所选取的元件用互换替代。

● ▮用户定义▮ 选项：通过用户自定义的方式来定义简化表示。

用户可以为装配体创建多个简化表示，每一个都对应于装配体的某个局部，在进行不同局部的设计时，可将相应的简化表示设置到当前工作区中。操作方法：在"视图管理器"对话框中，选择相应的视图名称，然后双击（或选中视图名称后，选择 ▮选项 ▾▮ ➡ ▮➡ 设置为活动▮ 命令）。此时在当前视图名称前有一个红色箭头指示，如图 9.4.2 所示。

9.4.2　举例说明"主表示""几何表示"和"图形表示"的区别

在下面的例子中，先在一个装配模型中创建一个简化表示，将该表示中的三个元件分别设为"主表示""几何表示"和"图形表示"简化方式，然后比较三种简化表示的区别，其操作过程说明如下。

Stage1. 设置工作目录和打开文件

将工作目录设置至 D：\proewf5.1\work\ch09.04\difference，打开文件 difference.asm。

注意：由于本书许多练习中的模型名称可能相同，在打开一个新的练习文件前，务必将内存中所有的文件清除，否则在新的练习中会出现一些异常问题。

Stage2. 创建简化表示

Step1. 选择下拉菜单 ▮视图(V)▮ ➡ ▮ 视图管理器(V)▮ 命令，在"视图管理器"对话框的 ▮简化表示▮ 选项卡中单击 ▮新建▮ 按钮，输入简化表示的名称 Difference，并按 Enter 键。

Step2. 完成上步操作后，系统弹出"编辑"对话框。

（1）将 shaft. prt 设置为 ▮主表示▮ 。

（2）将 body. prt 设置为 ▮几何表示▮ 。

（3）将 body_cap. prt 设置为 ▮图形表示▮，此时"编辑"对话框如图 9.4.5 所示。

（4）单击"编辑"对话框中的按钮 ▮确定(O)▮，完成视图的设置。

Step3. 先确认创建的简化表示 Difference 为活动状态，然后在"视图管理器"对话框中单击 ▮关闭▮ 按钮。

Stage3. 设置模型树

为了方便地从模型树上查看各元件特征结构和表示状态，现进行如下的操作。

Step1. 设置模型树的过滤器。在模型树操作界面中，选择 ▮▾▮ ➡ ▮树过滤器(F)...▮ 命令，然后在"模型树项目"对话框中选中 ▮✓特征▮ 、▮✓隐含的对象▮ 复选框，并单击 ▮确定▮ 按钮。

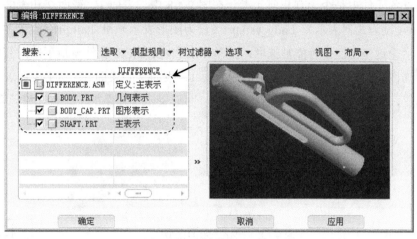

图 9.4.5　"编辑"对话框

Step2. 设置模型树的数列。

（1）在模型树操作界面中，选择 🔧▾ ➡️ 🔲 树列(C)... 命令。

（2）在 不显示 区域的 类型 下拉列表中选择 简化表示，然后选择视图 **DIFFERENCE** 并单击 ≫ 按钮，将其移至 显示 选项栏中，此时对话框如图 9.4.6 所示。

（3）单击 确定 按钮，此时模型树如图 9.4.7 所示。

Stage4．观察"主表示""几何表示"和"图形表示"三者之间的区别

（1）检查各元件的可修改性。从图 9.4.7 所示的模型树可以看出，在装配体的 Difference 简化表示下，零件 body.prt（设为几何表示）和 body_cap.prt（设为图形表示）中的所有特征在模型树上无法展开，所以此时对这两个零件无法修改。而零件 shaft.prt（设为主表示）的所有特征在模型树上可见，因而可以对该零件中的特征进行修改。由此可见，主表示的零件具有修改权限，几何表示和图形表示的零件没有修改权限。

图 9.4.6　"模型树列"对话框

图 9.4.7　模型树

（2）检查各元件中是否含有几何元素。在图 9.4.8 中，表面 1、表面 2 和表面 3 分别是零件 body.prt（设为几何表示）、body_cap.prt（设为图形表示）和 shaft.prt（设为主表示）的模型表面。检查这些表面是否能被选取：先从 Pro/ENGINEER 软件窗口下部的智能选取栏中选择 **几何**（图 9.4.9），然后分别尝试选取表面 1、表面 2 和表面 3，结果表明表面 1 和表面 3 能被选取，而表面 2 无法选取，由此可见"图形表示"元件中不含有几何元素。

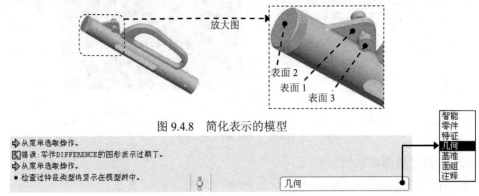

图 9.4.8　简化表示的模型

图 9.4.9　智能选取栏

9.5　装配模型的分解

装配体的分解（Explode）状态也叫爆炸状态，就是将装配体中的各零部件沿着直线或坐标轴移动或旋转，使各个零件从装配体中分解出来，如图 9.5.1 所示。分解状态对于表达各元件的相对位置十分有帮助，因而常常用于表达装配体的装配过程以及装配体的构成。

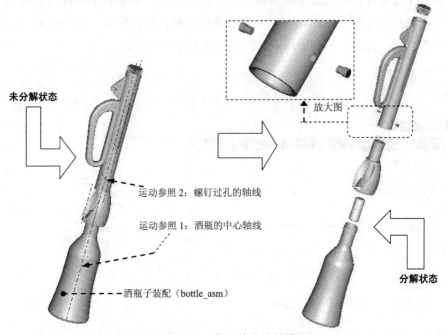

图 9.5.1　装配体的分解图

9.5.1　创建装配模型的分解状态

1．创建分解视图

下面以装配体 asm_exercise2.asm 为例，说明创建装配体的分解状态的一般操作过程。

Step1. 将工作目录设置至 D:\proewf5.1\work\ch09.05，打开文件 asm_exercise2.asm。

Step2. 选择下拉菜单 视图(V) ➡ 视图管理器(V) 命令，在"视图管理器"对话框的 分解 选项卡中单击 新建 按钮，输入分解的名称 asm_exp1，并按 Enter 键。

Step3. 单击"视图管理器"对话框中的 属性>> 按钮，在图 9.5.2 所示的"视图管理器"对话框中单击 按钮，系统弹出图 9.5.3 所示的"分解位置"操控板。

图 9.5.2　"视图管理器"对话框

Step4. 定义沿运动参照 1 的平移运动。

（1）在"分解位置"操控板中单击"平移"按钮 。

（2）在图 9.5.3 所示的"分解位置"操控板中激活"单击此处添加项目"，再选取图 9.5.1 中的酒瓶的中心轴线作为运动参照，即各零件将沿该中心线平移。

（3）单击操控板中的 选项 按钮，然后选择 ☑ 随子项移动 复选框。

（4）选取酒瓶子装配（bottle_asm），此时系统会在酒瓶子装配上显示一个参照坐标系，拖动坐标系的轴，移动鼠标，向下移动该元件。

（5）选取瓶口座零件（socket），向下移动该零件，此时酒瓶子装配件也跟着移动。

（6）选择主体盖零件（body_cap），向上移动该零件。

（7）选择酒瓶塞（cork），向上移动该零件。

Step5. 定义沿运动参照 2 的平移运动。

（1）在"分解位置"操控板中单击"平移"按钮 （由于前面运动也是平移运动，可省略本步操作）。

（2）选择图 9.5.1 中的螺钉过孔的轴线作为运动参照，即两个固定螺钉将沿该轴线平移。

（3）单击操控板中的 选项 按钮，然后取消选择 ☑ 随子项移动 复选框。

（4）分别移动两个紧固螺钉。

（5）完成以上分解移动后，单击"分解位置"操控板中的 ☑ 按钮。

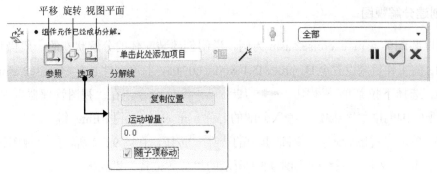

图 9.5.3　"分解位置"操控板

Step6. 保存分解状态。

（1）在图 9.5.4 所示的"视图管理器"对话框中单击 ≪… 按钮。

（2）在图 9.5.5 所示的"视图管理器"对话框中依次单击 编辑▼ ➡ 保存… 按钮。

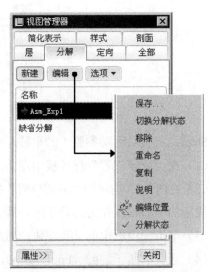

图 9.5.4　"视图管理器"对话框（一）　　　图 9.5.5　"视图管理器"对话框（二）

（3）在图 9.5.6 所示的"保存显示元素"对话框中单击 确定 按钮。

Step7. 单击"视图管理器"对话框中的 关闭 按钮。

2．设定当前状态

用户可以为装配体创建多个分解状态，根据需要，可以将某个分解状态设置到当前工作区中。操作方法：在"视图管理器"对话框的 分解 选项卡中选择相应的视图名称，然后双击，或选中视图名称后，选择 选项▼ ➡ ➡ 设置为活动 命令。此时在当前视图位置有一个红色箭头指示。

3．取消分解视图的分解状态

选择下拉菜单 视图(V) ➡ 分解(X) ▶ ➡ 取消分解视图(U) 命令，可以取消分解视图的分解状态，从而回到正常状态。

9.5.2　创建分解状态的偏距线

下面说明创建偏距线的一般操作过程。

Step1. 将工作目录设置至 D:\proewf5.1\work\ch09.05，打开文件 asm_exercise2.asm。

Step2. 选择下拉菜单 视图(V) ➡ 视图管理器(V) 命令，在"视图管理器"对话框的 分解 选项卡中单击 新建 按钮，输入分解名称 asm_exp2。

Step3. 创建装配体的分解状态。将装配体中的各零件移至图 9.5.7 所示的方位。

图 9.5.6　"保存显示元素"对话框

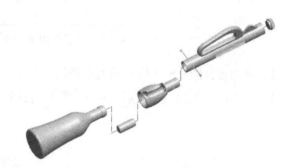

图 9.5.7　创建装配体的分解状态的偏距线

Step4. 修改偏距线的样式。

（1）单击"分解位置"操控板中的 分解线 按钮，然后再单击 缺省线造型 按钮。

（2）系统弹出图 9.5.8 所示的"线体"对话框，在下拉列表中选择 短划线 线型，单击 应用 ➡ 关闭 ➡ ✔ 按钮。

图 9.5.8　"线体"对话框

Step5. 创建装配体分解状态的偏距线。

（1）单击"分解位置"操控板中的 分解线 按钮，然后再单击"创建修饰偏移线"按钮，如图 9.5.9 所示。

（2）此时系统弹出图 9.5.10 所示的"修饰偏移线"对话框，在智能选取栏中选择 轴。

图 9.5.9 "分解位置"操控板

图 9.5.10 "修饰偏移线"对话框

（3）分别选择图 9.5.11 所示的两条轴线，单击 应用 按钮。

（4）完成同样的四次操作后，单击 关闭 按钮。

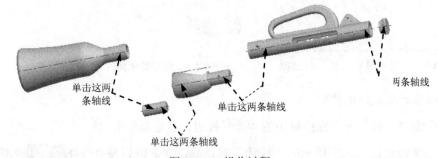

图 9.5.11 操作过程

注意：选取轴线时，在轴线上单击的位置不同，会出现不同的结果，如图 9.5.12 所示。

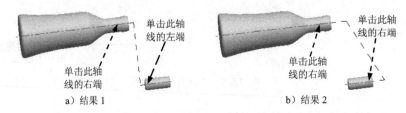

图 9.5.12 不同的结果对比

Step6. 保存分解状态。

（1）在"视图管理器"对话框中单击 《... 按钮。

（2）在图 9.5.13 所示的"视图管理器"对话框中依次单击 编辑▼ ➡ 保存... 按钮。

（3）在图 9.5.14 所示的"保存显示元素"对话框中单击 确定 按钮。

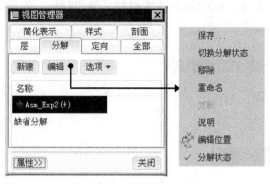

图 9.5.13　"视图管理器"对话框（三）

图 9.5.14　"保存显示元素"对话框

Step7. 单击"视图管理器"对话框中的 关闭 按钮。

9.6　层　视　图

层视图功能可以存储现有层的状态。通过在"视图管理器"(View Manager) 中创建并保存一个或多个层状态，就可以在层状态之间进行切换，以更改组件显示。也可使用"层树"上的"层"(Layer) 菜单在多个层状态之间进行切换，并且活动的层状态可定义所有 3D 模型窗口中所有组件元件的可见性状态。下面以图 9.6.1 所示为例，说明创建层视图的操作方法。

图 9.6.1　层视图

Step1. 将工作目录设置至 D:\proewf5.1\work\ch09.06，打开文件 asm_exercise2.asm。

Step2. 隐藏零件。在模型树中选择 BODY.PRT 零件并右击，在弹出的快捷菜单中选择 隐藏 命令。

Step3. 选择下拉菜单 视图(V)　➡　 视图管理器(M) 命令，此时系统弹出图 9.6.2 所示的 "视图管理器"对话框，在对话框的 层 选项卡中单击 新建 按钮，输入层视图名称为 Layer_001，并按 Enter 键。

Step4. 单击"视图管理器"对话框中的 关闭 按钮。

Step5. 取消隐藏零件 BODY.PRT。

Step6. 选择下拉菜单 视图(V) ➡ 视图管理器(W) 命令，在"视图管理器"对话框的 层 选项卡中选择 选项▼ ➡ 设置为活动 命令，此时图形区的模型又显示隐藏后的效果。

Step7. 单击"视图管理器"对话框中的 关闭 按钮。

图 9.6.2　"视图管理器"对话框

9.7　组 合 视 图

组合视图可以将以前创建的各种视图组合起来，形成一个新的视图。例如，在图 9.7.1 所示的组合视图中，既有分解视图，又有样式视图、剖面视图等视图。下面以此为例，说明创建组合视图的操作方法。

Step1. 将工作目录设置至 D:\proewf5.1\work\ch09.07，打开文件 asm_exercise2.asm。

Step2. 选择下拉菜单 视图(V) ➡ 视图管理器(W) 命令，在"视图管理器"对话框的 全部 选项卡中单击 新建 按钮，组合视图名称为默认的 Comb0001，并按 Enter 键。

Step3. 如果系统弹出图 9.7.2 所示的对话框，可单击 参照原件 按钮。

Step4. 选择 编辑▼ ➡ 重定义 命令。

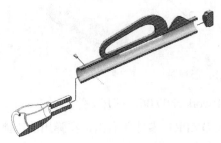

图 9.7.1　模型的组合视图

图 9.7.2　提示对话框

Step5. 在"组合视图"对话框中，分别在定向视图、简化视图和样式视图等列表中选择要组合的视图，各视图名称和设置如图 9.7.3 所示。

说明：如果各项设置正确，但模型不显示分解状态，需选择下拉菜单 视图(V) ➡ 分解(X) ▶ ➡ 分解视图(X) 命令。

Step6. 单击按钮 ✓，在"视图管理器"对话框中单击 关闭 按钮。

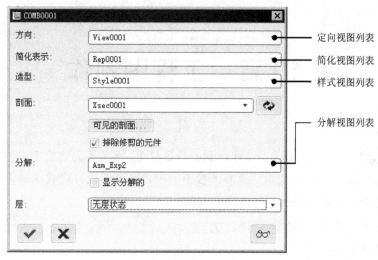

图 9.7.3　"组合视图"对话框

第 10 章　工程图制作

本章提要　在产品的研发、设计和制造等过程中，各类参与者需要经常进行交流和沟通，工程图则是常用的交流工具，因而工程图的创建是产品设计过程中的重要环节。本章将介绍工程图模块的基本知识，包括以下内容：

- 工程图环境中的菜单命令简介。
- 工程图创建的一般过程。
- 各种视图的创建。
- 视图的编辑与修改。
- 尺寸的自动创建及显示和拭除。
- 尺寸的手动标注。
- 尺寸公差的设置。
- 基准的创建，几何公差的标注。
- 在工程图里建立注释，书写技术要求。
- Pro/ENGINEER 软件的打印出图。
- 工程图系统文件的配置。

10.1　Pro/ENGINEER 工程图模块概述

使用 Pro/ENGINEER 的工程图模块，可创建 Pro/ENGINEER 三维模型的工程图，可以用注解来注释工程图、处理尺寸以及使用层来管理不同项目的显示。工程图中的所有视图都是相关的，例如，改变一个视图中的尺寸值，系统就相应地更新其他工程图视图。

工程图模块还支持多个页面，允许定制带有草绘几何的工程图，定制工程图格式等。另外，还可以利用有关接口命令，将工程图文件输出到其他系统，或将文件从其他系统输入到工程图模块中。

工程图环境中的菜单简介。

（1）"布局"选项区域中的命令主要是用来设置绘图模型、模型视图的放置以及视图的线型显示等，如图 10.1.1 所示。

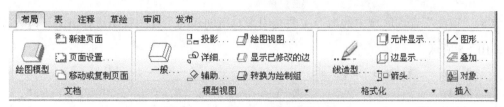

图 10.1.1　"布局"选项区域

（2）"表"选项区域中的命令主要是用来创建、编辑表格等，如图 10.1.2 所示。

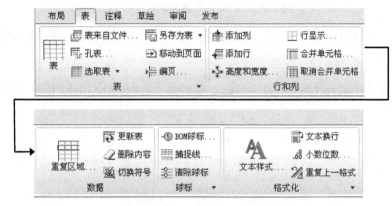

图 10.1.2　"表"选项区域

（3）"注释"选项区域中的命令主要是用来添加尺寸及文本注释等，如图 10.1.3 所示。

图 10.1.3　"注释"选项区域

（4）"草绘"选项区域中的命令主要是用来在工程图中绘制及编辑所需要的视图等，如图 10.1.4 所示。

图 10.1.4　"草绘"选项区域

（5）"审阅"选项区域中的命令主要是用来对所创建的工程图视图进行审阅、检查等，如图 10.1.5 所示。

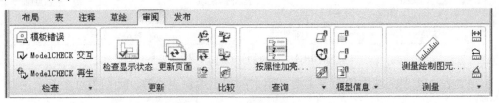

图 10.1.5　"审阅"选项区域

（6）"发布"选项区域中的命令主要是用来对工程图进行打印及工程图视图格式的转换等操作，如图 10.1.6 所示。

说明：该选项区域的"预览"为工程图打印预览，是 Pro/ENGINEER 5.0 新增功能之一。

图 10.1.6　"发布"选项区域

（7）"编辑"下拉菜单的说明如图 10.1.7 所示。

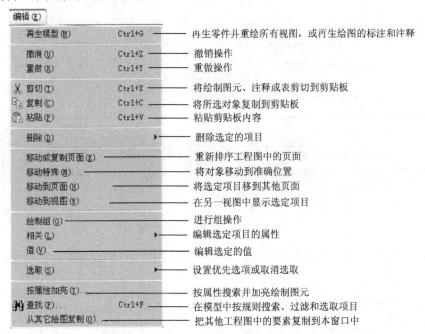

图 10.1.7　"编辑"下拉菜单

创建工程图的一般过程如下。

1．通过新建一个工程图文件，进入工程图模块环境

（1）选择"新建文件"命令或按钮。

（2）选择"绘图"（即工程图）文件类型。

（3）输入文件名称，选择工程图模型及工程图图框格式或模板。

2．创建视图

（1）添加主视图。

（2）添加主视图的投影图（左视图、右视图、俯视图和仰视图）。

（3）如有必要，可添加详细视图（即放大图）和辅助视图等。

（4）利用视图移动命令，调整视图的位置。

（5）设置视图的显示模式，如视图中不可见的孔，可进行消隐或用虚线显示。

3．尺寸标注

（1）显示模型尺寸，将多余的尺寸拭除。

（2）添加必要的草绘尺寸。

（3）添加尺寸公差。

（4）创建基准，进行几何公差标注，标注表面粗糙度。

注意：Pro/ENGINEER 软件的中文简化汉字版和有些参考书，将 Drawing 翻译成"绘图"，本书则一概翻译成"工程图"。

10.2　设置符合国标的工程图环境

我国国标（GB 标准）对工程图做出了许多规定，如尺寸文本的方位与字高、尺寸箭头的大小等都有明确的规定。本书随书光盘的 proewf5_system_file 文件夹中提供了一些 Pro/ENGINNER 软件的系统文件，这些系统文件中的配置可以使创建的工程图基本符合我国国标。请读者按下面的方法将这些文件复制到指定目录，并对其进行有关设置。

Step1. 将随书光盘中的 proewf5_system_file 文件夹复制到 C 盘中。

Step2. 假设 Pro/ENGINEER 野火版 5.0 软件被安装在 C:\Program Files 目录中，将随书光盘 proewf5_system_file 文件夹中的 config.pro 文件复制到 Pro/ENGINEER 安装目录中的 \text 文件夹下面，即 C:\ Program Files\proeWildfire 5.0\text 中。

Step3. 启动 Pro/ENGINEER 野火版 5.0。注意如果在进行上述操作前，已经启动了 Pro/ENGINEER，应先退出 Pro/ENGINEER，然后再次启动 Pro/ENGINEER。

Step4. 选择下拉菜单 工具(T) ➡ 选项(O) 命令，系统弹出图 10.2.1 所示的对话框。

Step5. 设置配置文件 config.pro 中相关选项的值，如图 10.2.1 所示。

（1）drawing_setup_file 的值设置为 C:\proewf5_system_file\drawing.dtl。

（2）format_setup_file 的值设置为 C:\proewf5_system_file\format.dtl。

（3）pro_format_dir 的值设置为 C:\proewf5_system_file\GB_format。

（4）template_designasm 的值设置为 C:\proewf5_system_file\temeplate\asm_start.asm。

（5）template_drawing 的值设置为 C:\proewf5_system_file\temeplate\draw.drw。

（6）template_mfgcast 的值设置为 C:\proewf5_system_file\temeplate\cast.mfg。

（7）template_mfgmold 的值设置为 C:\proewf5_system_file\temeplate\mold.mfg。

（8）template_sheetmetalpart 的值设置为 C:\proewf5_system_file\temeplate\sheetstart.prt。

（9）template_solidpart 的值设置为 C:\proewf5_system_file\temeplate\start.prt。

这些选项值的设置方法基本相同，下面仅以 drawing_setup_file 为例说明操作方法。

① 在图 10.2.1 所示的"选项"对话框中，先在对话框中部的选项列表中找到并单击选项 drawing_setup_file 。

② 单击"选项"对话框下部的 浏览... 按钮，如图 10.2.2 所示。

③ 在图 10.2.3 所示的"Select File"对话框中，选取 C:\proewf5_system_file 目录中的文件 drawing.dtl，单击该对话框中的 打开 ▼ 按钮。

④ 单击"选项"对话框右边的 添加/更改 按钮。

Step6. 把设置加到工作环境中并存盘。单击 应用 按钮，再单击"存盘"按钮 🖫 ；保存的文件名为 config.pro；单击 Ok ▼ 按钮。

Step7. 退出 Pro/ENGINEER，再次启动 Pro/ENGINEER，系统新的配置即可生效。

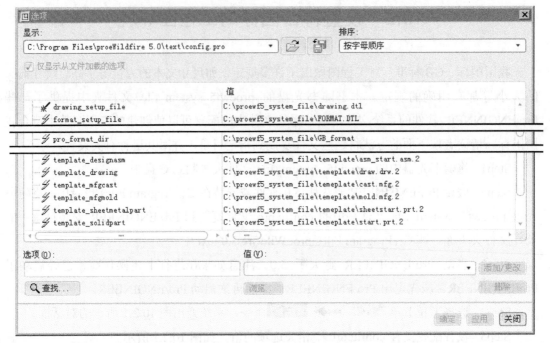

图 10.2.1   "选项"对话框

图 10.2.2　"浏览"按钮的位置

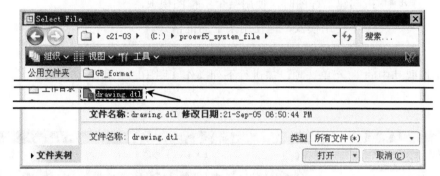

图 10.2.3　"Select File"对话框

10.3　新建工程图

Step1. 在工具栏中单击"新建"按钮🗋。

Step2. 选取文件类型，输入文件名，取消选中"使用缺省模板"复选框。在弹出的文件"新建"对话框中，进行下列操作（图 10.3.1）。

图 10.3.1　"新建"对话框

（1）选择 类型 选项组中的 ⊙ 🖳 绘图 单选项。

注意：在这里不要将"草绘"和"绘图"两个概念相混淆。

（2）在 名称 文本框中输入工程图的文件名，如 body_drw。

（3）取消 ☑ 使用缺省模板 中的"√"号，不使用默认的模板。

（4）单击该对话框中的 确定 按钮。

Step3. 选取适当的工程图模板或图框格式。在系统弹出的"新建绘图"对话框中（图

10.3.2)，进行下列操作。

（1）在"缺省模型"选项组中选取要对其生成工程图的零件或装配模型。一般系统会自动选取当前活动的模型，如果要选取活动模型以外的模型，请单击 浏览... 按钮，然后选取模型文件，并将其打开，如图 10.3.3 所示。

（2）在 指定模板 选项组中选取工程图模板。该区域下有三个选项。

● ◉ 使用模板：创建工程图时，使用某个工程图模板。

● ◉ 格式为空：不使用模板，但使用某个图框格式。

● ◉ 空：既不使用模板，也不使用图框格式。

如果选取其中的 ◉ 空 单选项，需进行下列操作（图 10.3.2 和图 10.3.4）。

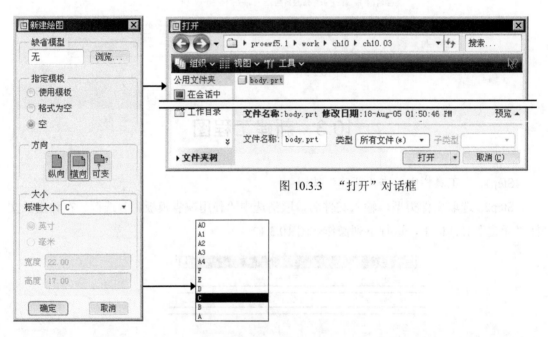

图 10.3.3　"打开"对话框

图 10.3.2　选择图幅大小　　图 10.3.4　"大小"选项

如果图纸的幅面尺寸为标准尺寸（如 A2、A0 等），应先在 方向 选项组中，单击"纵向"放置按钮或"横向"放置按钮，然后在 大小 选项组中选取图纸的幅面；如果图纸的尺寸为非标准尺寸，则应先在 方向 选项组中单击"可变"按钮，然后在 大小 选项组中输入图幅的高度和宽度尺寸及采用的单位。

如果选取 ◉ 格式为空 单选项，需进行下列操作（图 10.3.2 和图 10.3.5）。

在 格式 选项组中，单击 浏览... 按钮，然后选取某个格式文件，并将其打开。

注：在实际工作中，经常采用 ◉ 格式为空 单选项。

如果选取 ◉ 使用模板 单选项，需进行下列操作（图 10.3.2 和图 10.3.6）。

在 模板 选项组中，从模板文件列表中选择某个模板或单击 浏览... 按钮，然后选取其他某个模板，并将其打开。

（3）单击该对话框中的 确定 按钮。完成这一步操作后，系统即进入工程图模式（环境）。

图 10.3.5　"新建绘图"对话框

图 10.3.6　指定模板

10.4　工程图视图

10.4.1　创建基本视图

图 10.4.1 所示为 body.prt 零件模型的工程图，本节先介绍其中的两个基本视图：主视图和投影侧视图的一般创建过程。

1. 创建主视图

下面介绍如何创建 body.prt 零件模型主视图，如图 10.4.2 所示。操作步骤如下。

Step1. 设置工作目录：选择下拉菜单 文件(F) ➡ 设置工作目录(W)... 命令，将工作目录设置至 D:\proewf5.1\work\ch10.04。

Step2. 在工具栏中单击"新建"按钮 □，选择三维模型 body.prt 为绘图模型，进入工程图模块。

说明：进入工程图模块后，可能会在消息区出现 datafile.ers 中出错。查看 datafile.ers。信息，这不会影响后面的操作。

Step3. 使用命令。在绘图区中右击，系统弹出图 10.4.3 所示的快捷菜单，在该快捷菜单中选择 插入普通视图... 命令。

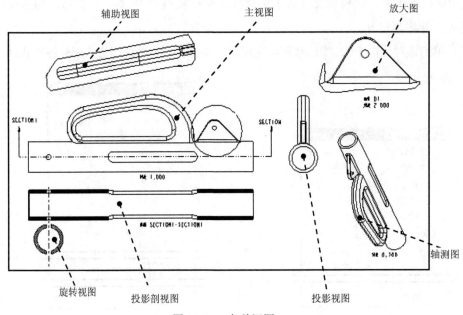

图 10.4.1　各种视图

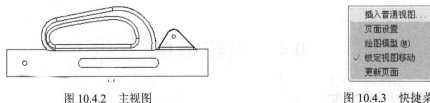

图 10.4.2　主视图　　　　　　　　　　　图 10.4.3　快捷菜单

说明：

（1）还有一种进入"普通视图"（即"一般视图"）命令的方法，就是在工具栏区选择

布局 ➡ 一般 命令。

（2）如果在图 10.3.2 所示的"新建绘图"对话框中没有默认模型，也没有选取模型，那么在执行 插入普通视图... 命令后，系统会弹出一个文件"打开"对话框，让用户选择一个三维模型来创建其工程图。

（3）图 10.4.2 所示的主视图已经被切换到线框显示状态，切换视图的显示方法与在建模环境中的方法是一样的，还有另一种方法后面会详细介绍。

Step4. 在系统 ➡选取绘制视图的中心点 的提示下，在屏幕图形区选择一点。系统弹出图 10.4.4 所示的"绘图视图"对话框。

Step5. 定向视图。视图的定向一般采用下面两种方法。

方法一：采用参照进行定向。

（1）定义放置参照 1。

① 在"绘图视图"对话框中单击"类别"下的"视图类型"标签；在其选项卡界面的 视图方向 选项组中选中 选取定向方法 中的 ◎ 几何参照 ，如图 10.4.5 所示。

② 单击对话框中"参照 1"旁的箭头 ▼，在弹出的方位列表中选择"前"选项（图 10.4.6），再选择图 10.4.7 中的模型表面。这一步操作的意义是使所选模型表面朝向前面，即与屏幕平行且面向操作者。

图 10.4.4　"绘图视图"对话框

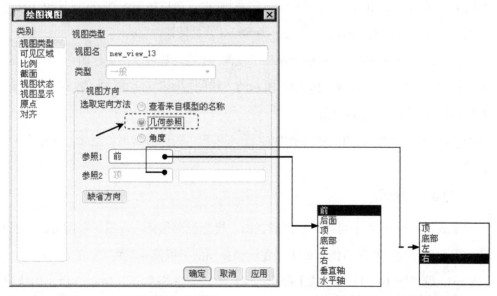

图 10.4.5　"绘图视图"对话框　　　　　　图 10.4.6　"参照"选项

（2）定义放置参照 2。单击对话框中"参照 2"旁的箭头 ▼，在弹出的方位列表中选择"右"，再选取图 10.4.7 中的模型表面。这一步操作的意义是使所选模型表面朝向屏幕的右边。此时模型按前面操作的方向要求，以图 10.4.2 所示的方位摆放在屏幕中。

　　说明： 如果此时希望返回以前的默认状态，请单击对话框中的 缺省方向 按钮。

　　方法二：采用已保存的视图方位进行定向。

　　先介绍以下预备知识。

　　在模型的零件或装配环境中，可以很容易地将模型摆放在工程图视图所需要的方位。

　　（1）选择下拉菜单 视图(V) ➡ 视图管理器(V) 命令，系统弹出图 10.4.8 所示的"视图管理器"对话框，在 定向 选项卡中单击 新建 按钮，并命名新建视图为 V1，然后选择 编辑 ▼ ➡ 重定义 命令。

图 10.4.7　模型的定向　　　　　　　　　　图 10.4.8　"视图管理器"对话框

　　（2）系统弹出图 10.4.9 所示的"方向"对话框，可以按照方法一中同样的操作步骤将模型在空间摆放好，然后单击 确定 ➡ 关闭 按钮。

　　（3）在模型的零件或装配环境中保存了视图 V1 后，就可以在工程图环境中用第二种方法定向视图。操作方法：在图 10.4.10 所示的"绘图视图"对话框中，找到视图名称 V1，则系统即按 V1 的方位定向视图。

　　Step6. 单击"绘图视图"对话框中的 确定 按钮，关闭对话框。至此，就完成了主视图的创建。

2．创建投影视图

　　在 Pro/ENGINEER 中可以创建投影视图，投影视图包括右视图、左视图、俯视图和仰视图。下面以创建左视图为例，说明创建这类视图的一般操作过程。

　　Step1. 选择图 10.4.11 所示的主视图，然后右击，系统弹出图 10.4.12 所示的快捷菜单，然后选择该快捷菜单中的 插入投影视图... 命令。

　　说明： 还有一种进入"投影视图"命令的方法，就是在工具栏区选择 布局 ➡ 投影... 命令。利用这种方法创建投影视图，必须先单击选中其父视图。

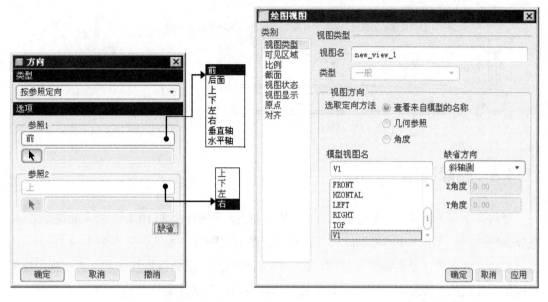

　　图 10.4.9　"方向"对话框　　　　　　　　图 10.4.10　"绘图视图"对话框

　　Step2. 在系统 选取绘制视图的中心点. 的提示下，在图形区主视图的右部任意选择一点，系统自动创建左视图，如图 10.4.11 所示。如果在主视图的左边任意选择一点，则会产生右视图。

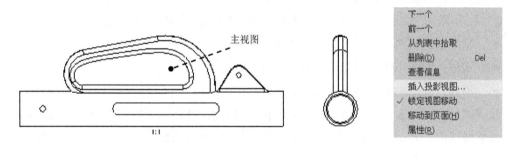

　　　　图 10.4.11　投影视图　　　　　　　　　图 10.4.12　快捷菜单

10.4.2　移动视图与锁定视图移动

　　在创建完主视图和左视图后，如果它们在图纸上的位置不合适，视图间距太紧或太松，用户可以移动视图，操作方法如图 10.4.13 所示（如果移动的视图有子视图，子视图也随着移动）。如果视图被锁定了，就不能移动视图，只有取消锁定后才能移动。

　　如果视图位置已经调整好，可启动"锁定视图移动"功能，禁止视图的移动。操作方法：在绘图区的空白处右击，系统弹出图 10.4.14 所示的快捷菜单，选择该菜单中的 锁定视图移动 命令。如果要取消"锁定视图移动"，可再次选择该命令，去掉该命令前面的 ✓。

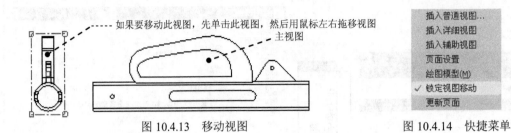

图 10.4.13　移动视图　　　　　　　　　　　　　　图 10.4.14　快捷菜单

10.4.3　删除视图

要将某个视图删除，可先选择该视图，然后右击，系统弹出图 10.4.15 所示的快捷菜单，选择 删除(D) 命令。注意：当要删除一个带有子视图的视图时，系统会弹出图 10.4.16 所示的提示窗口，要求确认是否删除该视图，此时若选择"是"，就会将该视图的所有子视图连同该视图一并删除！因此，在删除带有子视图的视图时，务必注意这一点。

10.4.4　视图的显示模式

1. 视图显示

工程图中的视图可以设置为下列几种显示模式，设置完成后，系统保持这种设置而与"环境"对话框中的设置无关，且不受视图显示按钮 ⊟、⊟ 和 ⊟ 的控制。

- 隐藏线：视图中的不可见边线以虚线显示。
- 线框：视图中的不可见边线以实线显示。
- 消隐：视图中的不可见边线不显示。

配置文件 config.pro 中的选项 hlr_for_quilts 控制系统在隐藏线删除过程中如何显示面组。如果将其设置为 yes，系统将在隐藏线删除过程中包括面组；如果设置为 no，系统则在隐藏线删除过程中不包括面组。

下面以模型 body 的左视图为例，说明如何通过"视图显示"操作将左视图设置为无隐藏线显示状态，如图 10.4.17 所示。

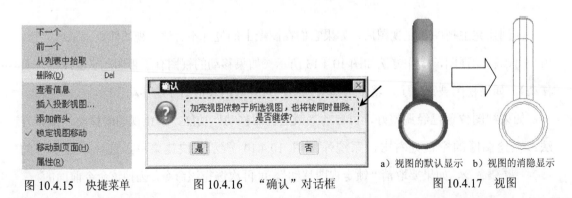

a）视图的默认显示　b）视图的消隐显示

图 10.4.15　快捷菜单　　　　　图 10.4.16　"确认"对话框　　　　　图 10.4.17　视图

Step1. 先选择图 10.4.17a，然后双击。

说明：还有一种方法是，先选择图 10.4.17a，再右击，从弹出的快捷菜单中选择 属性(R) 命令。

Step2. 系统弹出图 10.4.18 所示的"绘图视图"对话框，在该对话框中选择 类别 选项组中的 视图显示 选项。

Step3. 按照图 10.4.18 所示的对话框进行参数设置，即"显示线型"设置为"消隐"，然后单击对话框中的 确定 按钮，关闭对话框。

Step4. 如有必要，单击"重画"命令按钮 ，查看视图显示的变化。

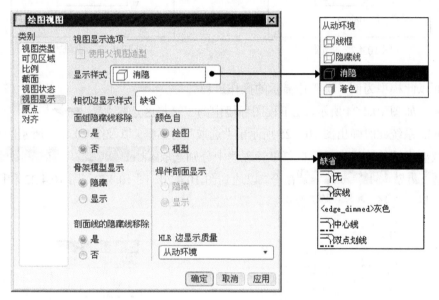

图 10.4.18　"绘图视图"对话框

2. 边显示

可以设置视图中个别边线的显示方式。例如，在图 10.4.19 所示的模型中，箭头所指的边线有隐藏线、拭除直线、隐藏方式和消隐等几种显示方式，分别如图 10.4.20、图 10.4.21、图 10.4.22 和图 10.4.23 所示。

此边线在工程图中有隐藏线、拭除直线、隐藏方式和消隐等几种显示方式

图 10.4.19　三维模型

配置文件 config.pro 中的命令 select_hidden_edges_in_dwg 用于控制工程图中的不可见边线能否被选取。

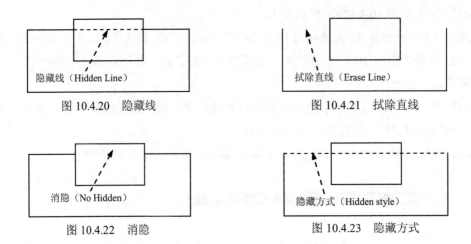

图 10.4.20　隐藏线　　　　　　　　图 10.4.21　拭除直线

图 10.4.22　消隐　　　　　　　　图 10.4.23　隐藏方式

下面以此模型为例，说明边显示的操作过程。

Step1. 如图 10.4.24 所示，在工程图环境中的工具栏区选择 布局 ➡ 边显示... 命令。

Step2. 系统此时弹出图 10.4.25 所示的"选取"对话框，以及图 10.4.26 所示的菜单管理器，选取要设置的边线，然后在菜单管理器中分别选取 Hidden Line (隐藏线)、Erase Line (拭除直线)、No Hidden (消隐)或 Hidden Style (隐藏方式)命令，以达到图 10.4.20、图 10.4.21、图 10.4.22 和图 10.4.23 所示的效果；选择 Done (完成) 命令。

图 10.4.24　"绘图显示"子菜单　　　　图 10.4.25　"选取"对话框

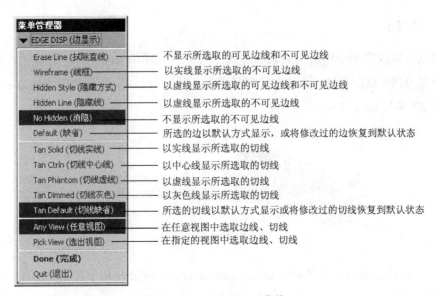

图 10.4.26　"边显示"菜单

Step3. 如有必要，单击"重画"命令按钮 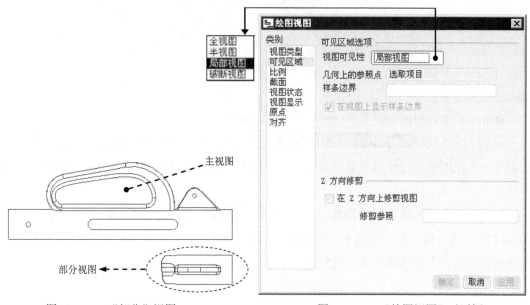，查看视图显示的变化。

10.4.5　创建高级视图

1. 创建"部分"视图

下面创建图 10.4.27 所示的"部分"视图，操作方法如下。

Step1. 先单击图 10.4.27 所示的主视图，然后右击，从系统弹出的快捷菜单中选择 插入投影视图... 命令。

Step2. 在系统 →选取绘制视图的中心点 的提示下，在图形区主视图的下面选择一点，系统立即产生投影图。

Step3. 双击上一步中创建的投影视图。

Step4. 系统弹出图 10.4.28 所示的"绘图视图"对话框，在该对话框中选择 类型 选项组中的 可见区域 选项，将 视图可见性 设置为 局部视图 。

图 10.4.27　"部分"视图　　　　　　图 10.4.28　"绘图视图"对话框

Step5. 绘制部分视图的边界线。

（1）此时系统提示 →选取新的参照点．单击"确定"完成． ，在投影视图的边线上选择一点（图 10.4.29。注意：如果不在模型的边线上选择点，系统则不认可），此时在拾取的点附近出现一个十字线。

（2）在系统 →在当前视图上草绘样条来定义外部边界． 的提示下，直接绘制图 10.4.30 所示的样条线来定义部分视图的边界，当绘制到封合时，单击鼠标中键结束绘制（在绘制边界线前，不要选择样条线的绘制命令，而是直接单击进行绘制）。

Step6. 单击对话框中的 确定 按钮，关闭对话框。

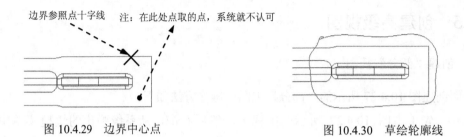

图 10.4.29　边界中心点　　　　　　　　　　图 10.4.30　草绘轮廓线

2．创建局部放大视图

下面创建图 10.4.31 所示的"局部放大视图"，操作过程如下。

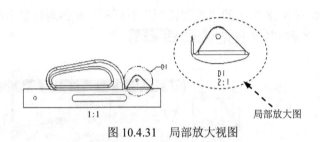

图 10.4.31　局部放大视图

Step1. 在工具栏区选择 布局 ➡ 详细... 命令。

Step2. 在系统 在一晤有视图上选取要查看细节的中心点。 的提示下，在图 10.4.32 所示的圆的边线上选择一点（在主视图的非边线的地方选择的点，系统不认可），此时在拾取的点附近出现一个十字线。

Step3. 绘制放大视图的轮廓线。在系统 草绘样条，不相交其它样条，来定义一轮廓线。 的提示下，绘制图 10.4.33 所示的样条线以定义放大视图的轮廓，当绘制到封合时，单击鼠标中键结束绘制（在绘制边界线前，不要选择样条线的绘制命令，而是直接单击进行绘制）。

图 10.4.32　放大图的中心点　　　　　　　　图 10.4.33　放大图的轮廓线

Step4. 在系统 选取绘制视图的中心点。 的提示下，在图形区中选择一点用来放置放大图。

Step5. 设置轮廓线的边界类型。

（1）在创建的局部放大视图上双击，系统弹出图 10.4.34 所示的"绘图视图"对话框。

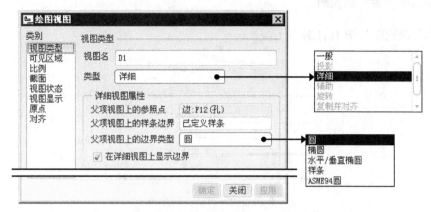

图 10.4.34　"绘图视图"对话框

（2）在 视图名 文本框中输入放大图的名称 D1；在 父项视图上的边界类型 下拉菜单中选择"圆"选项，然后单击 应用 按钮，此时轮廓线变成一个双点画线的圆，如图 10.4.35 所示。

Step6. 设置局部放大视图的比例。在图 10.4.34 所示的"绘图视图"对话框的 类别 选项组中选择 比例 选项，在 比例和透视图选项 区域的 ○ 定制比例 单选框中输入定制比例值 2。

Step7. 单击对话框中的 确定 按钮，关闭对话框。

3．创建轴测图

在工程图中创建图 10.4.36 所示的轴测图的目的主要是为方便读图，其创建方法与主视图基本相同，它也是作为"一般"视图来创建。通常轴测图是作为最后一个视图添加到图纸上的。下面说明操作的一般过程。

Step1. 在绘图区中右击，从弹出的快捷菜单中选择 插入普通视图... 命令。

Step2. 在系统 ➡ 选取绘制视图的中心点 的提示下，在图形区选择一点作为轴测图位置点。

Step3. 系统弹出"绘图视图"对话框，选择合适的查看方位（可以先在 3D 模型中创建合适的方位），然后单击该对话框中的 确定 按钮，关闭对话框。

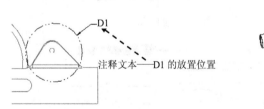

图 10.4.35　注释文本的放置位置

图 10.4.36　轴测图

注意：轴测图的定位方法一般是先在零件或装配模块中，将模型在空间摆放到合适的视角方位，然后将这个方位存成一个视图名称（如 V2）；然后在工程图中，在添加轴测图时，选取已保存的视图方位名称（如 V2），即可进行视图定位。

4．创建"全"剖视图

"全"剖视图如图 10.4.37 所示。

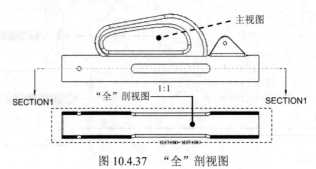

图 10.4.37 "全"剖视图

Step1. 选择图 10.4.37 所示的主视图，然后右击，从弹出的快捷菜单中选择 插入投影视图... 命令。

Step2. 在系统 ⇒选取绘制视图的中心点. 的提示下，在图形区主视图的下部选择一点。

Step3. 双击上一步创建的投影视图，系统弹出图 10.4.38 所示的"绘图视图"对话框。

Step4. 设置剖视图选项。

（1）在图 10.4.38 所示的"绘图视图"对话框中，选择 类别 选项组中的 截面 选项。

（2）将 剖面选项 设置为 ◉ 2D 剖面 ，然后单击 ＋ 按钮。

（3）将 模型边可见性 设置为 ◉ 全部 。

（4）在"名称"下拉列表中选取剖截面 ✔ SECTION1 （SECTION1 剖截面在零件模块中已提前创建），在"剖切区域"下拉列表中选择 完全 选项。

图 10.4.38 "绘图视图"对话框

（5）单击对话框中的 确定 按钮，关闭对话框。

注意：在上面 Step4 中，如果在图 10.4.38 所示的对话框中，选择 模型边可见性 中的 ◉ 区域 单选项，则产生的视图如图 10.4.39 所示，一般将这样的视图称为"剖面图"（断面图）。

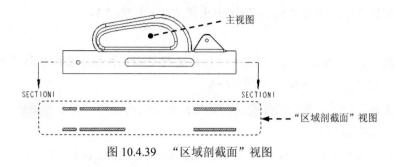

图 10.4.39　　"区域剖截面"视图

10.5　尺　寸　标　注

10.5.1　概述

在工程图模式下，可以创建下列几种类型的尺寸。

1．被驱动尺寸

被驱动尺寸来源于零件模块中的三维模型的尺寸，它们源于统一的内部数据库。在工程图模式下，可以利用 注释 工具栏下的"显示模型注释"命令将被驱动尺寸在工程图中自动地显现出来。在三维模型上修改模型的尺寸，这些尺寸在工程图中随之变化，反之亦然。这里有一点要注意：在工程图中可以修改被驱动尺寸值的小数位数，但是舍入之后的尺寸值不驱动模型几何。

2．草绘尺寸

在工程图模式下利用 注释 工具栏下的 命令，可以手动标注两个草绘图元间、草绘图元与模型对象间以及模型对象本身的尺寸，这类尺寸称为"草绘尺寸"，其可以被删除。还要注意：在模型对象上创建的"草绘尺寸"不能驱动模型，也就是说，在工程图中改变"草绘尺寸"的大小，不会引起零件模块中的相应模型的变化，这一点与"被驱动尺寸"有根本的区别。所以如果在工程图环境中发现模型尺寸标注不符合设计的意图（如标注的基准不对），最佳的方法是进入零件模块环境，重定义截面草绘图的标注，而不是简单地在工程图中创建"草绘尺寸"来满足设计意图。

由于草绘图可以与某个视图相关，也可以不与任何视图相关，"草绘尺寸"的值有两种情况。

（1）当草绘图元不与任何视图相关时，草绘尺寸的值与草绘比例（由绘图设置文件 drawing.dtl 中的选项 draft_scale 指定）有关，如假设某个草绘圆的半径为 5：

- 如果草绘比例为 1.0，该草绘圆半径尺寸显示为 5。
- 如果草绘比例为 2.0，该草绘圆半径尺寸显示为 10。

- 如果草绘比例为 0.5，在绘图中出现的图元就为 2.5。

注意：

- 改变选项 draft_scale 的值后，应该进行更新。方法为选择下拉菜单 视图(V) ➡ 更新(U) ▸ ➡ 绘制(D) 命令。

- 虽然草绘图的草绘尺寸的值随草绘比例变化而变化，但草绘图的显示大小不受草绘比例的影响。

- 配置文件 config.pro 中的选项 create_drawing_dims_only 用于控制系统如何保存被驱动尺寸和草绘尺寸。该选项设置为 no（默认）时，系统将被驱动尺寸保存在相关的零件模型（或装配模型）中；设置为 yes 时，仅将草绘尺寸保存在绘图中。所以用户正在使用 Intralink 时，如果尺寸被存储在模型中，则在修改时要对此模型进行标记，并且必须将其重新提交给 intralink。为避免绘图中每次参照模型时都进行此操作，可将选项设置为 yes。

（2）当草绘图元与某个视图相关时，草绘图的草绘尺寸的值不随草绘比例而变化，草绘图的显示大小也不受草绘比例的影响，但草绘图的显示大小随着与其相关的视图的比例变化而变化。

3．草绘参照尺寸

在工程图模式下，选择下拉菜单 注释 ➡ ⟨⟩ ▾ 命令，可以将两个草绘图元间、草绘图元与模型对象间以及模型对象本身的尺寸标注成参照尺寸，参照尺寸是草绘尺寸中的一个分支。所有的草绘参照尺寸一般都带有符号"REF"，从而与其他尺寸相区别；如果配置文件选项 parenthesize_ref_dim 设置为 yes，系统则将参照尺寸放置在括号中。

注意：当标注草绘图元与模型对象间的参照尺寸时，应提前将它们关联起来。

10.5.2　创建被驱动尺寸

下面以图 10.5.1 所示的零件 body 为例，说明创建被驱动尺寸的一般操作过程。

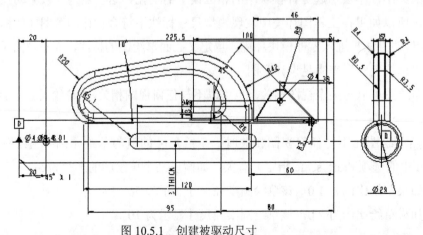

图 10.5.1　创建被驱动尺寸

Step1. 选择 注释 ➡ 命令，系统弹出图 10.5.2 所示的"显示模型注释"对话框；按住 Ctrl 键，在图形区选择图 10.5.1 所示的主视图和投影视图。

Step2. 在系统弹出的图 10.5.2 所示的"显示模型注释"对话框中，进行下列操作。

（1）单击对话框顶部的 ⊢⊣ 选项卡。

（2）选取显示类型：在对话框的 类型 下拉列表中选择 全部 选项，然后单击 按钮，如果还想显示轴线，则在对话框中单击 选项卡，然后单击 按钮。

（3）单击对话框底部的 确定 按钮。

图 10.5.2　"显示模型注释"对话框

图 10.5.2 所示的"显示模型注释"对话框中各选项卡说明如下。

⊢⊣：显示（或隐藏）尺寸。

▣ᴹ：显示（或隐藏）几何公差。

Ａ≡：显示（或隐藏）注释。

³²∕：显示（或隐藏）粗糙度。

⚠：显示（或隐藏）定制符号。

⊥：显示（或隐藏）基准。

：全部选取。

：全部取消选取。

在进行被驱动尺寸显示操作时，请注意下面几点。

● 使用图 10.5.2 所示的"显示模型注释"对话框，不仅可以显示三维模型中的尺寸，还可以显示在三维模型中创建的几何公差、基准和表面粗糙度等。

- 如果要在工程图的等轴测视图中显示模型的尺寸，应先将工程图设置文件 drawing.dtl 中的选项 allow_3D_dimensions 设置为 yes，然后在"显示模型注释"对话框中的"显示方式"区域选中○ 零件和视图 等单选项。
- 在工程图中，显示尺寸的位置取决于视图定向，对于模型中拉伸或旋转特征的截面尺寸，在工程图中显示在草绘平面与屏幕垂直的视图上。
- 如果用户想拭除被驱动尺寸，可以通过在"模型树"中选中要拭除的被驱动尺寸并右击，在弹出的快捷菜单中选择 拭除 命令，即可将被动尺寸拭除。这里要特别注意：在拭除后，如果再次显示尺寸，各尺寸的显示位置、格式和属性（包括尺寸公差、前缀、后缀等）均恢复为上一次拭除前的状态，而不是更改以前的状态。
- 如果用户想删除被驱动尺寸，可以通过在"模型树"中选中要拭除的被驱动尺寸并右击，在弹出的快捷菜单中选择 删除(D) 命令，即可将被驱动尺寸删除。

10.5.3　创建草绘尺寸

在 Pro/ENGINEER 中，草绘尺寸分为一般的草绘尺寸、草绘参照尺寸和草绘坐标尺寸三种类型，它们主要用于手动标注工程图中两个草绘图元间、草绘图元与模型对象间以及模型对象本身的尺寸，坐标尺寸是一般草绘尺寸的坐标表达形式。

从下拉菜单 注释 工具栏中，"尺寸"和"参照尺寸"菜单中都有如下几个选项。

- "新参照"：每次选取新的参照进行标注。
- "公共参照"：使用某个参照进行标注后，可以以这个参照为公共参照，连续进行多个尺寸的标注。
- "纵坐标尺寸"：创建单一方向的坐标表示的尺寸标注。
- "自动标注纵坐标"：在模具设计和钣金件平整形态零件上自动创建纵坐标尺寸。

由于草绘尺寸和草绘参照尺寸的创建方法一样，下面仅以一般的草绘尺寸为例，说明"新参照"和"公共参照"这两种类型尺寸的创建方法。

➢ **"新参照"尺寸标注**

下面以图 10.5.3 所示的零件模型 body 为例，说明在模型上创建草绘"新参照"尺寸的一般操作过程。

Step1. 在工具栏中选择 注释 ➡ ⌷命令。

Step2. 在图 10.5.4 所示的 ▼ ATTACH TYPE (依附类型) 菜单中选择 Midpoint (中点) 命令，然后在图 10.5.3 所示的 1 点处单击（1 点在模型的边线上），以选取该边线的中点。

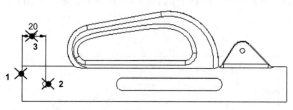

图 10.5.3　"新参照"尺寸标注

Step3. 在图 10.5.4 所示的"依附类型"菜单中选择 Center (中心) 命令，然后在图 10.5.3 所示的 2 点处单击（2 点在圆的弧线上），以选取该圆的圆心。

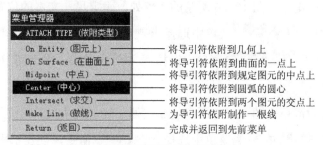

图 10.5.4　"依附类型"菜单

Step4. 在图 10.5.3 所示的 3 点处单击鼠标中键，确定尺寸文本的位置。

Step5. 在图 10.5.5 所示的 DIM ORIENT (尺寸方向) 菜单中选择 Horizontal (水平) 命令，创建水平方向的尺寸（在标注点到点的距离时，图 10.5.5 所示的菜单才可见）。

Step6. 如果继续标注，重复 Step2、Step3、Step4、Step5；如果要结束标注，在 ATTACH TYPE (依附类型) 菜单中选择 Return (返回) 命令。

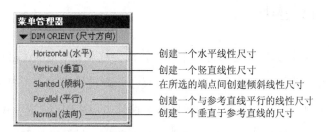

图 10.5.5　"尺寸方向"菜单

➢ **"公共参照"尺寸标注**

下面以图 10.5.6 所示的零件模型 body 为例，说明在模型上创建草绘"公共参照"尺寸的一般操作过程。

Step1. 在工具栏中选择 注释 ➡ 命令。

Step2. 在 ATTACH TYPE (依附类型) 菜单中选择 Midpoint (中点) 命令，单击图 10.5.6 所示的 1 点处。

Step3. 在 ▼ ATTACH TYPE (依附类型) 菜单中选择 Center (中心) 命令，单击图 10.5.6 所示的 2 点处（2 点在圆的弧线上）。

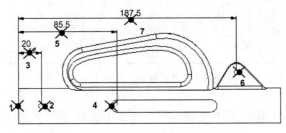

图 10.5.6　"公共参照"尺寸标注

Step4. 用鼠标中键单击图 10.5.6 所示的 3 点处，确定尺寸文本的位置。

Step5. 在 ▼ DIM ORIENT (尺寸方向) 菜单中选择 Horizontal (水平) 命令，创建水平尺寸 20。

Step6. 在 ▼ ATTACH TYPE (依附类型) 菜单中选择 Center (中心) 命令，单击图 10.5.6 所示的 4 点处（4 点在圆的弧线上）。

Step7. 用鼠标中键单击图 10.5.6 所示的 5 点处，确定尺寸文本的位置。

Step8. 在 ▼ DIM ORIENT (尺寸方向) 菜单中选择 Horizontal (水平) 命令，创建水平尺寸 85.5。

Step9. 在 ▼ ATTACH TYPE (依附类型) 菜单中选择 Center (中心) 命令，单击图 10.5.6 所示的 6 点处（6 点在圆的弧线上）。

Step10. 用鼠标中键单击图 10.5.6 所示的 7 点处，确定尺寸文本的位置。

Step11. 在 ▼ DIM ORIENT (尺寸方向) 菜单中选择 Horizontal (水平) 命令，创建水平尺寸 187.5。

Step12. 如果要结束标注，选择 ▼ ATTACH TYPE (依附类型) 菜单中的 Return (返回) 命令。

10.5.4　尺寸的操作

从前面一节创建被驱动尺寸的操作中，我们会注意到，由系统自动显示的尺寸在工程图上有时会显得杂乱无章，尺寸相互遮盖，尺寸间距过松或过密，某个视图上的尺寸太多，出现重复尺寸（例如：两个半径相同的圆标注两次），这些问题通过尺寸的操作工具都可以解决。尺寸的操作包括尺寸（包含尺寸文本）的移动、拭除和删除（仅对草绘尺寸）、尺寸的切换视图、修改尺寸的数值和属性（包括尺寸公差、尺寸文本字高、尺寸文本字型）等。下面分别对它们进行介绍。

1. 移动尺寸及其尺寸文本

移动尺寸及其尺寸文本的方法：选择要移动的尺寸，当尺寸加亮后，将鼠标指针放到要移动的尺寸文本上单击（要移动的尺寸的各个顶点处会出现小圆圈），然后按住鼠标左键，并移动鼠标，尺寸及尺寸文本会随着鼠标移动，移到所需的位置后，松开鼠标的左键。

说明：当在要移动的尺寸文本上单击后，可能会没有小圆圈出现，此时可以在尺寸文本上换一个位置单击，直到出现小圆圈为止。

2．尺寸编辑的快捷菜单

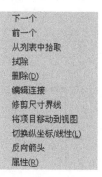

如果要对尺寸进行其他的编辑，可以这样操作：选择要编辑的尺寸，当尺寸加亮后，将鼠标指针放到要移动的尺寸文本上单击（要移动的尺寸的各个顶点处会出现小圆圈），然后右击，此时系统会依照单击位置的不同弹出不同的快捷菜单，具体有以下几种情况。

第一种情况：如果右击在尺寸标注位置线或尺寸文本上，则弹出图 10.5.7 所示的快捷菜单，其各主要选项的说明如下。

图 10.5.7　快捷菜单

➢　拭除

选择该选项后，系统会拭除选取的尺寸（包括尺寸文本和尺寸界线），也就是使该尺寸在工程图中不显示。

尺寸"拭除"操作完成后，如果要恢复它的显示，操作方法如下。

Step1. 在模型树中单击 ⊞ 注释 前的节点。

Step2. 选中被拭除的尺寸并右击，在弹出的快捷菜单中选择 取消拭除 命令。

➢　删除(D)

该选项的功能是删除所选的特征。

➢　编辑连接

该选项的功能是修改对象的附件（修改附件）。

➢　修剪尺寸界线

该选项的功能是修剪尺寸界线。

➢　将项目移动到视图

该选项的功能是将尺寸从一个视图移动到另一个视图。操作方法：选择该选项后，接着选择要移动到的目的视图。

➢　切换纵坐标/线性(L)

该选项的功能是将线性尺寸转换为纵坐标尺寸或将纵坐标尺寸转换为线性尺寸。在由线性尺寸转换为纵坐标尺寸时，需选取纵坐标基线尺寸。

➢　反向箭头

选择该选项即可切换所选尺寸的箭头方向，如图 10.5.8 所示。

➢　属性(R)

选择该选项后，系统弹出图 10.5.9 所示"尺寸属性"对话框，该对话框有三个选项卡，即 属性 、 显示 和 文本样式 选项卡，三个选项卡的内容分别如图 10.5.9、图 10.5.10 和图 10.5.11 所示。下面对其中各功能进行简要介绍。

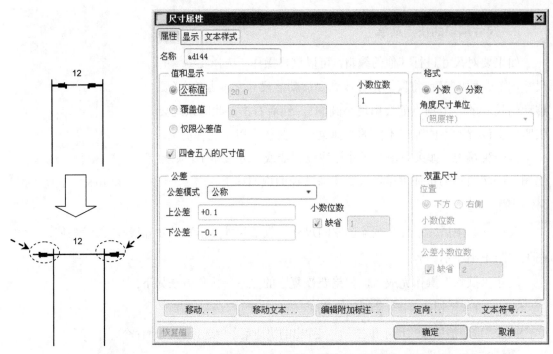

图 10.5.8　切换箭头方向　　　　　　　图 10.5.9　"尺寸属性"对话框的"属性"选项卡

图 10.5.10　"尺寸属性"对话框的"显示"选项卡

（1）属性 选项卡。

① 在 公差 选项组中，可单独设置所选尺寸的公差，设置项目包括公差显示模式、尺寸的公称值和尺寸的上下公差值。

图 10.5.11　"尺寸属性"对话框的"文本样式"选项卡

② 在 格式 选项组中，可选择尺寸显示的格式，即尺寸是以小数形式显示还是分数形式显示，角度单位是度还是弧度。

③ 在 值和显示 选项组中，用户可以将工程图中零件的外形轮廓等基础尺寸按 公称值 形式显示，将零件中重要的、需检验的尺寸按 覆盖值 形式显示。另外在该区域中，还可以设置保留几位小数位数。

④ 在对话框下部的区域中，可单击相应的按钮来移动尺寸及其文本或修改尺寸的附件。

（2）显示 选项卡　可在"前缀"文本栏内输入尺寸的前缀，例如，可将尺寸Φ4加上前缀 2-，变成 2-Φ4。当然也可以给尺寸加上后缀，同时还可以通过单击 反向箭头 来改变箭头的方向。

（3）文本样式 选项卡。

① 在 字符 选项组中，可选择尺寸、文本的字体，取消选中"缺省"复选框可修改文本的字高等。

② 如果选取的是注释文本，在 注解/尺寸 选项组中可调整注释文本的水平和竖直两个方向的对齐特性和文本的行间距，单击 预览 按钮可立即查看显示效果。

第二种情况：在尺寸界线上右击，弹出图 10.5.12 所示的快捷菜单，其各主要选项的说明如下。

➢ 拭除

拭除 命令的作用是将尺寸界线拭除（即不显示），如图 10.5.13 所示；如果要将拭除的尺寸界线恢复为显示状态，则要先选取尺寸，然后右击并在弹出的快捷菜单中选取 显示尺寸界线 命令。

➢ 插入角拐

该选项的功能是创建尺寸边线的角拐，如图 10.5.14 所示。操作方法：选择该选项后，接着选择尺寸边线上的一点作为角拐点，移动鼠标，直到该点移到所希望的位置，然后再次单击，单击中键结束操作。

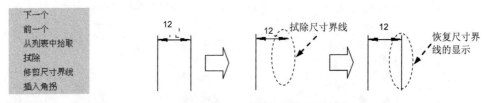

图 10.5.12　快捷菜单　　　　图 10.5.13　拭除与恢复尺寸界线

选中尺寸后，右击角拐点的位置，在弹出的快捷菜单中选取 删除(D) 命令，即可删除角拐。

第三种情况：在尺寸标注线的箭头上右击，弹出图 10.5.15 所示的快捷菜单，其各主要选项的说明如下。

➢ 箭头样式(A)...

该选项的功能是修改尺寸箭头的样式，箭头的样式可以是箭头、实心点和斜杠等，如图 10.5.16 所示。可以将尺寸箭头改成实心点，其操作方法如下。

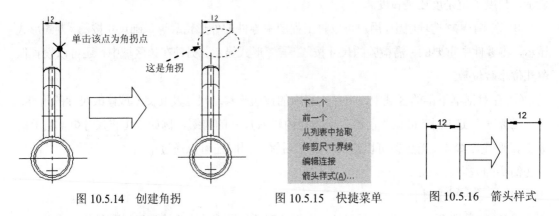

图 10.5.14　创建角拐　　　图 10.5.15　快捷菜单　　　图 10.5.16　箭头样式

Step1. 选择 箭头样式(A)... 命令。

Step2. 系统弹出图 10.5.17 所示的"箭头样式"菜单，从该菜单中选取 Filled Dot (实心点) 命令。

Step3. 选择 Done/Return (完成/返回) 命令。

第四种情况: 如果先选择某尺寸,再单击该尺寸的尺寸文本,然后右击,则弹出图 10.5.18 所示的快捷菜单,其各主要选项的说明如下。

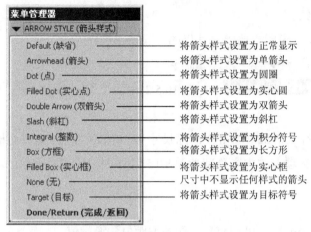

图 10.5.17　"箭头样式"菜单

图 10.5.18　快捷菜单

➤ 文本样式

参见 属性(R) 说明中的"文本样式"。

➤ 编辑值

编辑标注文本值。

3．尺寸界线的破断

尺寸界线的破断是将尺寸界线的一部分断开,如图 10.5.19 所示;而删除破断的作用是将尺寸线断开的部分恢复。其操作方法是在工具栏中选择 注释 ➡ 命令,在要破断的尺寸界线上选择两点,"破断"即可形成;如果选择该尺寸,然后在破断的尺寸界线上右击,在弹出的图 10.5.20 所示的快捷菜单中选取"删除"命令,即可将断开的部分恢复。

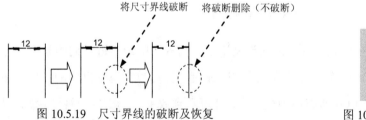

图 10.5.19　尺寸界线的破断及恢复

图 10.5.20　快捷菜单

4．清除尺寸（整理尺寸）

对于杂乱无章的尺寸,Pro/ENGINEER 系统提供了一个强有力的整理工具,这就是"清除尺寸"。通过该工具,系统可以:

● 在尺寸界线之间居中尺寸（包括带有螺纹、直径、符号和公差等的整个文本）。
● 在尺寸界线间或尺寸界线与草绘图元交截处,创建断点。

- 向模型边、视图边、轴或捕捉线的一侧，放置所有尺寸。
- 反向箭头。
- 将尺寸的间距调到一致。

下面以零件模型 body 为例，说明"清除尺寸"的一般操作过程。

Step1. 在工具栏中选择 注释 ➡ 清除尺寸 命令。

Step2. 此时系统提示 选取要清除的视图或独立尺寸。，如图 10.5.21 所示，选择模型 body 的主视图并单击鼠标中键一次。

Step3. 完成上步操作后，图 10.5.22 所示的"清除尺寸"对话框被激活，该对话框有 放置 选项卡和 修饰 选项卡，这两个选项卡的内容分别如图 10.5.22 和图 10.5.23 所示。现对其中各选项的操作进行简要介绍。

➤ 放置 选项卡

- 选中"分割尺寸"复选框后，可调整尺寸线的偏距值和增量值。

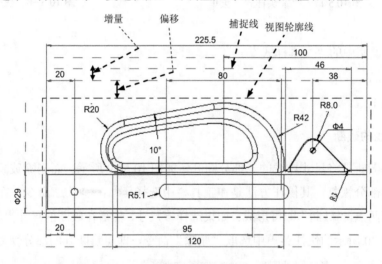

图 10.5.21　整理尺寸

- "偏移"是设置视图轮廓线（或所选基准线）与视图中最靠近它们的某个尺寸间的距离（图 10.5.21）。输入偏距值并按 Enter 键，然后单击对话框中的 应用 按钮，可将输入的偏距值立即施加到视图中，并可看到效果。一般以 "视图轮廓"为"偏移参照"，也可以选取某个基准线为参照。

- "增量"是两相邻尺寸的间距（图 10.5.21）。输入增量值并按 Enter 键，然后单击对话框中的 应用 按钮，可将输入的增量值立即施加到视图中，并可看到效果。

- 选中"创建捕捉线"复选框后，工程图中便显示捕捉线，捕捉线是表示水平或垂直尺寸位置的一组虚线。单击对话框中的 应用 按钮，可看到屏幕中立即显示这些虚线。

图 10.5.22　"放置"选项卡

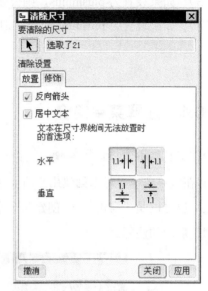

图 10.5.23　"修饰"选项卡

- 选中"破断尺寸界线"复选框后，在尺寸界线与其他草绘图元相交位置处，尺寸界线会自动产生破断。

➢ 修饰选项卡

- 选中"反向箭头"复选框后，如果视图中某个尺寸的尺寸界线内放不下箭头，该尺寸的箭头自动反向到外面。
- 选中"居中文本"复选框后，每个尺寸的文本自动居中。
- 当视图中某个尺寸的文本太长，在尺寸界线间放不下时，系统可自动将它们放到尺寸线的外部，不过应该预先在"水平"和"垂直"区域单击相应的方位按钮，告诉系统将尺寸文本移出后放在什么方位。

10.5.5　显示尺寸公差

配置文件 drawing.dtl 中的选项 tol_display 和配置文件 config.pro 中的选项 tol_mode 与工程图中的尺寸公差有关，如果要在工程图中显示和处理尺寸公差，必须先配置这两个选项。

（1）tol_display 选项。该选项控制尺寸公差的显示。

1）如果设置为 yes，则尺寸标注显示公差。

2）如果设置为 no，则尺寸标注不显示公差。

（2）tol_mode 选项。该选项控制尺寸公差的显示形式。

1）　如果设置为 nominal，则尺寸只显示名义值，不显示公差。

2）　如果设置为 limits，则公差尺寸显示为上限和下限。

3）　如果设置为 plusminus，则公差值为正负值，正值和负值是独立的。

4）　如果设置为 plusminussym，则公差值为正负值，正负公差的值用一个值表示。

10.6　创建注释文本

10.6.1　注释菜单简介

在工具栏中选择 注释 ➡ [A₁]命令，系统弹出 ▼ NOTE TYPES（注解类型）菜单（如图 10.6.1 所示）。在该菜单下，可以创建用户所要求的属性的注释，如注释可连接到模型的一个或多个边上，也可以是"自由的"。创建第一个注释后，Pro/ENGINEER 使用先前指定的属性要求来创建后面的注释。

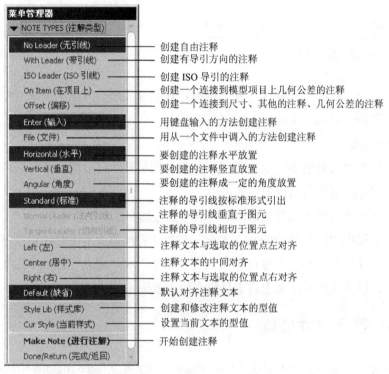

图 10.6.1　"注解类型"菜单

10.6.2　创建无方向指引注释

下面以图 10.6.2 所示的注释为例，说明创建无方向指引注释的一般操作过程。

Step1. 在工具栏中选择 注释 ➡ [A₁]命令。

Step2. 在图 10.6.1 所示的菜单中，选择 No Leader（无引线）➡ Enter（输入）➡ Horizontal（水平）➡ Standard（标准）➡ Default（缺省）➡ Make Note（进行注解）命令。

Step3. 在弹出的图 10.6.3 所示的"获得点"菜单中选取 Pick Pnt (选出点)命令，并在屏幕选择一点作为注释的放置点。

Step4. 在系统 输入注解 的提示下，输入"技术要求"，按 Enter 键，再按 Enter 键。

Step5. 选择 Make Note (进行注解)命令，在注释"技术要求"下面选择一点。

Step6. 在系统 输入注解 的提示下，输入"1. 未注圆角 R3"，按 Enter 键，输入"2. 未注倒角 1×45°"，按两次 Enter 键。

Step7. 选择 Done/Return (完成/返回)命令。

Step8. 调整注释中的文本——"技术要求"的位置和大小。

技术要求

1. 未注圆角R3
2. 未注倒角1×45°

图 10.6.2　无方向指引的注释

10.6.3　创建有方向指引注释

下面以图 10.6.4 中的注释为例，说明创建有方向指引注释的一般操作过程。

Step1. 在工具栏中选择 注释 ➡ ⎡A=⎤命令。

Step2. 在图 10.6.1 所示的"注解类型"菜单中，选择 With Leader (带引线) ➡ Enter (输入) ➡ Horizontal (水平) ➡ Standard (标准) ➡ Default (缺省) ➡ Make Note (进行注解)命令。

Step3. 定义注释导引线的起始点：此时系统弹出图 10.6.5 所示的"依附类型"菜单，在该菜单中选择 On Entity (图元上) ➡ Arrow Head (箭头)命令，然后选择注释指引线的起始点，如图 10.6.4 所示，再单击"依附类型"菜单中的 Done (完成)按钮。

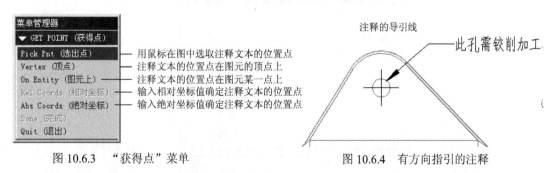

图 10.6.3　"获得点"菜单　　　　图 10.6.4　有方向指引的注释

Step4. 定义注释文本的位置点：在屏幕选择一点作为注释的放置点，如图 10.6.4 所示。

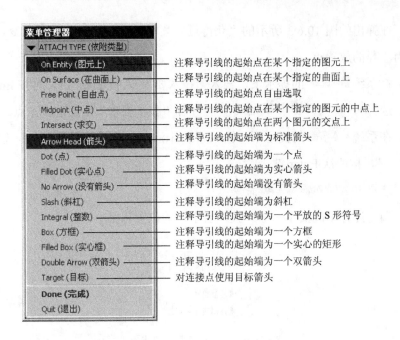

图 10.6.5　"依附类型"菜单

Step5. 在系统 输入注解: 的提示下，输入"此孔需铰削加工"，按两次 Enter 键。

Step6. 选择 Done/Return (完成/返回) 命令。

10.6.4　注释的编辑

与尺寸的编辑操作一样，单击要编辑的注释，再右击，在弹出的快捷菜单中选择 属性(R) 命令，此时系统弹出图 10.6.6 所示的"注解属性"对话框，在该对话框的 文本 选项卡中可以修改注释文本，在 文本样式 选项卡中可以修改文本的字型、字高以及字的粗细等造型属性。

图 10.6.6　"注解属性"对话框

10.7　工程图基准

10.7.1　创建基准

1．在工程图模块中创建基准轴

下面将在模型 body 的工程图中创建图 10.7.1 所示的基准轴 D，以此说明在工程图模块中创建基准轴的一般操作过程。

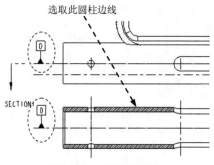

图 10.7.1　创建基准轴

Step1. 将工作目录设置至 D：\proewf5.1\work\ch10.07，打开文件 drw_datum.drw。

Step2. 在工具栏中选择 注释 ➡ 插入 ▼ ➡ ▱ 模型基准平面 ▼ ➡ ✕ 模型基准轴 命令。

Step3. 系统弹出图 10.7.2 所示的"轴"对话框，在此对话框中进行下列操作。

（1）在"轴"对话框的"名称"文本框中输入基准名 D。

图 10.7.2　"轴"对话框

（2）单击该对话框中的 定义... 按钮，在弹出的图 10.7.3 所示的"基准轴"菜单中选取 Thru Cyl (过柱面) 命令，然后选择图 10.7.1 所示的圆柱的边线。

（3）在"轴"对话框的 类型 选项组中单击 [A◀] 按钮。

（4）在"轴"对话框的 放置 选项组中选择 ◉ 在基准上 单选项。

（5）在"轴"对话框中单击 确定 按钮，系统即在每个视图中创建基准符号。

Step4. 分别将基准符号移至合适的位置，基准的移动操作与尺寸的移动操作方法一样。

Step5. 视情况将某个视图中不需要的基准符号拭除。

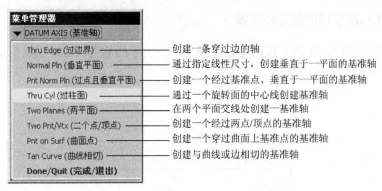

图 10.7.3 "基准轴"菜单

2．在工程图模块中创建基准面

下面将在模型 body 的工程图中创建图 10.7.4 所示的基准 P，以此说明在工程图模块中创建基准面的一般操作过程。

Step1. 在工具栏中选择 注释 ➡ 插入 ▾ ➡ ⬜ 模型基准平面 命令。

Step2. 系统弹出图 10.7.5 所示的"基准"对话框，在此对话框进行下列操作。

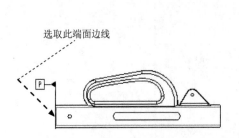

图 10.7.4 创建基准面

图 10.7.5 "基准"对话框

（1）在"基准"对话框的"名称"文本栏中输入基准名 P。

（2）单击该对话框的 在曲面上... 按钮，然后选择图 10.7.4 所示的端面边线。

说明：如果没有现成的平面可选择，可单击"基准"对话框中的"定义选项组中的 定义... 按钮，此时系统弹出图 10.7.6 所示的菜单管理器，利用该菜单管理器可以定义所需要的基准平面。

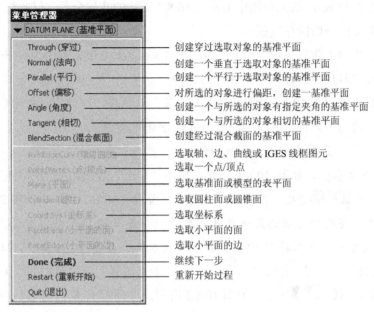

（3）在"基准"对话框的 类型 选项组中单击 ▢A◀ 按钮。

（4）在"基准"对话框的 放置 选项组中选择 ◉ 在基准上 单选项。

（5）在"基准"对话框中单击 确定 按钮。

图 10.7.6 "基准平面"菜单

Step3. 将基准符号移至合适的位置。

Step4. 视情况将某个视图中不需要的基准符号拭除。

10.7.2 基准的拭除与删除

拭除基准的真正含义是在工程图环境中不显示基准符号，其操作方法同尺寸的拭除一样；而基准的删除是将其从模型中真正完全地去除，所以基准的删除要切换到零件模块中进行，其操作方法如下。

（1）切换到模型窗口。

（2）从模型树中找到基准名称，并单击该名称，再右击，从弹出的快捷菜单中选择"删除"命令。

注意：

- 一个基准被拭除后，系统仍不允许重名，只有切换到零件模块中，将其从模型中删除后才能给出同样的基准名。

- 如果一个基准被某个几何公差所使用，则只有先删除该几何公差，才能删除该基准。

10.8 标注几何公差

下面将在模型 body 的工程图中创建图 10.8.4 所示的几何公差，以此说明在工程图模块中创建几何公差的一般操作过程。

Step1. 首先将工作目录设置至 D:\proewf5.1\work\ch10.08，打开文件 drw_tol.drw。

Step2. 在工具栏中选择 注释 ➡ 命令。

Step3. 系统弹出图 10.8.1 所示的"几何公差"对话框，在此对话框中进行下列操作。

（1）在左边的公差符号区域中，单击位置公差符号 。

（2）在 模型参照 选项卡中进行下列操作。

① 定义公差参照。如图 10.8.1 所示，单击"参照"选项组中的"类型"箭头 ，从下拉列表中选取 轴 选项，如图 10.8.2 所示；查询选取图 10.8.4 中的轴 PIN_1。

注意： 由于当前所标注的是一个孔相对于一个基准轴 D 的位置公差，它实质上是指这个孔的轴线相对于基准轴 D 的位置公差，所以其公差参照要选取孔的轴线。

② 定义公差的放置。如图 10.8.1 所示，单击"放置"选项组中的"类型"箭头 ，从下拉列表中选取 尺寸 选项，如图 10.8.3 所示；选择图 10.8.4 中的尺寸 Φ4。

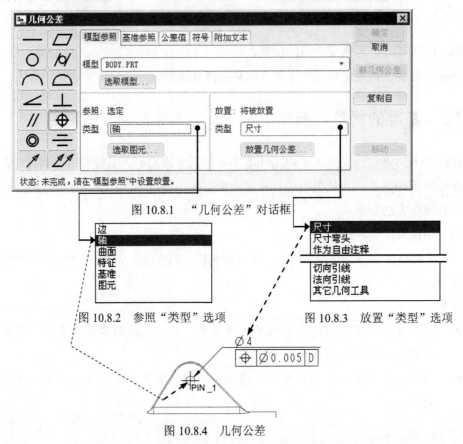

图 10.8.1 "几何公差"对话框

图 10.8.2 参照"类型"选项

图 10.8.3 放置"类型"选项

图 10.8.4 几何公差

注：选取"尺寸"选项的意义，是要把该位置公差附着在尺寸 Φ4 上。

（3）在 基准参照 选项卡中进行下列操作。

① 选择"几何公差"对话框顶部的 基准参照 选项卡。

② 如图 10.8.5 所示，单击 首要 子选项卡的"基本"选项组中的箭头 ▼，从下拉列表中选取基准 D，如图 10.8.6 所示。

图 10.8.5　"几何公差"对话框的"基准参照"选项卡

图 10.8.6　下拉列表

注意：如果该位置公差参照的基准不止一个，请选择 第二 和 第三 子选项卡，再进行同样的操作，以增加第二、第三参照。

（4）在 公差值 选项卡中接受系统默认的总公差值 0.005，按 Enter 键。

注意：如果要注明材料条件，请单击"材料条件"选项组中的箭头 ▼，从下拉列表中选取所希望的选项，如图 10.8.7 和图 10.8.8 所示。

（5）在 符号 选项卡中选中 ☑ Ø 直径符号 复选框，如图 10.8.9 所示。

（6）单击"几何公差"对话框中的 确定 按钮。

图 10.8.7　"几何公差"对话框的"公差值"选项卡

图 10.8.8　材料条件

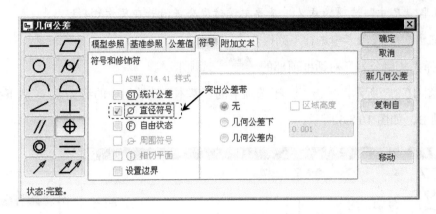

图 10.8.9 "几何公差"对话框的"符号"选项卡

说明：在"几何公差"对话框中，还有一个 附加文本 选项卡（图 10.8.10），此选项卡用来添加附加文本和文本符号。

图 10.8.10 所示的 附加文本 选项卡中各选项的说明如下。

- ☑ 上方的附加文本 复选框：选中此复选框，系统会弹出图 10.8.11 所示"文本符号"对话框。在 ☑ 上方的附加文本 复选框下方的文本框中输入文本或文本符号（也可以在"文本符号"对话框中选取），此文本框中的内容将出现在"几何公差"的控制框上方。

图 10.8.10 "几何公差"对话框的   图 10.8.11 "文本
"附加文本"选项卡   符号"对话框

- ☑ 右侧附加文本 复选框：在 ☑ 右侧附加文本 复选框下方的文本框中输入文本或文本符号，此文本框中的内容将出现在"几何公差"的控制框右方。
- ☑ 前缀 或 ☑ 后缀 复选框：在 ☑ 前缀 或 ☑ 后缀 复选框下方的文本框中输入文本或文本符号，前缀会插入到几何公差文本"公差值"的前面，后缀则会插入到几何公差文本"公差值"的后面，并且具有与几何公差文本相同的文本样式。

10.9　Pro/ENGINEER 软件的打印出图

10.9.1　概述

打印出图是 CAD 工程设计中必不可少的一个环节。在 Pro/ENGINEER 软件中，无论是在零件（Part）模式、装配（Assembly）模式还是在工程图（Drawing）模式下，都可以选择下拉菜单 文件(F) ➡️ 🖨️ 打印(P)...命令，或在 发布 工具栏中选中 ⦿ 打印/出图 单选项，然后选取 "打印" 命令进行打印出图操作。

Pro/ENGINEER 的打印出图应注意以下一些事项。

（1）打印操作前，应该对 Pro/ENGINEER 的系统配置文件（config.pro）进行必要的打印选项设置。

（2）在选用打印机时应注意：

● 在工程图（Drawing）模式下，要打印出图，一般选择系统打印机（MS Printer Manager）。

● 在零件（Part）模式、装配（Assembly）模式下，如果模型是线框状态（即当显示方式按钮 ⊞、⊞ 或 ⬜ 被按下时），打印出图时，一般选择系统打印机；如果模型是着色状态（即当显示方式按钮 ⬜ 被按下时），不能选择系统打印机，一般可以选择 `Generic Color Postscript` 命令。

（3）隐藏线在屏幕上显示为灰色，在打印输出到图纸上时为虚线。

10.9.2　工程图打印预览

在 Pro/ENGINEER 5.0 软件中，利用工程图打印预览命令可以方便用户去观察即将打印的工程图文件，具体操作步骤如下。

● 创建预览：在工具栏中选择 发布 ➡️ 📄预览 命令，此时视图窗口中显示出要打印的工程图文件。

● 关闭预览：在工具栏中选择 发布 ➡️ 🚫关闭预览 命令，此时系统返回到要打印的工程图文件视图当中。

10.9.3 工程图打印步骤

下面以一张工程图为例，说明打印的一般操作过程。本例操作的有关说明和要求如下。

- 这是一张 A2 幅面的工程图。
- 要求打印在 A4 幅面的纸上。
- 打印设备为 HP 打印机，型号为 HP LaserJet 6L。

Step1. 将工作目录设置至 D:\proewf5.1\work\ch10.09，打开文件 drw_dim.drw。

Step2. 选择下拉菜单 文件(F) ➡️ 🖨️ 打印(P)... 命令。

Step3. 在系统弹出的图 10.9.1 所示的"打印机配置"对话框中，进行下列操作。

图 10.9.1 "打印机配置"对话框

（1）单击"打印机配置"对话框 目的 中的 ⬇️ 按钮，然后选择 MS Printer Manager 命令。

（2）在"页面"区域，选用默认的 ⦿ 当前 单选项。

（3）在"份数"区域，无须进行操作。

（4）在"绘图仪命令"区域，无须进行操作。

"打印机配置"对话框的选项说明如下。

- "页面" 如果一个模型的工程图分多个页面，可控制打印哪些页面。
- "全部" 打印所有页面。
- "当前" 打印当前页面，本例打印操作采用此默认选项。
- "范围" 给出页面编号的范围，进行打印。
- "份数" 用来指定要打印的份数，可打印多达 99 份。
- "绘图仪命令" 用来输入操作系统的出图命令（可从系统管理员或工作站的操作

系统手册获得此命令），或者使用默认命令。

（5）对"打印机配置"对话框中其他的三个选项卡进行设置，完成各选项卡的设置后，单击"打印机配置"对话框中的 确定 按钮，然后在弹出的"打印"对话框中单击 确定 按钮。

"打印机配置"对话框中的三个选项卡分别说明如下。

① 页面 选项卡。在该选项卡中，可以定义和设置图纸的幅面、偏距值、图纸标签和图纸单位，详见图 10.9.2 中的说明。在进行本例操作时，在"尺寸"区域选择 A4 幅面的打印纸；在"偏移""标签""单位"区域先不要进行操作，待首次打印操作完成后，如果发现图形在打印纸上偏移，可在"偏移"区域输入 X、Y 的偏距值进行调试。

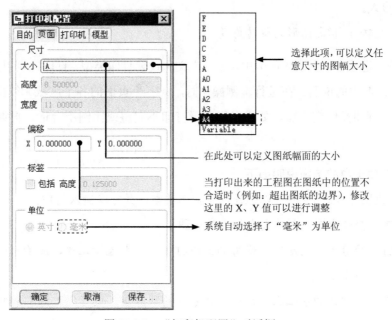

图 10.9.2　"打印机配置"对话框

页面 选项卡的选项说明。

● "尺寸"：用户可以指定打印纸的大小，从列表中选取标准幅面，也可以自定义大小。值得说明的是，选择的打印页面大小可以和图纸的实际尺寸不符，通过选择出图方式或缩放打印处理。例如：图纸是 A2 幅面的，要在 A4 的打印机上输出，此时必须选择 A4 的尺寸，出图时使用"全部出图"（Full Plot）方式。

● "偏移"：基于绘图原点的偏距值。

● "标签"：出图时是否包括标签，如果包含，可以设置标签高度。标签的内容包括用户名称、对象名称和日期。下面是一个简单标签实例：NAME:ABC Co.Ltd OBJECT:BODY DATE:26-May-04。

● "单位"：当用户定义可变（Varable）的打印纸幅面时，可以选择不同的长度单位：

Inches（英寸）和 Millimeters（毫米）。

② 打印机 选项卡。在该选项卡中，可以选择使用笔参数文件、裁剪刀具以及纸的类型等，详见图 10.9.3 中的说明。在进行本例操作时，此 打印机 页面的各个区域无须操作。

打印机 选项卡的选项说明如下。

- "笔"：是否使用默认的绘图笔线条文件。
- "信号交换"：选择绘图仪的初始化类型。
- "页面类型"：指定纸的类型，包括 Sheet（平纸，如复印纸）或 Roll（卷纸）两种形式。
- "旋转"：指定图形的旋转角度。

③ 模型 选项卡。在该选项卡中，可以定义和设置打印类型、打印比例以及打印质量等，详见图 10.9.4 中的说明。在进行本例操作时，此 模型 页面的各个区域无须操作，采用默认值，待首次打印操作完成后，如果发现图形打印不完整或比例不合适，再调整出图类型和比例。

模型 选项卡中的选项说明如下。

- "出图"：在此区域可以选择以下出图类型，并可以输入打印。

  ☑ 全部出图：创建整个幅面的出图。

  ☑ 修剪的：创建经过修剪的出图打印，如果选择此项，应绘制围绕出图区域的边界框。

  ☑ 在缩放的基础上：该选项是系统的默认值。创建经过缩放和修剪的出图比例以及基于图形窗口的纸张尺寸和缩放设置。

  ☑ 出图区域：通过将修剪框中的区域移到纸张左下角，并调整修剪区域，使之与用户定义的比例相匹配，从而进行打印出图。注意：在出图区域内也应将缩放和平移屏幕因子及模型尺寸比例考虑在内。

  ☑ 纸张轮廓：此选项仅在工程图（Drawing）模式下有效。在指定纸张大小的绘图上创建特定大小的出图。例如：对于大尺寸 A0 幅面的工程图，如果要在 A4 大小的幅面上打印，可选用此项。

  ☑ 模型尺寸：此选项仅在零件（Part）模式和装配（Assembly）模式下的线框打印时有效。将出图调整到指定的模型比例。例如：如果输入值 0.5，系统将按照 1:2 的比例创建模型的出图。

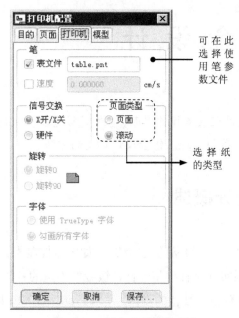
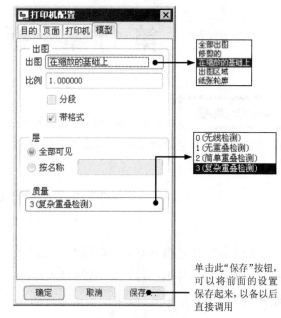

图 10.9.3　"打印机"选项卡　　　　　图 10.9.4　"模型"选项卡

- "比例"：指定工程图的打印比例，范围从 0.01 到 100。
- "层"：用 Pro/ENGINEER 软件中的层来选择打印对象。打印所有可见层中的对象或者指定层内的对象。
- "质量"：设置出图时重叠线的检测数量。

Step4. Pro/ENGINEER 启动 Windows 系统打印机，弹出图 10.9.5 所示的"打印"对话框，单击该对话框中"名称（N）"后的箭头，选择合适的打印设备，然后单击 确定 按钮，即可进行打印。

图 10.9.5　"打印"对话框

第11章 钣金设计

本章提要 本章主要介绍钣金设计的一般过程及其操作界面，它们是钣金设计入门的必备知识，希望读者能熟练掌握钣金设计的操作界面及进入钣金设计环境的方法。

11.1 钣金设计概述

钣金件一般是指具有均一厚度的金属薄板零件，机电设备的支撑结构（如电器控制柜）、护盖（如机床的外围护罩）等一般都是钣金件。跟实体零件模型一样，钣金件模型的各种结构也是以特征的形式创建的，但钣金件的设计也有自己独特的规律。使用 Pro/ENGINEER 软件创建钣金件的过程大致如下。

（1）通过新建一个钣金件模型，进入钣金设计环境。

（2）以钣金件所支持或保护的内部零部件大小和形状为基础，创建第一钣金壁（主要钣金壁）。例如，设计机床床身护罩时，先要按床身的形状和尺寸创建第一钣金壁。

（3）添加附加钣金壁。在第一钣金壁创建之后，往往需要在其基础上添加另外的钣金壁，即附加钣金壁。

（4）在钣金模型中，还可以随时添加一些实体特征，如实体切削特征、孔特征、圆角特征和倒角特征等。

（5）创建钣金冲孔（Punch）和切口（Notch）特征，为钣金的折弯做准备。

（6）进行钣金的折弯（Bend）。

（7）进行钣金的展平（Unbend）。

（8）创建钣金件的工程图。

11.2 创建钣金壁

11.2.1 钣金壁概述

钣金壁（Wall）是指厚度一致的薄板，它是一个钣金零件的"基础"，其他的钣金特征（如冲孔、成形、折弯和切割等）都要在这个"基础"上构建，因而钣金壁是钣金件最重要的部分。钣金壁操作的有关命令位于 插入(I) 下拉菜单的 钣金件壁(W)▶ 子菜单中。

11.2.2　创建第一钣金壁

创建第一钣金壁的命令位于下拉菜单 插入(I) ➡ 钣金件壁(W)▶ ➡ 分离的(U)▶ 子菜单中（图 11.2.1），使用这些命令创建第一钣金壁的原理和方法与创建相应类型的曲面特征极为相似。另外，选择下拉菜单 插入(I) ➡ 拉伸(E)... 命令可创建拉伸类型的第一钣金壁。

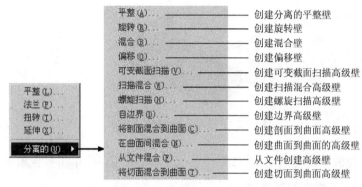

图 11.2.1　"分离的"子菜单

在以拉伸（Extrude）方式创建第一钣金壁时，需要先绘制钣金壁的侧面轮廓草图，然后给定钣金厚度值和拉伸深度值，则系统将轮廓草图延伸至指定的深度，形成薄壁实体，如图 11.2.2 所示。其详细操作步骤说明如下。

Step1. 新建一个钣金件模型。单击"新建"按钮 ，选取文件的类型为 ◉ □ 零件 ，子类型为 ◉ 钣金件 ，文件名为 sm_extrude1，选用 mmns_part_sheetmetal 模板。

Step2. 选取特征命令。选择下拉菜单 插入(I) ➡ 拉伸(E)... 命令，系统弹出"拉伸"操控板。

Step3. 选取拉伸类型。在操控板中，按下实体特征类型按钮 □ 。

Step4. 定义草绘截面。

（1）选取 RIGHT 基准平面作为草绘平面，以 FRONT 基准平面为参照平面，方向为 底部 ，绘制图 11.2.3 所示的截面。

（2）创建截面草图。绘制并标注图 11.2.3 所示的截面草图。完成绘制后，单击"草绘"工具栏中的"完成"按钮 ✓ 。

图 11.2.2　拉伸类型的第一钣金壁

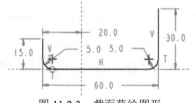

图 11.2.3　截面草绘图形

Step5. 定义拉伸深度及厚度并完成基础特征。

（1）选取深度类型并输入其深度值。在操控板中，选取深度类型 ⊥（即"定值拉伸"），再在深度文本框 216.5 ▾ 中输入深度值 30.0，并按 Enter 键。

（2）选择加厚方向（钣金材料侧）并输入其厚度值。接受图 11.2.4 中的箭头方向为钣金加厚的方向。在薄壁特征类型按钮 ⊏ 后面的文本框中输入钣金壁的厚度值 3.0，然后按 Enter 键。

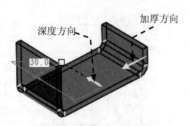

图 11.2.4 深度方向和加厚方向

（3）单击操控板中的"预览"按钮 ☑ ∂∂，预览完成后，须单击操控板中的"完成"按钮 ☑，才能最终完成特征的创建。

11.2.3 平整附加钣金壁

平整（Flat）附加钣金壁是一种正面平整的钣金薄壁，其壁厚与主钣金壁相同。

在创建平整类型的附加钣金壁时，需首先在现有的钣金壁（主钣金壁）上选取某条边线作为附加钣金壁的附着边，其次需要定义平整壁的正面形状和尺寸，给出平整附加壁与主钣金壁间的夹角。下面以图 11.2.5 为例，说明平整附加钣金壁的一般创建过程。

图 11.2.5 带圆角的"平整"附加钣金壁

Step1. 将工作目录设置至 D:\proewf5.1\work\ch11.02，打开文件 sm_add_flat1。

Step2. 选择下拉菜单 插入(I) ➡ 钣金件壁(W) ▶ ➡ 平整(L)... 命令，系统弹出图 11.2.6 所示的操控板。

Step3. 选取附着边。在系统 ⇨选择一个边连到侧壁上。 的提示下，选取图 11.2.7 所示的模型边线为附着边。

Step4. 定义平整附加壁的形状。在图 11.2.6 所示的操控板中，选取形状类型为 矩形。

在此处可设置平整壁的正面形状

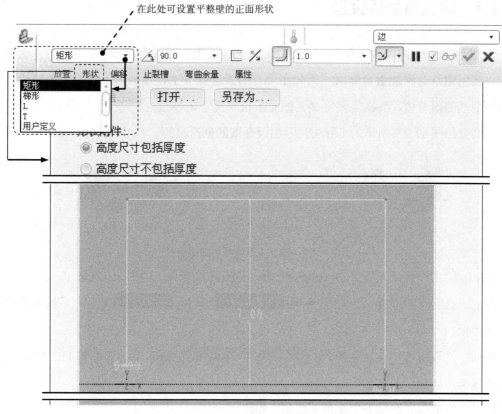

图 11.2.6 操控板

Step5. 定义平整附加壁与主钣金壁间的夹角。在操控板的 图标后面的文本框中输入角度值 75.0。

Step6. 定义折弯半径。确认 按钮（在附着边上使用或取消折弯半径）被按下，然后在后面的文本框中输入折弯半径值 3.0；折弯半径所在侧为 （内侧，即标注折弯的内侧曲面的半径），此时模型如图 11.2.8 所示。

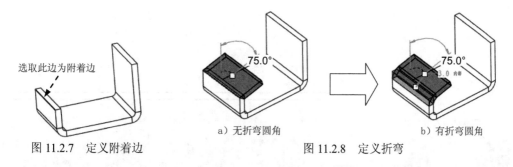

选取此边为附着边

a）无折弯圆角   b）有折弯圆角

图 11.2.7 定义附着边   图 11.2.8 定义折弯

Step7. 定义平整壁正面形状的尺寸。单击操控板中的 按钮，在弹出的界面中分别输入数值 15.0、0.0、0.0，并分别按 Enter 键。

Step8. 在操控板中单击 按钮，预览所创建的特征；确认无误后，单击"完成"按钮 。

11.2.4 法兰附加钣金壁

法兰（Flange）附加钣金壁是一种可以定义其侧面形状的钣金薄壁，其壁厚与主钣金壁相同。在创建法兰附加钣金壁时，需先在现有的钣金壁（主钣金壁）上选取某条边线作为附加钣金壁的附着边，其次需要定义其侧面形状和尺寸等参数。

下面介绍图 11.2.9 所示的 I 形法兰附加钣金壁的创建过程。

a）操作前　　　　　　　　　　　　　　　　b）操作后

图 11.2.9　创建 I 形法兰附加钣金壁

Step1. 将工作目录设置至 D:\proewf5.1\work\ch11.02，打开文件 sm_add_fla1。

Step2. 选择下拉菜单 插入(I) ➡ 钣金件壁(W)▶ ➡ 法兰(F)... 命令，系统弹出"法兰"操控板。

Step3. 选取附着边。在系统 ⇨选取要连接到薄壁的边或边链。 的提示下，选取图 11.2.10 所示的模型边线为附着边。

Step4. 选取法兰附加壁的侧面形状类型 I 。

Step5. 定义折弯半径。确认 ⌐ 按钮（在附着边上添加折弯）被按下，然后在后面的文本框中输入折弯半径值 4.0；折弯半径所在侧为 ⌐ （内侧）。

Step6. 定义法兰附加壁的轮廓尺寸。单击 形状 按钮，在系统弹出的界面中，分别输入数值 20.0、90.0，并分别按 Enter 键（图 11.2.11）。

Step7. 在操控板中单击 ✓ 6o° 按钮，预览所创建的特征；确认无误后，单击"完成"按钮 ✓ 。

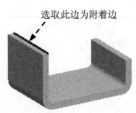

选取此边为附着边

图 11.2.10　定义附着边

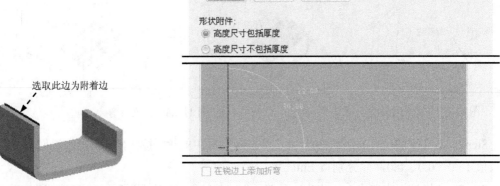

图 11.2.11　"形状"界面

11.2.5　止裂槽

当附加钣金壁部分地与附着边相连，并且弯曲角度值不为 0 时，需要在连接处的两端创建止裂槽（Relief），如图 11.2.12 所示。

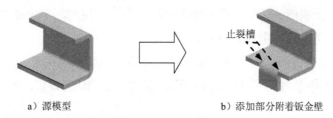

a）源模型　　　　　　　b）添加部分附着钣金壁

图 11.2.12　止裂槽

下面介绍图 11.2.13 所示的止裂槽的创建过程。

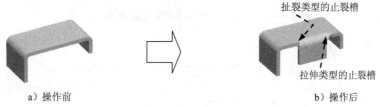

a）操作前　　　　　　　b）操作后

图 11.2.13　止裂槽创建

Step1. 将工作目录设置至 D:\proewf5.1\work\ch11.02，打开文件 relief_flat.prt。

Step2. 选择下拉菜单 插入(I) ➡ 钣金件壁(W)▶ ➡ 平整(L)... 命令，系统弹出"平整"操控板。

Step3. 在系统 选择一个边连到侧壁上。 的提示下，选取图 11.2.14 所示的模型边线为附着边。

Step4. 选取平整壁的形状类型 矩形 。

Step5. 定义折弯角度。在操控板的 图标后面的文本框中输入角度值 90.0，并单击 按钮。

Step6. 定义平整壁的形状尺寸。单击 形状 按钮，在系统弹出的界面中，分别输入数值 20.0、-10.0、-15.0，并分别按 Enter 键，如图 11.2.15 所示。

注意： 在文本框中输入负值，回车后，则显示为正值。

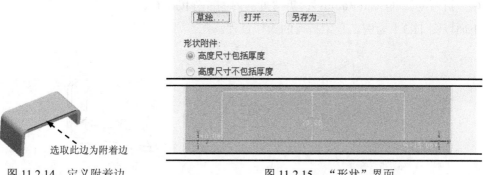

图 11.2.14　定义附着边　　　　　　　图 11.2.15　"形状"界面

Step7. 定义折弯半径。确认按钮 ⌐ （在连接边上添加折弯）被按下，然后在后面的文本框中输入折弯半径值 3.0；折弯半径所在侧为 ⌐ （内侧，即标注折弯的内部曲面）。

Step8. 定义两端的止裂槽。

（1）在操控板中单击 [止裂槽] 按钮，在弹出的界面中选中 ☑ 单独定义每侧 复选框。

（2）定义侧 1 止裂槽。选中 ◉ 侧 1 单选项，在 [类型] 下拉列表中选择"拉伸"选项，输入角度值 30.0 和宽度值 2.5（图 11.2.16）。

（3）定义侧 2 止裂槽。选中 ◉ 侧 2 单选项，在 [类型] 下拉列表中选择"扯裂"选项。

Step9. 在操控板中单击 ☑ 60 按钮，预览所创建的特征；确认无误后，单击"完成"按钮 ☑。

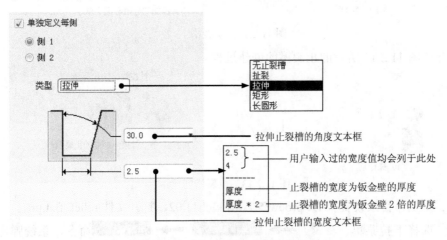

图 11.2.16　侧 1 止裂槽：拉伸类型

11.3　钣金的折弯

钣金折弯（Bend）是将钣金的平面区域弯曲某个角度或弯成圆弧状。在进行折弯操作时，应注意折弯特征仅能在钣金的平面区域建立，不能跨越另一个折弯特征。

钣金折弯特征包括三个要素。

● 折弯线（Bend Line）：确定折弯位置和折弯形状的几何线。

● 折弯角度（Bend Angle）：控制折弯的弯曲程度。

● 折弯半径（Bend Radius）：折弯处的内侧或外侧半径。

下面以图 11.3.1 为例，介绍折弯的操作过程。

a）折弯前　　　　　　　　　　　　　　b）折弯后

图 11.3.1　钣金的折弯

Step1. 将工作目录设置至 D:\proewf5.1\work\ch11.03，打开文件 bend_angle_2.prt。

Step2. 选择下拉菜单 `插入(I)` ➡ `折弯操作(B)▶` ➡ `折弯(B)...` 命令。

Step3. 选择折弯方式。在 `▼ OPTIONS (选项)` 菜单中选择 `Angle (角度)` ➡ `Regular (常规)` ➡ `Done (完成)` 命令。此时系统弹出信息对话框。

Step4. 在系统弹出的 `▼ USE TABLE (使用表)` 菜单中，选择 `Part Bend Tbl (零件折弯表)` ➡ `Done/Return (完成/返回)` 命令（表明使用系统默认的折弯表来计算此特征的展开长度）。

Step5. 在系统弹出的 `▼ RADIUS SIDE (半径所在的侧)` 菜单中，选择 `Inside Rad (内侧半径)` ➡ `Done/Return (完成/返回)` 命令。

Step6. 定义草绘平面。选取图 11.3.2 所示的模型表面 1 为草绘平面，再选择 `Okay (确定)` 命令，接受系统默认的特征创建方向；选择 `Bottom (底部)` 命令，然后选取图 11.3.2 所示的模型表面 2 为参照平面。

Step7. 绘制折弯线。进入草绘环境后，选取适当的边线作为草绘参照，然后绘制图 11.3.3 所示的折弯线。完成绘制后，单击"草绘完成"按钮 `✓`。

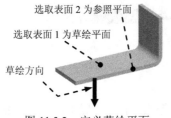

选取表面 2 为参照平面
选取表面 1 为草绘平面
草绘方向

图 11.3.2　定义草绘平面

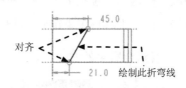

45.0
对齐
21.0　绘制此折弯线

图 11.3.3　截面图形

Step8. 选择折弯侧。此时系统提示 `指明在图元的哪一侧创建特征。`，在 `▼ BEND SIDE (折弯侧)` 菜单中选择 `Flip (反向)` 命令，使箭头指向另一侧（图 11.3.4），然后选择 `Okay (确定)` 命令。

Step9. 选择固定侧。此时系统提示 `箭头指示着要固定的区域。拾取反向或确定。`，选择 `Okay (确定)` 命令，使固定侧箭头指向如图 11.3.4 所示。

Step10. 在 `▼ RELIEF (止裂槽)` 菜单中选择 `No Relief (无止裂槽)` ➡ `Done (完成)` 命令。

Step11. 在 `▼ DEF BEND ANGLE` 菜单中选取折弯角度值为 90.0，再选中该菜单中的 `☑ Flip (反向)` 复选框，将折弯的创建方向反向（图 11.3.5），然后选择 `Done (完成)` 命令。

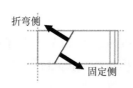

折弯侧
固定侧

图 11.3.4　选择折弯侧和固定侧

90°

图 11.3.5　将折弯反向

Step12. 在 `▼ SEL RADIUS (选取半径)` 菜单中选择 `Thickness (厚度)` 命令。

Step13. 单击信息对话框中的 `预览` 按钮，预览所创建的折弯特征，然后单击 `确定` 按钮，完成创建。

11.4 钣金展平

11.4.1 钣金展平概述

在钣金设计中，可以用展平命令（Unbend）将三维的折弯钣金件展平为二维的平面薄板（图 11.4.1）。钣金展平的作用如下。

● 钣金展平后，可更容易地了解如何剪裁薄板以及各部分的尺寸。

● 有些钣金特征（如止裂切口）需要在钣金展平后创建。

● 钣金展平对于钣金的下料和钣金工程图的创建十分有用。

1．选取钣金展平命令

选取钣金展平命令有如下两种方法。

方法一： 选择下拉菜单 插入(I) ➡ 折弯操作(B)▶ ➡ 展平(U)...命令。

方法二： 在工具栏中单击 按钮。

2．一般钣金展平的方式

在图 11.4.2 所示的 ▼ UNBEND OPT (展平选项) 菜单中，系统列出了三种展平方式，分别是规则方式展平、过渡方式展平和剖截面驱动方式展平。

a）展平前 b）展平后

图 11.4.1 钣金展平 图 11.4.2 "展平选项"菜单

11.4.2 规则方式展平

规则方式展平（Regular Unbend）是一种最为常用、限制最少的钣金展平方式。利用这种展平方式可以对一般弯曲的钣金壁进行展平，也可以对由折弯（Bend）命令创建的钣金折弯进行展平，但它不能展平不规则的曲面。

在本范例中，将展平部分钣金壁（图 11.4.3），其操作方法如下。

Step1. 将工作目录设置至 D:\proewf5.1\work\ch11.04，打开文件 unbend_g1.prt。

Step2. 选择下拉菜单 插入(I) ➡ 折弯操作(B)▶ ➡ 展平(U)...命令。

Step3. 定义钣金展平选项。在弹出的 ▼ UNBEND OPT (展平选项) 菜单中，选择 Regular (常规)
➡ Done (完成)命令，此时系统弹出图 11.4.4 所示的特征信息对话框。

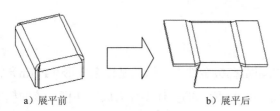

a）展平前　　　　　　　b）展平后

图 11.4.3　钣金的部分展平　　　　　　图 11.4.4　"规则类型"特征信息对话框

图 11.4.4 所示的特征信息对话框中各元素的说明如下。

- Fixed Geom (固定几何形状)：选取模型的一个面或边线为固定几何，此面或边线在展平时仍会固定在原处。
- Unbend Geom (展平几何形状)：选取欲展平的折弯区域。
- Deformation (变形)：若折弯区域有变形区不能延伸至钣金件的边缘时，系统会出现红色光亮提示，此时用户必须再另外选取变形区域与零件的边缘连接。

Step4. 选取固定面（边）。在系统 ⇨选取当展平/折弯回去时保持固定的平面或边. 的提示下，选取图 11.4.5 所示的表面为固定面。

Step5. 确定要展平的折弯区域。在 ▼ UNBENDSEL (展平选取) 菜单中选择 UnbendSelect (展平选取)
➡ Done (完成)命令，然后在系统 ⇨选取要展平的曲面或边. 的提示下，按住 Ctrl 键，选取图 11.4.6 中的两个曲面为展平面；再在 ▼ FEATURE REFS (特征参考) 菜单中选择 Done Refs (完成参考)命令。

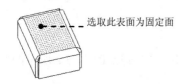　　　　　　　　　　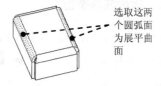

选取此表面为固定面　　　　　　　　　　选取这两个圆弧面为展平曲面

图 11.4.5　选取固定面　　　　　　　　图 11.4.6　选取展平曲面

Step6. 单击信息对话框中的 预览 按钮，预览所创建的展平特征，然后单击对话框中的 确定 按钮。

Step7. 保存零件模型文件。

说明：如果在 ▼ UNBENDSEL (展平选取) 菜单中选取 Unbend All (展平全部) ➡ Done (完成)命令，则所有的钣金壁都将展平，如图 11.4.7 所示。

a）展平前　　　图 11.4.7　钣金的全部展平　　　b）展平后

11.5 钣金成形特征

11.5.1 成形特征概述

把一个实体零件（冲模）上的某个形状印贴在钣金件上，这就是钣金成形（Form）特征，成形特征也称之为印贴特征。例如，图 11.5.1a 所示的实体零件为成形冲模，该冲模中的凸起形状可以印贴在一个钣金件上而产生成形特征（图 11.5.1b）。

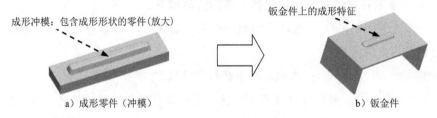

成形冲模：包含成形形状的零件(放大)　　　　　　　　钣金件上的成形特征

a）成形零件（冲模）　　　　　　　　b）钣金件

图 11.5.1　钣金成形特征

1．选取钣金成形命令

选取钣金成形命令有如下两种方法。

方法一：选择下拉菜单 插入(I) ➡ 形状(S)▸ ➡ 凹模(D)... 命令。

方法二：在工具栏中单击 ⌣ 按钮。

2．钣金成形类型

钣金成形分为凹模（Die）成形和凸模工具（Punch）成形。

选择下拉菜单 插入(I) ➡ 形状(S)▸ ➡ 凹模(D)... 命令，系统弹出图 11.5.2 所示的"选项"菜单，该菜单中各元素的说明如下。

- Reference (参照)：钣金件上的成形形状是参照冲模零件的几何形状而得到的，因此如果冲模零件有任何几何设计变更，则由冲模生成的成形特征也会随之改变。
- Copy (复制)：将冲模的几何形状复制到钣金件上，冲模的变更不会影响到钣金上成形特征的几何形状。

3．凹模成形和凸模工具成形的区别

- 凹模成形和凸模工具成形的区别主要在于这两种成形方法所使用的冲模不同。在凹模成形的冲模中，必须有一个基础平面作为边界面来包围成形几何（图 11.5.3），并且需要在模具零件中指定成形几何；而在凸模工具成形的冲模中，则没有此基础平面（图 11.5.4），整个冲模的表面都用来生成成形特征。

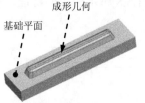

图 11.5.2　"选项"菜单　　　　图 11.5.3　凹模成形的冲模　　　　图 11.5.4　凸模工具成形的冲模

- 凸模成形的冲模的所有表面必须都是凸起的，所以凸模成形只能冲出凸起的成形特征；而凹模成形的冲模的表面可以是凸起的，也可以是凹陷的（图 11.5.5a），所以凹模成形可以冲出既有凸起又有凹陷的成形特征（图 11.5.5b）。

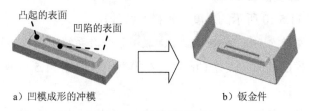

图 11.5.5　模具成形特征

4．成形特征的一般创建过程

（1）创建冲模零件。在创建成形特征之前，必须先创建一个参照零件（即冲模零件），该参照零件中应包含成形几何形状的特征，参照零件可在零件（Part）模式下建立。

（2）根据冲模零件创建成形特征。

11.5.2　以凹模方式创建成形特征

下面举例说明以凹模方式创建成形特征的一般操作过程。在本例中，我们先在零件（Part）模式下创建一个 Die 冲模零件（图 11.5.1a），然后打开一个钣金件并创建成形特征（图 11.5.1b）。其操作步骤说明如下。

Stage1．创建图 11.5.1a 所示 Die 冲模零件

Step1．将工作目录设置至 D：\proewf5.1\work\ch11.05，新建一个零件的三维模型，将零件的模型命名为 sm_die.prt。

Step2．创建图 11.5.6 所示的特征。

（1）单击"拉伸"命令按钮 。

（2）特征属性：草绘平面为 FRONT 基准平面，草绘平面的参照方位是 右 ，参照平面是 RIGHT 基准平面，特征的截面草图如图 11.5.7 所示，拉伸深度类型为 （即"定值"），深度值为 8.0。

Step3. 添加拉伸特征。创建图 11.5.8 所示的拉伸特征，相关提示如下。

图 11.5.6　创建实体拉伸特征

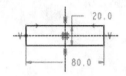
图 11.5.7　截面图形

图 11.5.8　创建拉伸特征

（1）直接单击拉伸命令按钮 。

（2）特征属性：确定"实体"类型按钮 被按下。草绘平面为 RIGHT 基准平面，草绘平面的参照方位是 右 ，参照平面是 TOP 基准平面，特征的截面草图如图 11.5.9 所示，拉伸深度类型为 ，深度值为 60.0。

Step4. 创建图 11.5.10 所示的斜度（拔模）特征。

（1）选择下拉菜单 插入(I) ➡ 斜度(F)... 命令，系统出现"拔模"操控板。

（2）选取要拔模的曲面。按住 Ctrl 键，在模型中选取图 11.5.11 所示的四个表面为要拔模的曲面。

（3）选取拔模枢轴平面。在操控板中单击 图标后的 单击此处添加项目 字符。选取图 11.5.11 所示的模型表面为拔模枢轴平面。

（4）在操控板的文本框中输入拔模角度值-20.0。

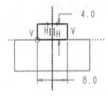
图 11.5.9　截面图形

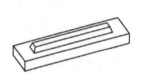
图 11.5.10　添加拔模特征

图 11.5.11　定义要拔模的曲面和拔模枢轴平面

Step5. 创建图 11.5.12 所示的圆角，相关提示如下。

（1）选择下拉菜单 插入(I) ➡ 倒圆角(O)... 命令。

（2）按住 Ctrl 键，选取要倒圆角的四条边线，如图 11.5.12a 所示。

（3）圆角半径值为 2.0。

Step6. 创建图 11.5.13 所示的圆角，圆角半径值为 1.5。

Step7. 保存零件模型文件。

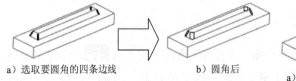
a）选取要圆角的四条边线　　b）圆角后
图 11.5.12　添加圆角

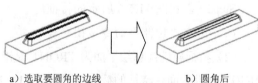
a）选取要圆角的边线　　b）圆角后
图 11.5.13　添加圆角

Stage2. 创建图 11.5.14 所示的成形特征

Step1. 将工作目录设置至 D:\proewf5.1\work\ch11.05，打开文件 sm_form2.prt。

Step2. 选择下拉菜单 插入(I) ➡ 形状(S)▶ ➡ 凹模(D)... 命令。

Step3. 在系统弹出的 ▼OPTIONS (选项) 菜单中，选择 Reference (参照) ➡ Done (完成) 命令。

Step4. 在系统弹出的"打开"文件对话框中，选择 sm_die.prt 文件，并将其打开。此时系统弹出图 11.5.15 所示的"模板"信息对话框。

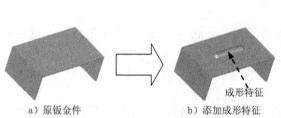

　　　a）原钣金件　　　　b）添加成形特征

　　　图 11.5.14　创建成形　　　　　　　图 11.5.15　"模板"信息对话框

图 11.5.15 所示的"模板"信息对话框中各元素的说明如下。

- Placement (放置)：定义钣金件和冲压模型的装配约束条件。
- Bound Plane (边界平面)：定义边界曲面。
- Seed Surface (种子曲面)：定义种子曲面。
- Exclude Surf (排除曲面)：定义将移除的曲面。
- Tool Name (刀具名称)：可给定此成形冲模（刀具）的名称。

Step5. 定义成形模具的放置。如果成形模具显示为整屏，可调整其窗口大小。

（1）定义配对约束。在图 11.5.16 所示的"模板"对话框中，选择约束类型为"配对"，然后分别在模具模型中和钣金件中选取图 11.5.17 中的配对面。

（2）定义对齐约束。在"模板"对话框中单击"新建约束"字符，选择新增加的约束类型"对齐"，分别选取图 11.5.17 中的对齐面（模具上的 RIGHT 基准平面与钣金件上的 RIGHT 基准平面）。

图 11.5.16　"模板"对话框

（3）定义对齐约束。在"模板"对话框中单击 **→新建约束** 字符，选择新增加的约束类型"对齐"，分别选取图 11.5.17 中的对齐面（模具上的 TOP 基准平面与钣金件上的 FRONT 基准平面），此时屏幕上的"模板"对话框显示"完全约束"。

（4）在图 11.5.16 所示的"模板"对话框中单击"完成"按钮 **✓** 。

Step6. 定义边界面。在系统 **→从参照零件选取边界平面.** 的提示下，在模型中选取图 11.5.18 中的表面为边界面。

Step7. 定义种子面。在系统 **→从参照零件选取种子曲面.** 的提示下，在模型中选取图 11.5.18 中的表面为种子面。

注意：在 Die 冲模零件上指定边界面（Boundary Sruface）及种子面（Seed Surface）后，其成形范围则由种子面往外扩张，直到碰到边界面为止的连续曲面区域（不包含边界面）。

Step8. 单击"模板"特征信息对话框下部的 **预览** 按钮，可浏览所创建的成形特征，然后单击 **确定** 按钮。

Step9. 保存零件模型文件。

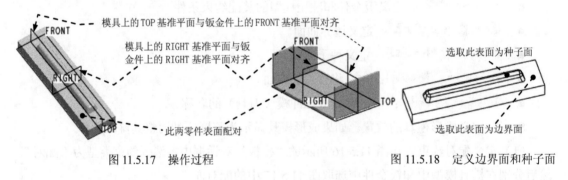

图 11.5.17　操作过程　　　　　　　　　图 11.5.18　定义边界面和种子面

11.6　Pro/ENGINEER 钣金设计综合实际应用 1
——插座铜芯

应用概述

本例介绍了插座铜芯的设计过程，首先创建出铜芯的大致形状，然后通过折弯命令将模型沿着不同的折弯线进行折弯，最后创建出倒圆角。其中主要讲解的是折弯命令的使用。通过对本例的学习，读者对折弯命令将会有很深的了解。模型的创建思想值得借鉴学习。该零件模型及模型树如图 11.6.1 所示。

Step1. 新建一个钣金件模型，命名为 SOCKET_CONTACT_SHEEET.PRT。

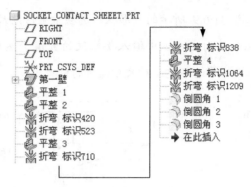

图 11.6.1　零件模型及模型树

Step2. 创建图 11.6.2 所示的平整钣金壁特征 1。选择下拉菜单 `插入(I)` ➡

`钣金件壁(W) ▶` ➡ `分离的(U) ▶` ➡ `平整(A)...` 命令，选取 TOP 基准面为草绘平面，选取 RIGHT 基准面为参照平面，方向为 `右`；绘制图 11.6.3 所示的截面草图；钣金壁厚值为 0.2。

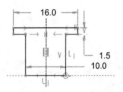

图 11.6.2　创建平整钣金壁特征 1　　　　　图 11.6.3　截面草图

Step3. 创建图 11.6.4 所示的附加平整钣金壁 1。选择下拉菜单 `插入(I)` ➡

`钣金件壁(W) ▶` ➡ `平整(L)...` 命令，选取图 11.6.5 所示的模型边线（下边线）为附着边。平整壁的形状类型为 `用户定义`，在操控板的 📐 图标后面的下拉列表中选择 `平整`，单击 `形状` 按钮，在系统弹出的选项卡中单击 `草绘...` 按钮，接受系统默认的草绘参照，方向为 `顶`；绘制图 11.6.6 所示的截面草图。

图 11.6.4　创建附加平整钣金壁 1　　　　　图 11.6.5　定义附着边

Step4. 创建图 11.6.7 所示的附加平整钣金壁 2。选择下拉菜单 `插入(I)` ➡

`钣金件壁(W) ▶` ➡ `平整(L)...` 命令，选取图 11.6.8 所示的模型边线为附着边，平整壁的形状类型为 `矩形`，在操控板的 📐 图标后面的下拉列表中输入数值 80.0；单击 `⬚` 按钮；单击 `止裂槽` 按钮，在系统弹出的选项卡 `类型` 下拉列表中选择 `扯裂` 选项；单击 `形状` 按钮，在系统弹出的选项卡中设置图 11.6.9 所示的值，确认 `⬚` 按钮被激活，在其后的文本框中输入折弯半径值 0.1；折弯半径所在侧为 `⬚`（内侧）。

说明：在图 11.6.9 所示的"形状"选项卡中修改尺寸值的具体操作方法是，双击要修改的尺寸，在激活的文本框中输入要修改的数值，然后单击 Enter 键确认；也可以单击 草绘... 按钮进入草绘环境中对尺寸值进行修改。

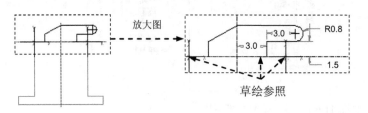

图 11.6.6   截面草图   图 11.6.7   创建附加平整钣金壁 2

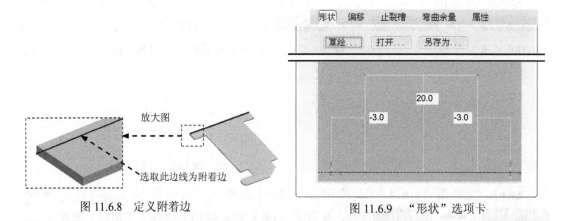

图 11.6.8   定义附着边   图 11.6.9   "形状"选项卡

Step5. 创建图 11.6.10 所示的折弯特征 1。选择下拉菜单 插入(I) ➡ 折弯操作(B)▶ ➡ 折弯(B)... 命令，在 ▼ OPTIONS (选项) 菜单中选择 Angle (角度) ➡ Regular (常规) ➡ Done (完成) 命令。在 ▼ USE TABLE (使用表) 菜单中选择 Part Bend Tbl (零件折弯表) ➡ Done/Return (完成/返回) 命令；在 ▼ RADIUS SIDE (半径所在的侧) 菜单中选择 Inside Rad (内侧半径) ➡ Done/Return (完成/返回) 命令。选取图 11.6.10 所示的钣金表平面为草绘平面，接受系统默认的特征创建方向。绘制图 11.6.11 所示的折弯线，定义图 11.6.12 所示的折弯侧和固定侧。在 ▼ RELIEF (止裂槽) 菜单中选择 No Relief (无止裂槽) ➡ Done (完成) 命令，折弯角度值为 30，在 ▼ DEF BEND ANGLE 菜单中选择 ☑Flip (反向) ➡ Done (完成) 命令，折弯半径值为 5.0。

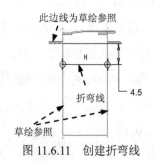

图 11.6.10   创建折弯特征 1   图 11.6.11   创建折弯线   图 11.6.12   定义折弯侧和固定侧

Step6. 后面的详细操作过程请参见随书光盘中 video\ch11.06\reference\文件下的语音视频讲解文件 SOCKET_CONTACT_SHEEET-r02.exe。

11.7　Pro/ENGINEER 钣金设计综合实际应用 2
——卷尺卡头

应用概述

　　本应用首先创建一个分离的平整钣金壁，将此钣金壁的一侧折弯，再将另一侧拉伸切削后，镜像复制所有特征，创建法兰附加钣金壁特征和钣金壁切削特征。这些钣金设计命令有一定代表性，尤其是将钣金壁折弯一侧后再镜像复制所有特征的创建思想值得借鉴。该零件模型如图 11.7.1 所示。

　　说明：本应用的详细操作过程请参见随书光盘中 video\ch11.07\文件下的语音视频讲解文件。模型文件为 D:\proewf5.1\work\ch11.07\roll_ruler_heater。

图 11.7.1　卷尺卡头

11.8　Pro/ENGINEER 钣金设计综合实际应用 3
——打火机防风盖

应用概述

　　本应用介绍了一个常见的打火机防风盖的设计。由于在设计过程中需要用到成形特征，首先创建了一个模具特征，然后再新建钣金特征将倒圆角的实体零件模型转换为钣金零件。该零件模型如图 11.8.1 所示。

图 11.8.1　打火机防风盖

　　说明：本应用的详细操作过程请参见随书光盘中 video\ch11.08\文件下的语音视频讲解文件。模型文件为 D:\proewf5.1\work\ch11.08\light_cover。

11.9 Pro/ENGINEER 钣金设计综合实际应用 4
——钣金支架

应用概述

本应用介绍了钣金支架的设计过程。首先创建钣金的成形工具，其次创建第一钣金壁特征，然后通过"折弯"命令和"凸模工具"命令创建了钣金壁特征，在设计此零件的过程中还创建了钣金壁切除特征，该零件模型如图 11.9.1 所示。

图 11.9.1 钣金支架

说明：本应用的详细操作过程请参见随书光盘中 video\ch11.09\文件下的语音视频讲解文件。模型文件为 D:\proewf5.1\work\ch11.09\printer_support01。

11.10 Pro/ENGINEER 钣金设计综合实际应用 5
——电脑 USB 接口

应用概述

本应用介绍的是电脑 USB 接口的创建过程。在创建该模型时先创建一个模具特征，用于钣金成形特征的创建。创建钣金模型时依次创建拉伸类型的钣金壁特征、平整附加钣金壁特征、钣金壁切削特征和折弯特征等。这些钣金设计命令有一定代表性，尤其是折弯特征的创建思想更值得借鉴。该零件模型如图 11.10.1 所示。

图 11.10.1 电脑 USB 接口

说明：本应用的详细操作过程请参见随书光盘中 video\ch11.10\文件下的语音视频讲解文件。模型文件为 D:\proewf5.1\work\ch11.10\USB_SOCKET。

第 12 章　机构模块与运动仿真

本章提要　本章先介绍 Pro/ENGINEER 的机构（Mechanism）模块的基本知识和概念，例如，各种连接（滑动杆、销钉等）的定义及特点、主体、拖移、连接轴设置、伺服电动机等，然后介绍一个实际的机构——瓶塞开启器运动仿真的创建过程。

12.1　概　　述

在 Pro/ENGINEER 的机构（Mechanism）模块中，可进行一个机构装置的运动仿真及分析。机构模型可引入 Pro/MECHANICA 中，以进行进一步的力学分析；也可将其引入"设计动画"中创建更加完善的动画。

12.1.1　机构模块关键术语

- 机构（机械装置）：由一定数量的连接元件和固定元件所组成，能完成特定动作的装配体。
- 连接元件：以"连接"方式添加到一个装配体中的元件。连接元件与它附着的元件间有相对运动。
- 固定元件：以一般的装配约束（对齐、配对等）添加到一个装配体中的元件。固定元件与它附着的元件间没有相对运动。
- 接头：指连接类型，如销钉接头、滑板接头和球接头。
- 自由度：各种连接类型提供不同的运动（平移和旋转）自由度。
- 环连接：增加到运动环中的最后一个连接。
- 主体：机构中彼此间没有相对运动的一组元件（或一个元件）。
- 基础：机构中固定不动的一个主体。其他主体可相对于"基础"运动。
- 伺服电动机（驱动器）：伺服电动机为机构的平移或旋转提供驱动。可以在接头或几何图元上放置伺服电动机，并指定位置、速度或加速度与时间的函数关系。
- 执行电动机：作用于旋转或平移连接轴上而引起运动的力。

12.1.2　进入和退出机构模块

Step1. 设置工作目录，新建或打开一个装配模型。例如：将工作目录设置至

D:\proewf5.1\work\ch12.01\ok，然后打开装配模型 cork_driver.asm。

Step2. 进入机构模块。选择下拉菜单 应用程序(P) ➡ 机构(E) 命令，即进入机构模块，此时 Pro/ENGINEER 界面如图 12.1.1 所示。

Step3. 退出机构模块。选择下拉菜单 应用程序(P) ➡ 标准(S) 命令。

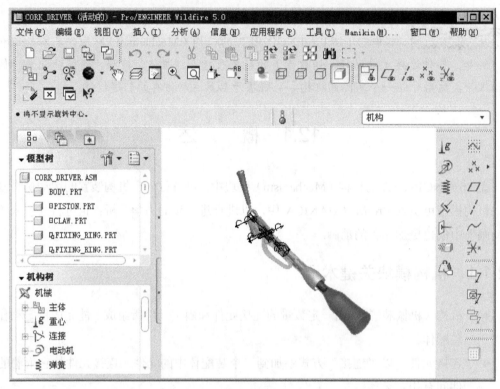

图 12.1.1   机构模块界面

12.1.3   机构模块菜单

在"机构"界面中，与机构相关的操作命令主要位于 编辑(E) 、 插入(I) 和 分析(A) 三个下拉菜单中，如图 12.1.2、图 12.1.3 和图 12.1.4 所示。

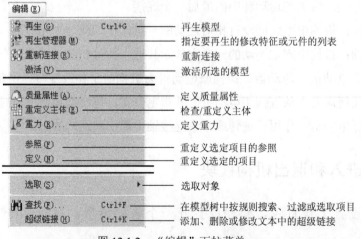

图 12.1.2   "编辑"下拉菜单

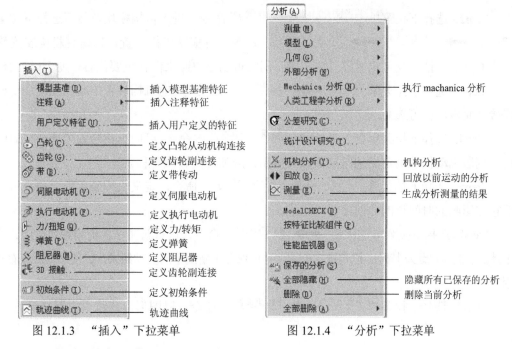

图 12.1.3 "插入"下拉菜单　　　　　图 12.1.4 "分析"下拉菜单

12.1.4 命令按钮介绍

在机构界面中，命令按钮区列出了下拉菜单中常用的"机构"操作命令，如图 12.1.5 所示（要列出所有这些命令按钮，可在按钮区右击鼠标，在图 12.1.6 所示的快捷菜单中选中 机构 、 模型 和 运动 命令）。

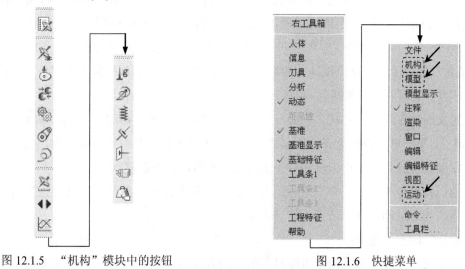

图 12.1.5 "机构"模块中的按钮　　　　图 12.1.6 快捷菜单

12.1.5 创建一个机构装置并进行运动仿真的一般过程

Step1. 新建一个装配体模型，进入装配环境，然后选择下拉菜单 插入(I) ➡ 元件(C)▶ ➡ 装配(A)...命令，向装配体中添加组成机构装置的固定元件及连接元件。

Step2. 选择下拉菜单 应用程序(P) ➡ 机构(E) 命令，进入机构模块，然后选择下拉菜单 视图(V) ➡ 方向(O)▸ ➡ 拖动元件(D)... 命令，可拖动机构装置，以研究机构装置移动方式的一般特性以及可定位零件的范围；同时可创建快照来保存重要位置，便于以后查看。

Step3. 选择下拉菜单 插入(I) ➡ 凸轮(C)... 命令，可向机构装置中增加凸轮从动机构连接（此步操作可选）。

Step4. 选择下拉菜单 插入(I) ➡ 伺服电动机(V)... 命令，可向机构装置中增加伺服电动机。伺服电动机准确定义某些接头或几何图元应如何旋转或平移。

Step5. 选择下拉菜单 分析(A) ➡ 机构分析(Y)... 命令，定义机构装置的运动分析，然后指定影响的时间范围并创建运动记录。

Step6. 选择下拉菜单 分析(A) ➡ 回放(B)... 命令，可重新演示机构装置的运动、检测干涉、研究从动运动特性、检查锁定配置，并可保存重新演示的运动结果，以便于以后查看和使用。

Step7. 选择下拉菜单 分析(A) ➡ 测量(E)... 命令，以图形方式查看位置结果。

12.2　连　接　类　型

12.2.1　连接

如果将一个元件以"连接"的方式添加到机构模型中，则该元件相对于依附元件具有某种运动的自由度。添加连接元件的方法与添加固定元件大致相同，首先选择下拉菜单 插入(I) ➡ 元件(C)▸ ➡ 装配(A)... 命令并打开一个元件，系统会弹出图 12.2.1 所示的"元件放置"操控板，在操控板的"约束集"列表框中，可看到系统提供了多种"连接"类型（如刚性、销钉和滑动杆等），各种连接类型允许不同的运动自由度，每种连接类型都与一组预定义的放置约束相关联。例如，一个销钉（Pin）连接需要定义一个 轴对齐 约束和一个 平移 （即平面对齐或点对齐）约束，这样销钉连接元件就具有一个旋转自由度，而没有平移自由度，也就是该元件可以相对于依附元件旋转，但不能移动。

在向机构装置中添加一个"连接"元件前，应知道该元件与装置中其他元件间的放置约束关系、相对运动关系和该元件的自由度（DOF）。

"连接"的意义在于：
- 定义一个元件在机构中可能具有的运动方式。
- 限制主体之间的相对运动，减少系统可能的总自由度。

向装配件中添加连接元件与添加固定元件的相似之处为：
- 两种方法都使用 Pro/ENGINEER 的装配约束进行元件的放置。

● 装配件和子装配件之间的关系相同。

图 12.2.1　"元件放置"操控板

向装配件中添加连接元件与添加固定元件的不同之处：

● 向装配件中添加连接元件时，定义的放置约束为不完全约束模型。系统为每种连接类型提供了一组预定义的放置约束（如销钉连接的约束集中包含"轴对齐"和"平移"两个约束），各种连接类型允许元件以不同的方式运动。

● 当为连接元件的放置选取约束参照时，要反转平面的方向，可以进行反向，而不是配对或对齐平面。

● 添加连接元件时，可以为一个连接元件定义多个连接，例如，在后面的瓶塞开启器动态仿真的范例中，将连杆（connecting_rod）连到驱动杆和活塞的侧轴上时，就需要定义两个连接（一个销钉连接和一个圆柱连接）。在一个元件中增加多个连接时，第一个连接用来放置元件，最后一个连接认为是环连接。

● Pro/ENGINEER 将连接的信息保存在装配件文件中，这意味着父装配件继承了子装配件中的连接定义。

12.2.2　销钉（Pin）接头

销钉接头是最基本的连接类型，销钉接头的连接元件可以绕轴线转动，但不能沿轴线平移。

销钉接头需要一个轴对齐约束，还需要一个平面配对（对齐）约束或点对齐约束，以限制连接元件沿轴线的平移。

销钉接头提供一个旋转自由度，没有平移自由度。

举例说明如下。

Step1. 将工作目录设置至 D:\proewf5.1\work\ch12.02\mech1_pin，然后打开装配模型 mech_pin.asm。

Step2. 在模型树中选取零件 🔲 MECH_CYLINDER.PRT ，右击，从弹出的快捷菜单中选择 编辑定义 命令。

Step3. 创建销钉接头。

① 在操控板的约束集列表中选择 ✗ 销钉 选项，此时系统显示"装配"操控板。

② 单击操控板中的 放置 按钮，在弹出的界面中可看到，销钉连接包含两个预定义的约束：➔ 轴对齐 和 ➔ 平移。

③ 为"轴对齐"约束选取参照。分别选取图 12.2.2 中的两条轴线（元件 MECH_PIN.PRT 和 MECH_CYLINDER.PRT 的中心轴线）。

图 12.2.2　销钉（Pin）接头

④ 为"平移"约束选取参照。分别选取图 12.2.2 中的两个平面（元件 MECH_PIN.PRT 和 MECH_CYLINDER.PRT 的端面）以将其对齐，从而限制连接件沿轴线平移。

Step4. 单击操控板中的 ✔ 按钮，完成销钉接头的创建。

12.2.3　圆柱（Cylinder）接头

圆柱接头与销钉接头有些相似，如图 12.2.3 所示，圆柱接头的连接元件既可以绕轴线相对于附着元件转动，也可以沿轴线平移。

图 12.2.3　圆柱（Cylinder）接头

圆柱接头只需要一个轴对齐约束。

圆柱接头提供一个旋转自由度和一个平移自由度。

举例说明如下。

Step1. 将工作目录设置至 D:\proewf5.1\work\ch12.02\mech2_cylinder，然后打开装配模型 mech_cylinder.asm。

Step2. 在模型树中选取零件 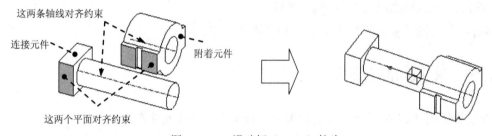MECH_PIN.PRT，右击，从弹出的快捷菜单中选择 编辑定义命令。

Step3. 创建圆柱接头。

① 在操控板的约束集列表中选择 圆柱 选项，此时系统显示"装配"操控板。

② 单击操控板中的 放置 按钮。

③ 为"轴对齐"约束选取参照。分别选取图 12.2.3 中的两条轴线。

Step4. 单击操控板中的 ✔ 按钮，完成圆柱接头的创建。

12.2.4　滑动杆（Slider）接头

滑动杆接头如图 12.2.4 所示，在这种类型的接头中，连接元件只能沿着轴线相对于附着元件移动。

滑动杆接头需要一个轴对齐约束，还需要一个平面配对或对齐约束以限制连接元件转动。

滑动杆接头提供了一个平移自由度，没有旋转自由度。

这两条轴线对齐约束

连接元件

附着元件

这两个平面对齐约束

图 12.2.4　滑动杆（Slider）接头

举例说明如下。

Step1. 将工作目录设置至 D:\proewf5.1\work\ch12.02\mech3_slider，然后打开装配模型 mech_slide.asm。

Step2. 在模型树中选取模型 MECH_CYLINDER2.PRT，右击，然后从系统弹出的快捷菜单中选择 编辑定义命令。

Step3. 创建滑动杆连接。在约束集选项列表中选取 滑动杆 选项，此时系统弹出"装配"操控板，单击操控板菜单中的 放置 按钮，分别选取图 12.2.4 中的两条轴线。分别选取图 12.2.4 中的两个表面。

Step4. 单击操控板中的 ✔ 按钮，完成滑动杆连接的创建。

12.2.5　平面（Planar）接头

平面接头如图 12.2.5 所示，在这种类型的接头中，连接元件既可以在一个平面内相对于附着元件移动，也可以绕着垂直于该平面的轴线相对于附着元件转动。

平面接头只需要一个平面配对或对齐约束。

平面接头提供了两个平移自由度和一个旋转自由度。

附着元件　　这两个平面配对或对齐约束　　连接元件

图 12.2.5　平面（Planar）接头

举例说明如下。

Step1. 将工作目录设置至 D:\proewf5.1\work\ch12.02\mech4_planar，然后打开装配模型 mech_planar.asm。

Step2. 在模型树中选取模型 ▢ MECH_PLANAR2.PRT，右击，然后从系统弹出的快捷菜单中选择 编辑定义 命令。

Step3. 创建平面接头。在约束集选项列表中选取 🔘 平面 选项，单击操控板菜单中的 放置 按钮，分别选取图 12.2.5 中的两个表面。

Step4. 单击操控板中的 ✔ 按钮，完成平面的创建。

12.2.6　球（Ball）接头

球接头如图 12.2.6 所示，在这种类型的接头中，连接元件在约束点上可以沿任何方向相对于附着元件旋转。球接头只能是一个点对齐约束。球接头提供三个旋转自由度，没有平移自由度。

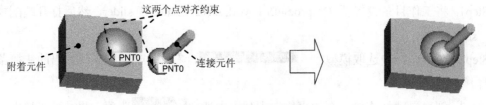

这两个点对齐约束

附着元件　PNT0　PNT0　连接元件

图 12.2.6　球（Ball）接头

举例说明如下。

Step1. 将工作目录设置至 D:\proewf5.1\work\ch12.02\mech5_ball，然后打开装配模型 mech_ball.asm。

Step2. 在模型树中选取模型 ▢ MECH_BALL2.PRT，右击，然后从系统弹出的快捷菜单中选择 编辑定义 命令。

Step3. 创建球接头。在约束集选项列表中选取 🔘 球 选项，单击操控板菜单中的 放置 按钮，分别选取图 12.2.6 中的两个点。

Step4. 单击操控板中的 ✔ 按钮，完成球接头的创建。

12.2.7　轴承（Bearing）接头

轴承接头是球接头和滑动杆接头的组合，如图 12.2.7 所示，在这种类型的接头中，连接元件既可以在约束点上沿任何方向相对于附着元件旋转，也可以沿对齐的轴线移动。

轴承接头需要的约束是一个点与边线（或轴）的对齐约束。

轴承接头提供一个平移自由度和三个旋转自由度。

图 12.2.7　轴承（Bearing）接头

举例说明如下。

Step1. 将工作目录设置至 D:\proewf5.1\work\ch12.02\mech6_bearing，然后打开装配模型 mech_bearing.asm。

Step2. 在模型树中选取模型 🔲 MECH_BALL2.PRT ，右击，然后从系统弹出的快捷菜单中选择 编辑定义 命令。

Step3. 创建轴承接头。在约束集选项列表中选取 🔘 轴承 选项，单击操控板菜单中的 放置 按钮，分别选取图 12.2.7 中的点和轴线（元件 MECH_BALL1.PRT 上的点 PNT0 和元件 MECH_BALL2.PRT 上的中心轴线）。

Step4. 单击操控板中的 ✅ 按钮，完成轴承接头的创建。

12.2.8　刚性（Rigid）接头

刚性接头如图 12.2.8 所示，它在改变底层主体定义时将两个元件粘接在一起。在这种类型的接头中，连接元件和附着元件间没有任何相对运动，它们构成一个单一的主体。

刚性接头需要的约束是一个或多个约束。

图 12.2.8　刚性（Rigid）接头

刚性接头不提供平移自由度和旋转自由度。

注意： 当要粘接在一起的两个元件中不包含连接接头，并且这两个元件依附于两个不同主体时，应使用刚性连接。

举例说明如下。

Step1. 将工作目录设置至 D:\proewf5.1\work\ch12.02\mech7_rigid，然后打开装配模型 mech_ rigid.asm。

Step2. 在模型树中选取模型 [ ] MECH_PLANAR2.PRT，右击，然后从系统弹出的快捷菜单中选择 编辑定义 命令。

Step3. 创建刚性接头。在约束集选项列表中选取 刚性 选项，此时系统弹出装配操控板，单击操控板菜单中的 放置 按钮，定义"配对"约束。分别选取图 12.2.8 中的两个平面。

（1）定义"对齐"约束。选取图 12.2.8 中的两个要对齐的表面。

（2）定义"对齐"约束。选取图 12.2.8 中的另外两个要对齐的表面。

Step4. 单击操控板中的 ✔ 按钮，完成刚性接头的创建。

12.2.9　焊缝（Weld）接头

焊缝接头如图 12.2.9 所示，它将两个元件粘接在一起。在这种类型的接头中，连接元件和附着元件间没有任何相对运动。

焊缝接头的约束只能是坐标系对齐约束。

焊缝接头不提供平移自由度和旋转自由度。

注意： 当连接元件中包含有连接接头，且要求与同一主体进行环连接（将一个零件环连接到自身的连接）时，应使用焊缝接头，焊缝接头允许系统根据开放的自由度调整元件，以便与主装配件配对。如气缸与气缸固定架间的连接应为焊缝接头。

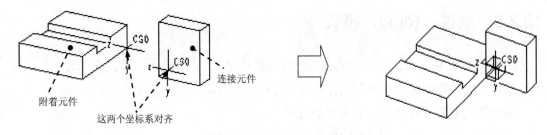

图 12.2.9　焊缝（Weld）接头

举例说明如下。

Step1. 将工作目录设置至 D:\proewf5.1\work\ch12.02\mech8_weld，然后打开装配模型 mech_ weld.asm。

Step2. 在模型树中选取模型 [ ] MECH_PLANAR2.PRT，右击，然后从系统弹出的快捷菜单中选择 编辑定义 命令。

Step3. 创建焊缝接头。

（1）在约束集选项列表中选取 [焊缝] 选项，此时系统弹出装配操控板。

（2）单击操控板菜单中的 [放置] 按钮。

（3）定义"坐标系"约束。分别选取图 12.2.9 中的两个 CS0 坐标系。

Step4. 单击操控板中的 [✓] 按钮，完成焊缝接头的创建。

12.3　主　　体

1.　关于主体

"主体"是机构装置中彼此间没有相对运动的一组元件（或一个元件）。在创建一个机构装置时，根据主体的创建规则，一般第一个放置到装配体中的元件将成为该机构的"基础"主体，以后如果在基础主体上添加固定元件，那么该元件将成为"基础"的一部分；如果添加连接元件，系统则将其作为另一个主体。当为一个连接定义约束时，只能分别从装配体的同一个主体和连接件的同一个主体中选取约束参照。

2.　加亮主体

进入机构模块后，选择下拉菜单 [视图(V)] ➡ [加亮主体(H)] 命令，系统将加亮机构装置中的所有主体。不同的主体显示为不同的颜色，基础主体为绿色。

3.　重定义主体

利用"重定义主体"功能可以实现以下目的：

● 　查明一个固定零件的当前约束信息。

● 　删除某些约束，以使该零件成为具有一定运动自由度的主体。

具体操作方法如下。

（1）选择下拉菜单 [编辑(E)] ➡ [重定义主体(E)] 命令，此时系统弹出图 12.3.1 所示的"重定义主体"对话框。

（2）选取要重定义主体的零件，则对话框中显示该零件的约束信息，如图 12.3.1 所示，"约束"区域的"类型"列显示约束的类型，"参照"列显示各约束的参照零件。

注意：约束列表框不列出用来定义连接的约束，只列出固定约束。

（3）从"约束"列表中选取一个约束，系统即显示其 [元件参照] 和 [组件参照]，显示格式为"零件名称：几何类型"（如 PISTON：surface），同时在模型中，元件参照与组件参照均加亮显示。

（4）如果要删除某个约束，可从列表中选取该约束，然后单击 [移除] 按钮。根据主体的创建规则，将一个零件"连接"到机构装置中时，该零件将成为另一个主体，所以在此删除零件的某个约束，可将该零件重定义为符合运动自由度要求的主体。

图 12.3.1　"重定义主体"对话框

（5）如果单击 移除所有 按钮，系统将删除所有约束，同时零件被包装。注意：不能删除子装配件的约束。

（6）单击 确定 按钮。

12.4　拖移（Drag）

1.　概述

在机构模块中，选择下拉菜单 视图(V) ➡ 方向(D) ➡ 拖动元件(D)... 命令（或者直接点击命令按钮），可以用鼠标对主体进行"拖移（Drag）"。该功能可以验证连接的正确性和有效性，并能使我们能深刻理解机构装置的行为方式，以及如何以特殊格局放置机构装置中的各元件。在拖移时，还可以借助接头禁用和主体锁定功能来研究各个部分机构装置的运动。

拖移过程中，可以对机构装置进行拍照，这样可以对重要位置进行保存。拍照时，可以捕捉现有的锁定主体、禁用的连接和几何约束。

2.　"拖动"对话框简介

如图 12.4.1 所示，"拖动"对话框中有两个选项卡：快照选项卡和约束选项卡，下面将分别予以介绍。

① "快照" 选项卡

利用该选项卡，可在机构装置的移动过程中拍取快照。各选项的说明如下。

A：点拖动，在某主体上，选取要拖移的点，该点将突出显示并随光标移动。

B：主体拖动，选取一个要拖移的主体，该主体将突出显示并随光标移动。

C：单击该按钮后，系统立即给机构装置拍照一次，并在下面列出该快照名。

D：单击此标签，可打开图 12.4.1 所示的 快照 选项卡。

E：单击此按钮，将显示所选取的快照。

F：单击此按钮，从其他快照中借用零件位置。

G：单击此按钮，将选定快照更新为当前屏幕上的位置。

H：单击此按钮，使选取的快照可用作分解状态，此分解状态可用在工程图的视图中。

I：从列表中删除选定的快照。

J：单击此标签，可显示下部的"高级拖动选项"。

K：单击此按钮，选取一个元件，打开"移动"对话框，可进行封装移动操作。

L：分别单击这些运动按钮后，然后选取一个主体，可使主体仅沿按钮中所示的坐标轴方向运动（平移或转动），沿其他方向的运动则被锁定。

M：单击此按钮，可通过选取主体来选取一个坐标系（所选主体的默认坐标系是要使用的坐标系），主体将沿该坐标系的 x、y、z 方向平移或旋转。

② "约束"选项卡

在图 12.4.2 所示的 约束 选项卡中，可应用或删除约束以及打开和关闭约束。各选项的说明如下。

A：单击此标签，将打开本图所示的 约束 选项卡。

B：对齐两个图元：选取点、直线或平面，创建一个临时约束来对齐图元。该约束只有在拖动操作期间才有效，但当显示或更新快照时，该约束与快照相关，并强制执行。

C：配对两个图元：选取平面，创建一个临时约束来配对图元。该约束只有在拖动操作期间才有效，但当显示或更新快照时，该约束与快照相关，并强制执行。

D：定向两个曲面：选取平面来定向两个曲面，使彼此形成一个角度或互相平行。可以指定"偏距"值。

E：运动轴约束：单击此按钮后，再选取某个连接轴，系统将冻结此连接轴，这样该连接轴的主体将不可拖移。

F：在主体的当前位置锁定或解锁主体。可相对于基础或另一个选定主体来锁定所选的主体。

G：启用/禁用连接：临时禁用所选的连接。该状态与快照一起保存。如果在列表中的最后一个快照上使用该设置，并且以后也不改变状态，其余的快照也将禁用连接。

H：从列表中删除选取的约束。

I：使用相应的约束来装配模型。

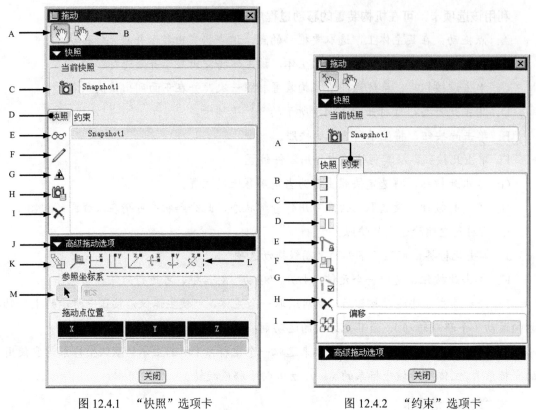

图 12.4.1 "快照"选项卡　　　　　图 12.4.2 "约束"选项卡

3. 点拖动

点拖动的操作步骤如下。

Step1. 在"拖动"对话框的 快照 选项卡中，单击"点拖动"按钮 。

Step2. 在机构装置的某个主体上单击，此时单击处会出现一个标记 ◆，这就是将拖移该主体的确切位置（注意：不能为点拖动选取基础主体）。

Step3. 移动鼠标，选取的点将跟随光标位置。

Step4. 要结束此拖移，单击下列任一鼠标键。

● 鼠标左键：接受当前主体的位置。

● 鼠标中键：取消刚才执行的拖移。

● 鼠标右键：取消刚才执行的拖移，并关闭"拖动"对话框。

4. 主体拖移

进行"主体拖移"时，屏幕上主体的位置将改变，但其方向保持固定不变。如果机构装置需要在主体位置改变的情况下还要改变方向，则该主体将不会移动，因为在此新位置的机构装置将无法重新装配。如果发生这种情况，就尝试使用点拖动来代替。主体拖移的操作步骤如下。

Step1. 在"拖动"对话框中单击"主体拖移"按钮 。

Step2. 在模型中选取一个主体。

Step3. 移动鼠标，选取的主体将跟随光标的位置。

Step4. 要结束此操作，单击下列任一鼠标键。

- 鼠标左键：接受当前主体的位置。
- 鼠标中键：取消刚才执行的拖移。
- 鼠标右键：取消刚才执行的拖移，并关闭对话框。

5. 使用"快照"作为机构装置的分解状态

要将"快照"用作机构装置的分解状态，可在"拖动"对话框的 快照 选项卡中选取一个或多个快照，然后单击按钮 ，这样这些快照便可在"装配模块"和"工程图"中用作分解状态。如果改变快照，分解状态也会改变。

当修改或删除一个快照，而分解状态在此快照中处于使用状态的时候，需注意以下几点。

- 对快照进行的任何修改将反映在分解状态中。
- 如果删除快照，会使分解状态与快照失去关联关系，分解状态仍然可用，但独立于任何快照。如果接着创建的快照与删除的快照同名，分解状态就会与新快照关联起来。

6. 在拖移操作之前锁定主体

在"拖动"对话框的 约束 选项卡中单击按钮 （主体-主体锁定约束），然后先选取一个导引主体，再选取一组要在拖动操作期间锁定的随动主体，则拖动过程中随动主体相对于导引主体将保持固定，它们之间就如同粘接在一起，不能相互运动。这里请注意下列两点。

- 要锁定在一起的主体不需要接触或邻接。
- 关闭"拖动"对话框后，所有的锁定将被取消，也就是当开始新的拖移时，将不锁定任何主体或连接。

12.5　Pro/ENGINEER 运动仿真综合实际应用

12.5.1　装配一个机构装置——启盖器

Step1. 新建装配模型。

（1）选择下拉菜单 文件(F) ➡ 设置工作目录(W)... 命令，将工作目录设置至 D:\proewf5.1\work\ch12.05。

（2）单击"新建文件"按钮 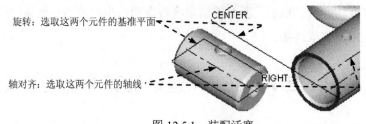，在弹出的"新建"对话框中选中 类型 选项组中的 ◉ 🔲 组件 ，选中 子类型 选项组中的 ◉ 设计 ；在 名称 文本框中输入文件名 cork_driver；取消 ☑ 使用缺省模板 复选框；单击对话框中的 确定 按钮。

（3）选取适当的装配模板。在弹出的"新文件选项"对话框中选取 mmns_asm_design 模板，然后单击 确定 按钮。

Step2. 增加第一个固定元件：机体（Body）零件。

（1）选择下拉菜单 插入(I) ➡ 元件(C)▶ ➡ 装配(A)... 命令，打开名为 body.prt 的零件。

（2）在"元件放置"操控板中选择放置约束为 固定 ，以固定元件，然后单击 ✓ 按钮。

Step3. 隐藏装配基准。

（1）设置模型树的显示项目。在模型树界面中选择 👕▾ ➡ 树过滤器(F)... 命令；在弹出的"模型树项目"对话框中选中 ☑ 特征 复选框，然后单击对话框中的 确定 按钮。

（2）在模型树中按住 Ctrl 键，选取基准平面 ASM_RIGHT、ASM_TOP、ASM_FRONT 并右击，在快捷菜单中选择 隐藏 命令。

Step4. 增加连接元件。下面要将活塞（Piston）零件装入机体中，创建滑动杆（Slider）连接。

（1）选择下拉菜单 插入(I) ➡ 元件(C)▶ ➡ 装配(A)... 命令，打开名为 piston.prt 的零件，此时出现"元件放置"操控板。

（2）创建滑动杆（Slider）连接。在"元件放置"操控板中进行下列操作。

① 在约束集列表中选取 滑动杆 选项。

② 修改此连接的名称。单击操控板中的 放置 按钮；在 集名称 文本框中输入此连接的名称"Connection_1c"，并按 Enter 键。

③ 定义"轴对齐"约束。在 放置 界面中单击 轴对齐 项，然后选取图 12.5.1 所示的两条轴线（元件 Piston 的中心轴线和元件 Body 的中心轴线）。

图 12.5.1　装配活塞

④ 定义"旋转"约束。分别选取图 12.5.1 中的两个基准平面（元件 Piston 的 RIGHT 基准平面和元件 Body 的 CENTER 基准平面），以限制元件 Piston 在元件 Body 中旋转。

⑤ 如果元件 body 上的 offset_axis 偏轴线与活塞上的偏孔轴线不对齐，单击操控板中的 ⤢ 按钮使其对齐（图 12.5.2）。

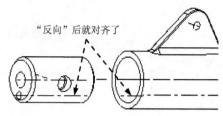

图 12.5.2　使偏轴线对齐

⑥ 单击操控板中的☑按钮。

说明：由于图形复杂，选取目标比较困难，在创建连接时，采用"从列表中拾取"方式，并不断在着色（▢）、隐藏线框（▢）和虚线线框（▢）之间切换。

Step5. 验证连接的有效性：拖移连接元件 Piston。

（1）进入机构环境：选择下拉菜单 应用程序(P) ➡ 机构(E)命令。

（2）在 视图(V) 菜单中选择 方向(O)▶ ➡ 拖动元件(D)...命令。

（3）在"拖动"对话框中单击"点拖动"按钮。

（4）在元件 Piston 上选择一点，然后在该位置处单击，出现一个标记◆，移动鼠标光标，选取的点将跟随光标移动，当移到图 12.5.3 所示的位置时，单击，终止拖移操作，使元件 Piston 停留在刚才拖移的位置，然后关闭"拖动"对话框。

（5）进入标准环境：选择下拉菜单 应用程序(P) ➡ 标准(S)命令。

Step6. 增加连接元件：将抓爪（Claw）装入活塞中，创建销钉（Pin）连接，如图 12.5.4 所示。

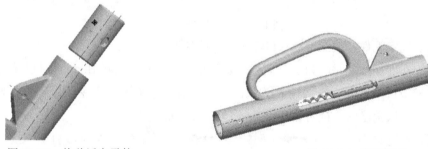

图 12.5.3　拖移活塞零件　　　　图 12.5.4　装配抓爪

（1）选择下拉菜单 插入(I) ➡ 元件(C)▶ ➡ 装配(A)...命令，打开文件名为 Claw.prt 的零件。

（2）创建销钉（Pin）连接。

在"元件放置"操控板中进行下列操作，便可创建销钉（Pin）连接。

① 在约束集列表中选取 销钉 选项。

② 修改此连接的名称。单击操控板中的 放置 按钮；在 集名称 文本框中输入此连接的名称"Connection_2c"，并按 Enter 键。

③ 定义"轴对齐"约束。选取图 12.5.5 中的两条轴线（元件 Claw 的中心轴线和元件 Piston 的中心轴线）。

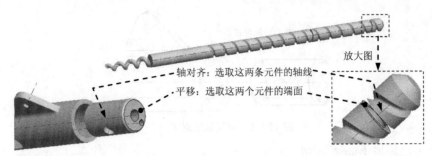

图 12.5.5　装配抓爪的操作过程

④ 定义"平移"约束（对齐）。分别选取图 12.5.5 中的两个平面（元件 Claw 上槽特征的端面和元件 Piston 的端面），以限制元件 Claw 在元件 Piston 上平移。

⑤ 如果抓爪（Claw）的朝向如图 12.5.6a 所示，则需单击"平移约束参照"中的 反向 按钮，使其朝向如图 12.5.6b 所示。

⑥ 单击操控板中的 ✓ 按钮。

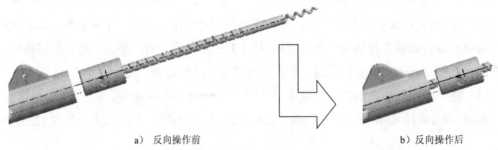

a）反向操作前　　　　　　　　　　　　　b）反向操作后

图 12.5.6　设置方向

Step7. 增加固定元件：装配卡环（Fixing_ring）零件。

准备工作：在增加元件时，为了方便查找装配和连接参照，请将 Body 元件隐藏起来，操作方法是在模型树中右击 body.prt，在弹出的快捷菜单中选择 隐藏 命令。以后在需要时再按同样的操作方法取消隐藏，或者将元件 body 外观设置成透明。

（1）选择下拉菜单 插入(I) ➡ 元件(C)▶ ➡ ⊾ 装配(A)...命令，打开文件名为 Fixing_ring 的零件。

（2）采用传统的装配约束向机构装置中添加卡环（Fixing_ring）零件。在"元件放置"操控板中进行下列操作，便可将卡环（Fixing_ring）零件装配到元件 Claw 的槽中固定。

① 定义"插入"约束。分别选取图 12.5.7 所示的两个圆柱面：卡环（Fixing_ring）的内孔圆柱面和元件活塞（Piston）的外圆柱面。

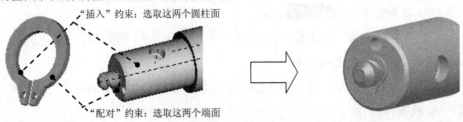

图 12.5.7　装配第一个卡环

② 定义"配对"约束。分别选取图 12.5.7 中的两个端面：卡环（Fixing_ring）的端面和元件活塞（Piston）的端面。

③ 单击操控板中的 ☑ 按钮。

Step8. 按与 Step7 相同的操作方法，装配另一端的固定卡环（Fixing_ring）零件，参见图 12.5.8。

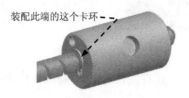

图 12.5.8　装配另一端的固定卡环

Step9. 增加固定元件：按与 Step7 相似的操作方法，装配零件销（pin），参见图 12.5.9。操作提示如下。

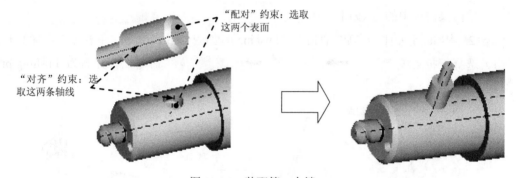

图 12.5.9　装配第一个销

（1）选择下拉菜单 插入(I) ➡ 元件(C) ▶ ➡ 装配(A)... 命令，打开文件名为 pin.prt 的零件，引入零件销（pin）。

（2）创建"对齐"和"配对"装配约束，将零件销（pin）装配到零件活塞（Piston）中。

Step10. 增加固定元件：装配另一个销（pin.prt），如图 12.5.10 所示。操作方法与 Step9 相同。

图 12.5.10　装配另一个销

Step11. 增加固定元件：装配图 12.5.11 所示的零件轴（shaft）。操作提示如下。

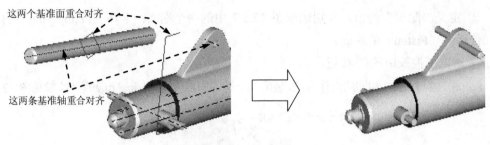

图 12.5.11　装配零件轴

准备工作：如果前面已将 Body 元件隐藏起来，则应在模型树中右击 body.prt，从快捷菜单中选择 取消隐藏 命令。

（1）选择下拉菜单 插入(I) ➡ 元件(C)▶ ➡ 装配(A)... 命令，打开名为 shaft.prt 的零件。

（2）创建轴"对齐"和基准面"对齐"装配约束，将零件轴（Shaft）装配到零件机体（Body）中。

（3）单击操控板中的 ✓ 按钮。

Step12. 增加固定元件：装配零件隔套（bushing），如图 12.5.12 所示。主要操作步骤如下。

（1）选择下拉菜单 插入(I) ➡ 元件(C)▶ ➡ 装配(A)... 命令，打开名为 bushing.prt 的零件。

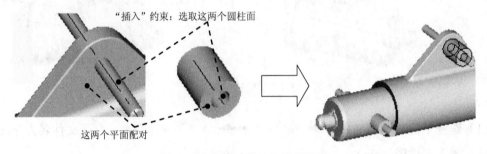

图 12.5.12　装配第一个零件隔套

（2）创建"插入"和平面"配对"装配约束，将零件隔套（bushing）装配到零件轴（Shaft）中。

Step13. 增加固定元件：装配另一个 bushing 零件。按与 Step12 相同的操作方法，装配另一个零件隔套（bushing），如图 12.5.13 所示。

Step14. 拖动连接元件（此步不是必做步骤）。为了显示方便，用拖动功能将活塞拖出来一点，如图 12.5.14 所示。

Step15. 为了方便查看模型，将机体 Body.prt 的外观设置成透明。

（1）选择下拉菜单 工具(T) ➡ 外观管理器(A)... 命令。

（2）在"外观管理器"对话框中单击 □ 按钮，在 基本 选项卡"加亮颜色"区域中将"透明"值设置为 67。

（3）单击"外观管理器"对话框中的 关闭 按钮。

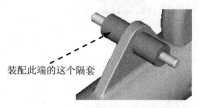

图 12.5.13　装配另一个零件隔套

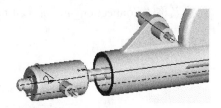

图 12.5.14　拖动连接元件

（4）单击外观库按钮，此时鼠标在图形区显示"毛笔"状态，在"智能选取栏"中选取列表中的，然后在模型树中选取"BODY.PRT"，最后在"选取"对话框中单击 确定 按钮。

Step16. 增加连接元件：将止动杆子装配（stop_rod_asm.asm）装入活塞（Piston）中，创建两个圆柱（cylinder）接头连接。

（1）选择下拉菜单 插入(I) ➡ 元件(C)▶ ➡ 装配(A)... 命令，打开文件名为 stop_rod_asm.asm 的子装配。

（2）创建圆柱（cylinder）接头连接。在"元件放置"操控板中进行下列操作，创建所要求的两个圆柱（cylinder）接头连接。

① 在约束集选项列表中选取 圆柱 选项。

② 修改连接的名称。单击操控板中的 放置 按钮，在集名称下的文本框中输入连接名称"Connection_3c"，并按 Enter 键。

③ 定义"轴对齐"约束。分别选取图 12.5.15 中的两条轴线：零件 Reverse_Block 的中心轴线（Center_axis）和零件 Body 的中心轴线（Center_axis），轴对齐约束的参照如图 12.5.16 所示。

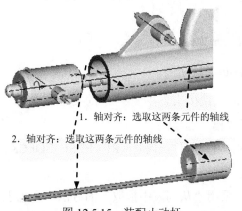

图 12.5.15　装配止动杆

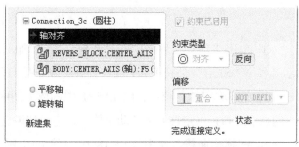

图 12.5.16　"轴对齐"约束参照

注意：如果零件 Stop_Rod 的朝向与设计意图相反，单击操控板中的 按钮使其改变朝向，完成后的正确朝向应该如图 12.5.17 所示。

④ 单击"放置"界面中的"新建集"，增加新的"圆柱"接头。在集名称下的文本框中

输入连接名称"Connection_4c"后按 Enter 键，并在 集类型 中选择 ✕ 圆柱 选项。

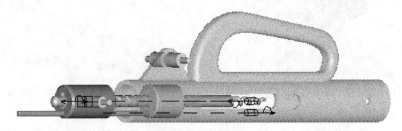

图 12.5.17　设置方向

⑤ 定义 "轴对齐"约束。分别选取图 12.5.15 中的两条轴线：零件 Stop_Rod 的中心轴线（A_1）和零件 body 的偏移轴线（Offset_axis）。

（3）定义槽-从动机构。

槽-从动机构也是一种机构连接方式，它通过定义两个主体之间的点-曲线约束来定义连接。主体 1 上有一条 3D 曲线（即槽），主体 2 上有一个点（从动机构），槽-从动机构将从动机构点约束在定义曲线的内部，这样从动机构点在三维空间中都将沿槽（3D 曲线）运动。如果删除用来定义从动机构点、槽或槽端点的几何，槽-从动机构就被删除。下面用范例说明创建槽-从动机构的一般操作过程。

准备工作：在 视图(V) 菜单中选择 方向(0)▶ ➡ 🖐拖动元件(D)... 命令，分别将驱动杆子装配（actuating_rod_asm.asm）和止动杆（Stop_Rod）拖移到图 12.5.18 所示的位置，单击，终止拖移操作。然后关闭"拖动"对话框。

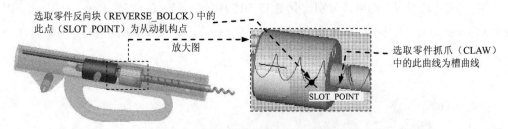

选取零件反向块（REVERSE_BOLCK）中的
此点（SLOT_POINT）为从动机构点

放大图

选取零件抓爪（CLAW）
中的此曲线为槽曲线

SLOT_POINT

图 12.5.18　拖移驱动杆和止动杆的位置

① 单击"放置"界面中的"新建集"，增加新的连接接头。在 集名称 下的文本框中输入连接名称"Slot1"后按 Enter 键，并在 集类型 中选择"槽"选项。

② 选择从动机构点：在图 12.5.18 中的放大图中，选取零件反向块（REVERSE_BOLCK）中的点（SLOT_POINT）为从动机构点，完成选取。

③ 选择槽曲线：在图 12.5.18 中的放大图中，采用"从列表中拾取"的方法，在列表中选取零件抓爪（CLAW）中的螺旋曲线为槽曲线，再单击"选取"对话框中的 确定(0) 按钮。主体名（CLAW）和曲线名出现在相应区域，同时该曲线在模型中用青色加亮显示。

④ 在槽曲线上定义端点作为运动的起点和末点：本例可不进行此步操作。

（4）单击操控板中的 ✅ 按钮。

Step17. 拖移连接元件。用拖动功能将活塞和止动杆子装配拖进去，拖到图 12.5.19 所示的位置。操作步骤如下。

（1）在 视图(V) 菜单中选择 方向(O) ▶ ➡ 拖动元件(D)... 命令。

（2）在"拖动"对话框中单击"点拖动"按钮 。

（3）在目标上选择一点，然后在该位置处单击，出现一个标记◆，移动鼠标光标，选取的点将跟随光标移动，当移到图 12.5.19 所示的位置时，单击，终止拖移操作。然后关闭"拖动"对话框。

Step18. 增加连接元件：将驱动杆子装配（actuating_rod_asm.asm）连接到轴（shaft）上，连接方式为销钉（Pin），如图 12.5.20 所示。

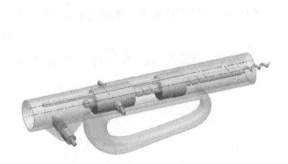

图 12.5.19　拖移连接元件　　　　　　　　图 12.5.20　装配驱动杆

（1）选择下拉菜单 插入(I) ➡ 元件(C) ▶ ➡ 装配(A)... 命令，打开子装配件"actuating_rod_asm.asm"。

（2）创建销钉（Pin）连接。在"元件放置"操控板中进行下列操作，便可创建销钉（Pin）连接。

① 在约束集列表中选取 销钉 选项。

② 修改此连接的名称：单击操控板中的"放置"按钮；在 集名称 文本框中输入该连接的名称"Connection_5c"，并按 Enter 键。

③ 定义"轴对齐"约束：依次选取图 12.5.21 中的两条轴线［驱动杆（Actuating_rod）上孔的中心轴线和零件轴（Shaft）的中心轴线］。

④ 定义"平移"约束（对齐）：分别选取图 12.5.21 中的两个平面［零件驱动杆（Actuating_rod）的端面和零件隔套（Bushing）的端面］，以限制驱动杆在轴（Shaft）上平移。

⑤ 如果驱动杆子装配（actuating_rod_asm.asm）的摆放与设计意图相反，单击操控板中的 按钮使其改变朝向。

⑥ 在 视图(V) 菜单中选择 方向(O) ▶ ➡ 拖动元件(D)... 命令，将驱动杆子装配（actuating_rod_asm.asm）拖到图 12.5.22 所示的位置。

⑦ 先单击操控板中的 ▶ 按钮，再单击操控板中的 ✔ 按钮，则完成元件 actuating_rod 的创建。

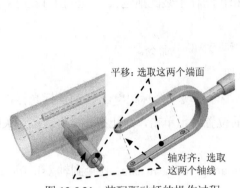
图 12.5.21　装配驱动杆的操作过程

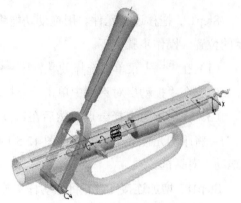
图 12.5.22　拖动驱动杆的位置

Step19. 增加固定元件：按照与 Step7 相似的操作方法装配零件（shaft_top），参见图 12.5.23、图 12.5.24。

（1）选择下拉菜单 插入(I) ➡ 元件(C)▶ ➡ 装配(A)... 命令，打开文件名为 shaft_top.prt 的零件，引入零件（shaft_top）。

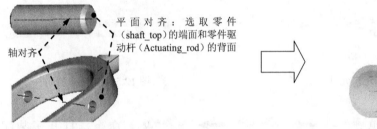

图 12.5.23　装配零件（shaft_top）　　　　图 12.5.24　装配后

（2）创建轴"对齐"和平面"对齐"装配约束，将零件（shaft_top）装配到零件驱动杆（Actuating_rod）中。

Step20. 增加固定元件：装配另一侧的零件（shaft_top）。

Step21. 增加连接元件：将连杆（connecting_rod）连到驱动杆和活塞的侧轴上，如图 12.5.25 所示。

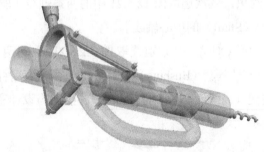
图 12.5.25　装配连杆（connecting_rod）

（1）如有必要，在 视图(V) 菜单中选择 方向(O)▶ ➡ 拖动元件(D)... 命令，拖动驱动杆到图 12.5.26 所示的位置。

（2）选择下拉菜单 插入(I) ➡ 元件(C)▶ ➡ 装配(A)... 命令，打开文件名为
connecting_rod.prt 的零件，引入零件（connecting_rod）。

（3）创建图 12.5.26 所示的销钉（Pin）连接。

① 在约束集选项列表中选取 销钉 选项。

② 修改连接的名称。单击操控板中的"放置"按钮，在 集名称 下的文本框中输入连接
名称"Connection_6c"，并按 Enter 键。

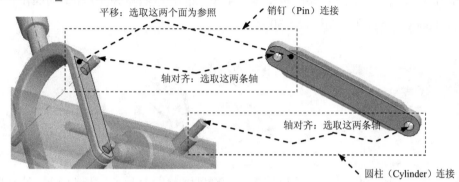

图 12.5.26 装配连杆的操作过程

③ 定义"轴对齐"约束。分别选取图 12.5.26 中的两条轴线（元件 CONNECTING_ROD
的轴线 Cyl_1 和元件 ACTUATING_ROD 的轴线 Pin_2）。

④ 定义"平移"约束（对齐）。分别选取图 12.5.26 中的两个平面（元件
CONNECTING_ROD 的表平面和元件 ACTUATING_ROD 的侧表面）。

（4）在"放置"界面中，先单击"新建集"，然后在 集名称 下的文本框中输入连接名称
"Connection_7c"后按 Enter 键，并在 集类型 中选择"圆柱"选项。

（5）创建图 12.5.26 所示圆柱（Cylinder）连接。分别选取图中的两条轴线（元件
CONNECTING_ROD:的轴线 Pin_2 和元件 PIN 的轴线:Cyl_1）。

Step22. 参照 Step21 的操作方法，将另一侧连杆（connecting_rod）连到驱动杆和活塞
的侧轴上。

Step23. 添加侧连杆（connecting_rod）后，如果模型中各零件的位置如图 12.5.27a 所示，
可选取零件活塞（Piston）作为拖移对象，将各零件的位置调整到图 12.5.27b 所示的位置。
拖移时注意，当活塞（Piston）向右拖移到极限时，需慢慢向左拖动。

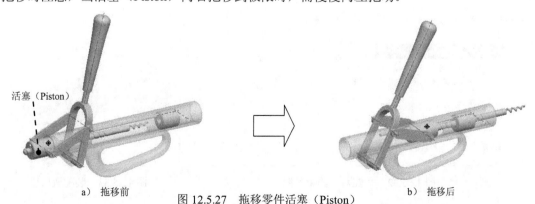

a）拖移前　　　　图 12.5.27 拖移零件活塞（Piston）　　　　b）拖移后

Step24. 增加固定元件：分别装配六个专用螺母（special_nut.prt）。按照与 Step7 相似的操作方法，分别装配六个专用螺母（special_nut.prt），参见图 12.5.28 所示。装配时，建议选用图 12.5.29 所示的装配约束。

说明： 在装配六个专用螺母时，可以采用"重复装配"的方法，具体操作步骤可以参考本章视频文件。

Step25. 增加固定元件：装配机体盖（body_cap）。按照与 Step7 相似的操作方法，装配机体盖（body_cap.prt），如图 12.5.30 所示。

图 12.5.28 装配螺母

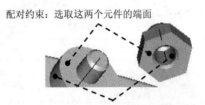
配对约束：选取这两个元件的端面
插入约束：应选取这两个圆柱面
图 12.5.29 装配螺母的操作过程

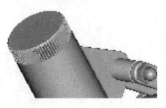
图 12.5.30 装配机体盖

操作提示：需要创建两个装配约束。

（1）定义轴"对齐"约束。轴 **对齐** 约束的参照如图 12.5.31 所示。

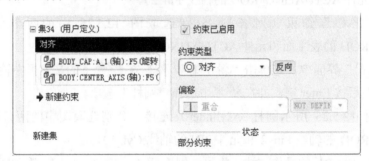
图 12.5.31 轴"对齐"约束参照

（2）定义平面"配对"约束。平面 **配对** 约束的参照如图 12.5.32 所示。

Step26. 增加固定元件：装配瓶口座（socket）。按照与 Step7 相似的操作方法，装配瓶口座（socket.prt），如图 12.5.33 所示。

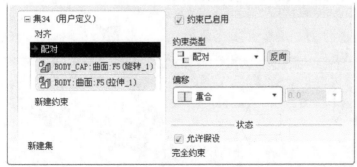
图 12.5.32 "配对"约束参照

图 12.5.33 装配瓶口座

操作提示：需要创建两个装配约束。

（1）定义轴"对齐"约束。轴 对齐 约束的参照如图 12.5.34 所示。

（2）定义平面"配对"约束。平面 配对 约束的参照如图 12.5.35 所示。

图 12.5.34　轴"对齐"约束参照

Step27. 增加固定元件：装配酒瓶子装配件（bottle_asm）。按与 Step7 相似的操作方法，装配酒瓶子装配件（bottle_asm.asm），如图 12.5.36 所示。

图 12.5.35　"配对"约束参照

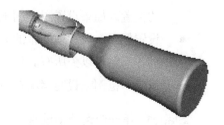

图 12.5.36　装配酒瓶

操作提示：需要创建三个装配约束。

（1）定义"相切"约束。使瓶口座（socket）的内表面和酒瓶（wine_bottle）的瓶口表面相切。

（2）定义平面"对齐"约束。平面 对齐 约束的参照如图 12.5.37 所示。

（3）定义平面"配对"约束。平面 配对 约束的参照如图 12.5.38 所示。

（4）单击操控板中的 ✔ 按钮。

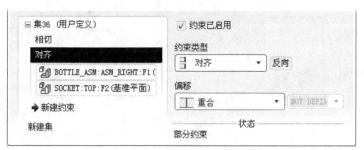

图 12.5.37　"对齐"约束参照

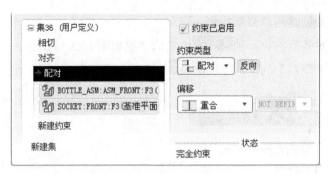

图 12.5.38   "配对"约束参照

12.5.2   运动轴设置

在机构装置中添加连接元件后，还可对"运动轴"进行设置，其意义如下。

● 设置运动轴的当前位置：通过在连接件和组件中选取两个零位置参照，然后输入其间角度（或距离）值，可设置该运动轴的位置。定义伺服电动机和运行机构时，系统将以当前位置为默认的初始位置。

● 设置再生值：可将运动轴的当前位置定义为再生值，也就是装配件再生时运动轴的位置。如果设置了运动轴极限，则再生值就必须设置在指定的限制内。

● 设置极限：设置运动轴的运动范围，超出此范围，接头就不能平移或转动。除了球接头，可以为所有其他类型的接头设置运动轴位置极限。

下面以一个范例来说明运动轴设置的一般过程。本范例中需要设置两个运动轴。

Stage1. 第一个运动轴设置

Step1. 选择下拉菜单 应用程序(P) ➡ 机构 命令进入机构模块，然后选择下拉菜单 视图(V) ➡ 方向(D) ▶ ➡ 拖动元件(D)... 命令，用"点拖动"将驱动杆子装配（actuating_rod_asm.asm）拖到图 12.5.39 所示的位置（读者练习时，拖移后的位置不要与图中所示的位置相差太远，否则后面的操作会出现问题），然后关闭"拖移"对话框。

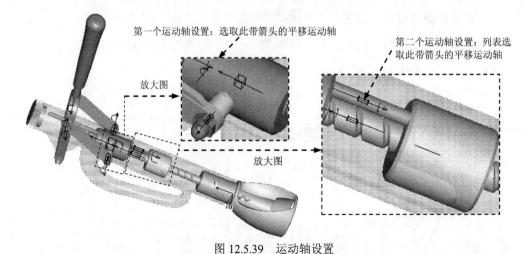

图 12.5.39   运动轴设置

Step2. 对运动轴进行设置。

（1）查找并选取运动轴。选择下拉菜单 编辑(E) ➡ ▣ 查找(F)... 命令，系统弹出"搜索工具"对话框；在"查找"列表中选取"平移轴"，在"查找范围"列表中选取 CORK_DRIVER.ASM 子装配，然后单击 立即查找 按钮；在结果列表中选取运动轴 Connection_1c.first_trans_axis_，并单击 >> 按钮将其加入选定栏中，最后单击 关闭 按钮，关闭对话框。

（2）选择下拉菜单 编辑(E) ➡ 定义(N) 命令，系统弹出"运动轴"对话框，在该对话框中进行下列操作。

① 在连接件和组件上选取零参照。查找并选取活塞（Piston）零件中的 ZERO_REF 基准平面和主体（Body）零件中的 ZERO_REF 基准平面，如图 12.5.40 和图 12.5.41 所示。

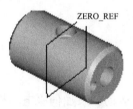
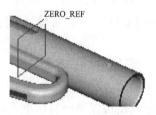

图 12.5.40　活塞零件的 ZERO_REF 基准平面　　图 12.5.41　主体零件的 ZERO_REF 基准平面

② 指定再生值。在对话框中选中 ☑ 启用再生值 ，然后在"当前位置"文本框中输入距离值 76.0，再单击 >> 按钮，将该值设置为再生值。

③ 指定限制值。在对话框中选中 ☑ 最小限制 ，并在其后的文本框中输入距离值 0.0；选中 ☑ 最大限制 ，并在其后的文本框中输入距离值 76.0，这样就限定了该运动轴的运动范围。

④ 单击对话框中的 ☑ 按钮。

Step3. 验证：选择下拉菜单 视图(V) ➡ 方向(O)▸ ➡ ◔ 拖动元件(D)... 命令，拖移驱动杆子装配（actuating_rod_asm.asm），可验证所定义的运动轴极限。如果装配失败，请尝试将再生值改为-76.00、最大极限改为 0.0、最小极限改为-76.0。

Stage2. 第二个运动轴设置

Step1. 选择下拉菜单 编辑(E) ➡ ▣ 查找(F)... 命令，查找并选取运动轴"Connection_4c.first_trans_axis_"。

Step2. 选择下拉菜单 编辑(E) ➡ 定义(N) 命令，系统弹出"运动轴"对话框，在该对话框中进行下列操作。

（1）在连接件和组件上选取零参照。选取止动杆（Stop_Rod）零件中的图 12.5.42 所示的端面，以及机体（Body）零件中的图 12.5.43 所示的端面，则选取的参照自动显示在"运动轴"对话框中。

（2）指定再生值。在对话框中选中 ☑ 启用再生值 ，采用默认的再生值 5.0。

（3）定义运动轴极限。在对话框中选中 ☑ 最小限制 ，并在其后的文本框中输入值 5.0；选

中 ☑ 最大限制，并输入值 43.0，这样就限定了该运动轴的运动范围。

（4）单击对话框中的 ☑ 按钮。

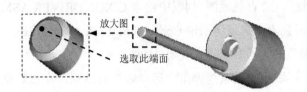

图 12.5.42　选取止动杆零件的端面

图 12.5.43　选取主体机体盖的端面

Step3. 验证：选择下拉菜单 视图(V) ➡ 方向(D)▶ ➡ 🖑 拖动元件(D)... 命令，拖移止动杆（Stop_Rod）零件，可验证所定义的极限已经起作用了。

12.5.3　定义伺服电动机

伺服电动机可以单一自由度在两个主体之间强加某种运动。添加伺服电动机，是为机构运行做准备。定义伺服电动机时，可定义速度、位置或加速度与时间的函数关系，并可显示运动的轮廓图。常用的函数有下列几种。

- 常量：$y = A$，其中 A 为常量；该函数类型用于定义恒定运动。
- 斜插入：$y = A + B*t$，其中 A 为常量，B 为斜率；该类型用于定义恒定运动或随时间呈线性变化的运动。
- 余弦：$y = A*\cos (2*Pi*t/T + B) + C$，其中 A 为振幅，B 为相位，C 为偏移量，T 为周期；该类型用于定义振动往复运动。
- 摆线：$y = L*t/T\ L*\sin (2*Pi*t/T)/2*Pi$，其中 L 为总上升数，T 为周期；该类型用于模拟一个凸轮轮廓输出。
- 表：通过输入一个表来定义位置、速度或加速度与时间的关系，表文件的扩展名为.tab，可以在任何文本编辑器创建或打开。文件采用两栏格式，第一栏是时间，该栏中的时间值必须从第一行到最后一行按升序排列；第二栏是速度、加速度或位置。

可以在连接轴或几何图元（如零件平面、基准平面和点）上放置伺服电动机。对于一个图元，可以定义任意多个伺服电动机。但为了避免过于约束模型，要确保进行运动分析之前，已关闭所有冲突的或多余的伺服电动机。例如，沿同一方向创建一个连接轴旋转伺服电动机和一个平面-平面旋转角度伺服电动机，则在同一个运行内不要同时打开这两个伺服电动机。可以使用下列类型的伺服电动机。

- 连接轴伺服电动机——用于创建沿某一方向明确定义的运动。
- 几何伺服电动机——利用下列简单伺服电动机的组合，可以创建复杂的三维运动，如螺旋或其他空间曲线。

☑　平面-平面平移伺服电动机：这种伺服电动机是相对于一个主体中的一个平面来移动另一个主体中的平面，同时保持两平面平行。以两平面间的最短距离来测量伺服电动机的位置值。当从动平面和参照平面重合时，出现零位置。平面-平面平移伺服电动机的一种应用，是用于定义开环机构装置的最后一个连接和基础之间的平移。

☑　平面-平面旋转伺服电动机：这种伺服电动机是移动一个主体中的平面，使其与另一主体中的某一平面成一定的角度。在运行期间，从动平面围绕一个参照方向旋转，当从动平面和参照平面重合时定义为零位置。因为未指定从动主体上的旋转轴，所以平面-平面旋转伺服电动机所受的限制要少于销钉或圆柱接头的伺服电动机所受的限制，因此从动主体中旋转轴的位置可能会任意改变。平面-平面旋转伺服电动机可用来定义围绕球接头的旋转。平面-平面旋转伺服电动机的另一个应用，是定义开环机构装置的最后一个主体和基础之间的旋转。

☑　点-平面平移伺服电动机：这种伺服电动机是沿一个主体中平面的法向移动另一主体中的点。以点到平面的最短距离测量伺服电动机的位置值。仅使用点-平面伺服电动机，不能相对于其他主体来定义一个主体的方向。还要注意从动点可平行于参照平面自由移动，所以可能会沿伺服电动机未指定的方向移动，使用另一个伺服电动机或连接可锁定这些自由度。通过定义一个点相对于一个平面运动的 x、y 和 z 分量，可以使一个点沿一条复杂的三维曲线运动。

☑　平面-点平移伺服电动机：这种伺服电动机除了要定义平面相对于点运动的方向外，其余都和点-平面伺服电动机相同，在运行期间，从动平面沿指定的运动方向运动，同时保持与之垂直。以点到平面的最短距离测量伺服电动机的位置值。在零位置处，点位于该平面上。

☑　点-点平移伺服电动机：这种伺服电动机是沿一个主体中指定的方向移动另一主体中的点。可用到某一个平面的最短距离来测量该从动点的位置，该平面包含参照点并垂直于运动方向。当参照点和从动点位于一个法向是运动方向的平面内时，出现点-点伺服电动机的零位置。点-点平移伺服电动机的约束很宽松，所以必须十分小心，才可以得到可预期的运动。仅使用点-点伺服电动机，不能定义一个主体相对于其他主体的方向。实际上，需要六个点-点伺服电动机才能定义一个主体相对于其他主体的方向。使用另一个伺服电动机或连接可锁定一些自由度。

下面以实例介绍定义伺服电动机的一般过程。

Step1. 选择下拉菜单 插入(I) ➡ 伺服电动机(V)... 命令。

Step2. 此时系统弹出"伺服电动机定义"对话框，在该对话框中进行下列操作。

（1）输入伺服电动机名称。在该对话框的"名称"文本框中输入伺服电动机名称，或采用默认名。

（2）选择从动图元。在图 12.5.44 所示的模型上，可采用"从列表中拾取"的方法选取图中所示的连接轴 Connection_1c.axis_1。

（3）此时模型中出现一个洋红色的箭头，表明连接轴中从动图元将相对于参照图元移动的方向，可以单击 反向 按钮来改变方向，正确方向如图 12.5.45 所示。

（4）定义运动函数。单击对话框中的 轮廓 标签，在选项卡界面中进行下列操作。

① 选择规范。在 规范 区域的列表框中选择 位置 。

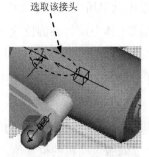
选取该接头

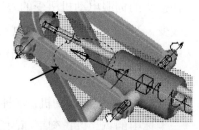

图 12.5.44　选取连接轴　　　　图 12.5.45　箭头的正确方向

② 定义位置函数。在 模 区域的下拉列表中选择函数类型为 余弦 ，然后分别在 A、B、C、T 文本框中输入其参数值 38、0、38、1。

Step3. 单击对话框中的 确定 按钮，完成伺服电动机的定义。

12.5.4　修复失败的装配

1．修复失败装配的方法

有时候，"连接"操作、"拖动"或"运行" 机构时，系统会提示"装配失败"信息（图 12.5.46），这可能是由于未正确指定连接信息，或者因为主体的初始位置与最终的装配位置相距太远等。

图 12.5.46　"错误-装配…"对话框

如果装配件未能连接，应检查连接定义是否正确。应检查机构装置内的连接是如何组合的，以确保其具有协调性。也可以锁定主体或连接并删除环连接，以查看在不太复杂的情况下，机构装置是否可以装配。最后，可以创建新的子机构，并个别查看、研究它们如何独立工作。通过从可工作的机构装置中有系统地逐步进行，并一次增加一个小的子系统，可以创建非常复杂的机构装置并成功运行。

如果运行机构时出现"装配失败"信息，则很可能是因为无效的伺服电动机值。如果对某特定时间所给定伺服电动机的值超出可取值的范围,从而导致机构装置分离,系统将声明该机构不能装配。在这种情况下,要计算机构装置中所有伺服电动机的给定范围以及启动时间和结束时间。使用伺服电动机的较小振幅,是进行试验以确定有效范围的一个好的方法。伺服电动机也可能会使连接超过其限制,可以关闭有可能出现此情形连接的限制,并重新进行运行来研究这种可能性。

修复失败装配的一般方法:

- 在模型树中用鼠标右键单击元件,在弹出的快捷菜单中选择 编辑定义 命令,查看系统中环连接的定向箭头。通常,只有闭合环的机构装置才会出现失败,包括具有凸轮或槽的机构装置,或者超出限制范围的带有连接限制的机构装置。
- 检查装配件公差,以确定是否应该更严格或再放宽一些,尤其是当装配取得成功但机构装置的性能不尽如人意时。要改变绝对公差,可调整特征长度或相对公差,或两者都调整。装配件级和零件级中的 Pro/ENGINEER 精度设置也能影响装配件的绝对公差。
- 查看是否有锁定的主体或连接,这可能会导致机构装置失败。
- 尝试通过使用拖动对话框来禁用环连接,将机构装置重新定位到靠近所期望的位置,然后启用环连接。

2. 装配件公差

绝对装配件公差是机械位置约束允许从完全装配状态偏离的最大值。计算绝对公差的公式为:绝对公差=相对公差×特征长度,其中相对公差是一个系数,默认值是 0.001;特征长度是所有零件长度的总和除以零件数后的结果,零件长度(或大小)是指包含整个零件的边界框的对角长度。

改变绝对装配件公差的操作过程如下。

Step1. 选择下拉菜单 工具(T) ➡ 组件设置(A)▶ ➡ 机构设置(M) 命令,系统弹出图 12.5.47 所示的"设置"对话框。

Step2. 如果要改变装配件的"相对公差"设置,可在其文本框中输入 0~0.1 的值。默认值 0.001 通常可满足要求。如果想恢复默认值,可单击按钮 恢复缺省值 。

Step3. 如果要改变"特征长度"设置,可取消选中"缺省"复选框,然后输入其他值。当最大零件比最小零件大很多时,应考虑改变这项设置。注意:本例中建议"特征长度"值超过 70,如可设为 120,如图 12.5.47 所示。

Step4. 单击 确定 按钮。

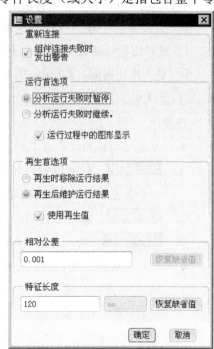

图 12.5.47　"设置"对话框

12.5.5 建立运动分析并运行机构

向机构装置中增加伺服电动机后，便可建立机构的运动分析（定义）并运行。

在每个运动定义中，可选择要打开或关闭的伺服电动机并指定其时间周期，以定义机构的运动方式。虽然可为一个图元定义多个伺服电动机，但一次只能打开图元的一个伺服电动机。例如，为一个图元创建了一个连接轴伺服电动机和一个平面-平面旋转角度伺服电动机，则在相同的运行时间框架内不要同时打开这两个伺服电动机。

在"分析定义"对话框中，利用"锁定的图元"区域的命令按钮，可选取主体或连接进行锁定，这样当运行该运动定义时，这些锁定的主体或连接将不会相互移动。

可以创建多个运动定义，每个定义都使用不同的伺服电动机和锁定不同的图元。根据已命名的回放次序保存每个定义，便于以后查看。

下面以实例说明运行运动的一般过程。

Step1. 选择下拉菜单 分析(A) ➡ ✕ 机构分析(Y)... 命令。

Step2. 此时系统弹出"分析定义"对话框，在该对话框中进行下列操作。

（1）输入此分析（即运动）的名称。在"分析定义"对话框的"名称"文本框中输入分析名称，或采用默认名。

（2）选择分析类型。选取此分析的类型为"位置"。

（3）调整伺服电动机顺序。如果机构装置中有多个伺服电动机，可单击对话框中的 电动机 标签，在电动机选项卡中调整伺服电动机顺序。由于本例中只有一个伺服电动机，不必进行本步操作。

（4）定义动画时域。在"分析定义"对话框的 图形显示 区域进行下列操作。

① 输入开始时间：0（单位为秒）。

② 选择测量时间域的方式。在该区域的下拉列表中选择 长度和帧频 。

③ 输入终止时间：1（单位为秒）。

④ 输入帧频：100。

注意：

● 测量时间域的方式有三种。

① 长度和帧频 ：输入运行的时间长度（结束时间-开始时间）和帧频（每秒帧数），系统计算总的帧数和运行长度。

② 长度和帧数 ：输入运行的时间长度和总帧数，系统计算运行的帧频和长度。

③ 帧频和帧数 ：输入总帧数和帧频（或两帧的最小时间间隔），系统计算结束时间。

● 运行的时间长度、帧数、帧频和最小时间间隔的关系。

帧频=1/最小时间间隔。

帧数=帧频×时间长度+1。

（5）进行初始配置。在"分析定义"对话框的 初始配置 区域选中 ◉ 当前 单选项。

注意：

● 当前：以机构装置的当前位置为运行的初始位置。

● 快照：从保存在"拖动"对话框的快照列表中选择某个快照，机构装置将从该快照位置开始运行。

Step3. 运行运动定义。在"分析定义"对话框中单击 运行 按钮。

Step4. 单击对话框中的 确定 按钮，完成运动定义。

12.5.6　结果回放、动态干涉检查与制作播放文件

利用"回放"命令可以对已运行的运动定义进行回放，在回放中还可以进行动态干涉检查和制作播放文件。对每一个运行的运动定义，系统将单独保存一组运动结果，利用回放命令可以将其结果保存在一个文件中（此文件可以在另一进程中运行），也可以恢复、删除或输出这些结果。

下面以实例说明回放操作的一般过程。

Step1. 选择下拉菜单 分析(A) ➡ ◀▶ 回放(B)… 命令（或单击"命令"按钮◀▶）。

Step2. 系统弹出"回放"对话框，在该对话框中进行下列操作。

（1）从 结果集 下拉列表中选取一个运动结果。

（2）定义回放中的动态干涉检查。

单击"回放"对话框中的 碰撞检测设置… 按钮，系统弹出"冲突检测设置"对话框，在该对话框中选中 ◉ 无碰撞检测 单选项。

（3）生成影片进度表。在回放运动前，可以指定要查看运行的某一部分。如果要查看整个运行过程，可在对话框的 影片进度表 选项卡中选中 ☐ 缺省进度表；如果要查看部分片段，则取消 ☐ 缺省进度表 复选框。

（4）开始回放演示。在"回放"对话框中单击按钮◀▶，系统弹出"动画"对话框，可进行回放演示，回放中如果检测到元件干涉，系统将加亮干涉区域，并停止回放。

（5）制作播放文件。回放结束后，在"动画"对话框中单击 捕获… 按钮，再在弹出的对话框中单击 确定 按钮，即可生成一个*.mpg 文件，该文件可以在其他软件（如 Windows Media Player）中播放。

（6）单击"动画"对话框中的 关闭 按钮；完成观测后，在"回放"对话框中单击 关闭 按钮。

读者意见反馈卡

书名：《Pro/ENGINEER 中文野火版 5.0 快速入门教程（增值版）》

1. 读者个人资料：

姓名：_____ 性别：___ 年龄：____ 职业：_____ 职务：_____ 学历：_____

专业：_____ 单位名称：_____ 办公电话：_____ 手机：_____

QQ：_____ 微信：_____ E-mail：_____

2. 影响您购买本书的因素（可以选择多项）：

☐内容 ☐作者 ☐价格

☐朋友推荐 ☐出版社品牌 ☐书评广告

☐工作单位（就读学校）指定 ☐内容提要、前言或目录 ☐封面封底

☐购买了本书所属丛书中的其他图书 ☐其他_____

3. 您对本书的总体感觉：

☐很好 ☐一般 ☐不好

4. 您认为本书的语言文字水平：

☐很好 ☐一般 ☐不好

5. 您认为本书的版式编排：

☐很好 ☐一般 ☐不好

6. 您认为 Pro/E 其他哪些方面的内容是您所迫切需要的？
_____

7. 其他哪些 CAD/CAM/CAE 方面的图书是您所需要的？
_____

8. 您认为我们的图书在叙述方式、内容选择等方面还有哪些需要改进的？
_____

读者购书回馈活动：

活动一：本书"随书光盘"中含有该"读者意见反馈卡"的电子文档，请认真填写本反馈卡，并 E-mail 给我们。E-mail：兆迪科技 zhanygjames@163.com，丁锋 fengfener@qq.com。

活动二：扫一扫右侧二维码，关注兆迪科技官方公众微信（或搜索公众号 zhaodikeji），参与互动，也可进行答疑。

凡参加以上活动，即可获得兆迪科技免费奉送的价值 48 元的在线课程一门，同时有机会获得价值 780 元的精品在线课程。